U0622063

高等职业教育“十三五”规划教材
土建大类系列规划教材

材料力学同步辅导与题解

沈养中　李桐栋　主编

科学出版社
北　京

内 容 简 介

本书是与《材料力学（第三版）》教材配套的学习辅导书，与教材相辅相成、相得益彰。

全书内容包括绪论、轴向拉伸和压缩、扭转、弯曲内力、弯曲应力、弯曲变形、应力状态和强度理论、组合变形、压杆稳定、动荷载、附录等部分。每一章由内容总结，典型例题，思考题解答和习题解答等四个部分组成。本书内容丰富、突出应用、深入浅出、通俗易懂。

本书与高等职业教育“十三五”规划教材·土建大类系列规划教材中的《理论力学同步辅导与题解》《结构力学同步辅导与题解》《建筑力学同步辅导与题解》在内容上融合、贯通、有机地连成一体，可作为高等职业学校、高等专科学校、成人高校及本科院校设立的二级职业技术学院和民办高校的土建大类专业，以及道桥、市政、水利等专业的本、专科力学课程的辅导教材，专升本考试用书，也可作为教师的教学参考书，以及有关工程技术人员的参考用书。

图书在版编目（CIP）数据

材料力学同步辅导与题解/沈养中，李桐栋主编 —北京：科学出版社，2016

（高等职业教育“十三五”规划教材·土建大类系列规划教材）

ISBN 978-7-03-048351-5

Ⅰ. ①材… Ⅱ. ①沈…②李… Ⅲ. ①材料力学—高等职业教育—教学参考资料 Ⅳ. ①TB301

中国版本图书馆 CIP 数据核字（2016）第 111603 号

责任编辑：杜 晓/责任校对：陶丽荣

责任印制：吕春珉/封面设计：曹 来

科学出版社 出版

北京东黄城根北街 16 号

邮政编码：100717

http://www.sciencep.com

三河市骏杰印刷有限公司印刷

科学出版社发行 各地新华书店经销

*

2016 年 6 月第 一 版 开本：787×1092 1/16

2016 年 6 月第一次印刷 印张：14 1/2

字数：341 000

定价：29.00 元

（如有印装质量问题，我社负责调换〈骏杰〉）

销售部电话 010-62136230 编辑部电话 010-62132124（VA03）

前言

为了帮助读者更好地学习材料力学，我们根据多年的教学经验编写了与《材料力学（第三版）》教材配套的教学辅导书。

全书紧扣教材内容，共分十章。各章由内容总结、典型例题、思考题解答和习题解答等四个部分组成。内容总结简明扼要；典型例题精心挑选，有解题分析过程，分析透彻，解题规范，起引领作用；对教材中的思考题和习题全部做了解答，解答只写主要步骤，为学生留有进一步思考的空间，并对习题进行了分类，便于学生掌握知识的应用。

本书与本系列规划教材中的《理论力学同步辅导与题解》《结构力学同步辅导与题解》《建筑力学同步辅导与题解》在内容上融合、贯通、有机地连成一体，旨在帮助读者系统地掌握力学课程的知识要点，培养分析问题和解决问题的能力。

参加本书编写工作的有：江苏建筑职业技术学院沈养中（第一至第五章），河北工程技术高等专科学校李桐栋（第六至第十章，附录）。全书由沈养中统稿。

在本书的编写过程中，许多同行提出了很好的意见和建议，在此表示感谢。

鉴于编者水平有限，书中难免有不妥之处，敬请广大读者批评指正。

目录

第一章　绪论

内容总结

1. 基本概念

1）荷载。工程中习惯把主动作用于建筑物上的外力称为荷载。

2）结构。在建筑物中承受和传递荷载而起骨架作用的部分或体系称为建筑结构，简称结构。

3）构件。一个结构往往是由多个结构元件所组成，这些结构元件称为构件。

4）横截面和轴线。横截面是指垂直于杆件长度方向的截面，轴线则为所有横截面形心的连线。

5）强度。强度是指构件抵抗破坏的能力。

6）刚度。刚度是指构件抵抗变形的能力。

7）稳定性。稳定性是指构件保持原有形状平衡状态的能力。

2. 材料力学课程的基本任务与研究方法

材料力学课程的基本任务是研究构件的强度、刚度和稳定性问题，为此提供相关的计算方法和实验技术，为构件选择合适的材料、合理的截面形式和尺寸，以确保安全和经济两方面的要求。

材料力学课程采用的是实验——假设——理论分析——实验验证的研究方法。

3. 变形固体的基本假设

（1）有关材料的三个基本假设

1）连续性假设。认为组成固体的物质毫无间隙地充满物体的几何容积。

2）均匀性假设。认为固体各部分的力学性能是完全相同的。

3）各向同性假设。认为固体沿各个方向的力学性能都是相同的。

（2）有关变形的两个基本假设

1）小变形假设。认为构件的变形量远小于构件的几何尺寸。

2）线弹性假设。认为构件只产生弹性变形，并且外力与变形之间符合线性关系。

4. 杆件变形的形式

杆件的变形分为基本变形和组合变形。基本变形包括：轴向拉伸和压缩、剪切、扭转、弯曲。组合变形是由两种或两种以上的基本变形组成。

思考题解答

思考题 1.1 材料力学的研究对象是什么？

解 材料力学的研究对象是杆件。

思考题 1.2 什么是构件的强度、刚度和稳定性？

解 强度是指构件抵抗破坏的能力；刚度是指构件抵抗变形的能力；稳定性是指构件保持原有形状，保持平衡状态的能力。

思考题 1.3 材料力学课程的基本任务是什么？

解 材料力学课程的基本任务是研究构件的强度、刚度和稳定性问题，并提供相关的计算方法和实验技术，为构件选择合适的材料、合理的截面形式和尺寸，以确保构件安全和经济两方面的要求。

思考题 1.4 材料力学采用什么样的研究方法？

解 材料力学采用的是实验——假设——理论分析——实验验证的研究方法。

思考题 1.5 刚体和变形固体有什么区别？

解 刚体和变形固体是两个不同的力学模型。刚体是指在外力作用下，大小和形状都不会改变的物体。变形固体是指在外力的作用下，大小和形状都要改变的物体。在研究物体的运动和平衡问题时，物体的微小变形是可以忽略的次要因素，可把物体看作是刚体。在研究构件的强度、刚度和稳定性问题时，物体的变形虽然很小，但却是主要的影响因素，必须把物体（构件）看作是变形固体。

思考题 1.6 变形固体的基本假设有哪些？各有什么作用？

解 1）连续性假设。根据这个假设，与构件性质相关的物理量可以用连续函数来表示。

2）均匀性假设。根据这个假设，可以从构件内任何位置取出一小部分来研究材料的性质，其结果均可代表整个构件。

3）同向性假设。根据这个假设，当获得了材料在任何一个方向的力学性能后，就可将其结果用于其他方向。

4）小变形假设。根据这个假设，在研究构件的平衡和运动规律时可以直接利用构件的原始尺寸来计算；在研究变形时，变形的高次幂可忽略。

5）线弹性假设。根据这个假设，能够直接利用胡克定律。

思考题 1.7 杆件变形的基本形式有哪些？分别各举一工程实例说明之。

解 1）轴向拉伸和压缩，例如桁架中的杆件、斜拉桥中的拉索等。

2）剪切，例如连接件中的螺拴、铆钉、销轴等。

3）扭转，例如机械设备中的传动轴等。

4）弯曲，例如建筑中的梁等。

思考题 1.8　常见的杆件组合变形形式有哪些？分别各举一工程实例说明之。

解　例如在思考题 1.8 题解图中，图（a）所示屋架上的檩条，发生斜弯曲变形；图（b）所示挡土墙发生压缩与弯曲的组合变形；图（c）所示厂房排架柱发生偏心压缩变形；图（d）所示平台梁、图（e）电动机的转轴发生弯曲与扭转的组合变形。

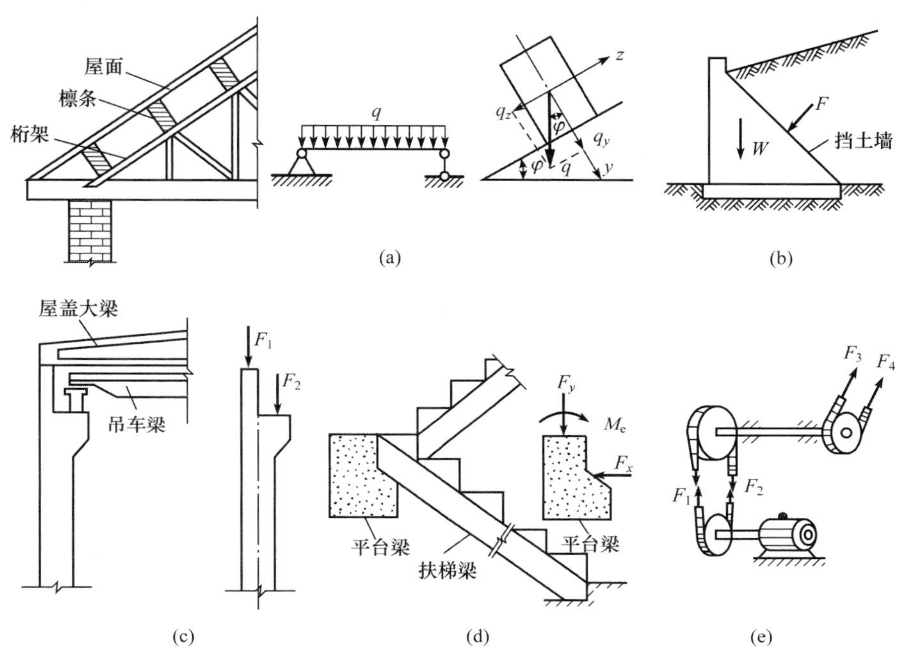

思考题 1.8 题解图

第二章　轴向拉伸和压缩

内容总结

1. 内力的概念和截面法

（1）内力的概念

内力指的是因外力作用而引起的构件内部各部分之间的相互作用力的改变量，即由外力引起的“附加内力”。

（2）截面法

求构件的内力的基本方法是截面法。截面法的步骤如下：

① 截开。沿需要求内力的截面假想地把构件截开，分成两部分。

② 取出。任取其中的一部分（一般取受力较简单的部分）为研究对象，弃去另一部分。

③ 代替。将弃去部分对留下部分的作用以截面上的内力代替。

④ 平衡。列出留下部分的平衡方程，求出未知内力。

2. 拉压杆的内力

承受轴向拉伸或压缩的杆件简称为拉（压）杆。

（1）轴力

由于拉压杆的内力 F_N 的作用线与杆的轴线重合，故 F_N 也称为轴力。规定轴力以拉力为正，压力为负。

（2）轴力图

以平行于杆轴线的坐标表示横截面的位置，垂直于杆轴线的坐标表示相应横截面上的轴力数值，绘出轴力与横截面位置关系的图线，即为轴力图。

3. 应力的概念

构件内截面上某点处分布内力的集度称为该点处的应力。通常把它分解为两个分量：垂直于截面的分量 σ，称为正应力；相切于截面的分量 τ，称为切应力。

4. 拉压杆的应力

（1）横截面上的正应力

拉压杆横截面上的应力为正应力，且均匀分布，其计算公式为

$$\sigma = \frac{F_{\mathrm{N}}}{A}$$

规定 σ 以拉应力为正，压应力为负。

（2）斜截面上的应力

与横截面成 α 角的斜截面上的应力有两个分量：正应力 σ_α 和切应力 τ_α。它们的计算公式为

$$\left.\begin{aligned}\sigma_\alpha &= \sigma\cos^2\alpha \\ \tau_\alpha &= \frac{\sigma}{2}\sin 2\alpha\end{aligned}\right\}$$

计算时要注意式中各量的正负号规定。

5. 拉压杆的变形

（1）纵向线应变

$$\varepsilon = \frac{\Delta l}{l}$$

（2）横向线应变

$$\varepsilon' = -\nu\varepsilon$$

式中：ν——材料的泊松比。

（3）胡克定律

$$\Delta l = \frac{F_{\mathrm{N}} l}{EA} \quad \text{或} \quad \sigma = E\varepsilon$$

式中：E——材料的弹性模量；

　　EA——杆的拉压刚度。

6. 材料在拉压时的力学性能

（1）强度指标

对塑性材料为屈服极限 σ_{s} 或名义屈服极限 $\sigma_{0.2}$。对脆性材料为抗拉强度 σ_{b} 或抗压强度 σ_{c}。

（2）塑性指标

材料的塑性指标为延伸率 δ 和断面收缩率 ψ。

工程中规定：$\delta \geqslant 5\%$的材料为塑性材料，$\delta < 5\%$的材料为脆性材料。

（3）弹性常数

材料的弹性性能指标为弹性模量 E，泊松比 ν，切变模量 G。

对线弹性材料，三个弹性常数之间有如下的关系：

$$G = \frac{E}{2(1+\nu)}$$

(4) 安全因数、许用应力

构件工作时构件内的最大应力称为最大工作应力。为了保证构件能安全正常地工作，必须将构件的工作应力限制在比极限应力 σ_0 更低的范围内，这个应力值称为许用应力，用 $[\sigma]$ 表示，即

$$[\sigma]=\sigma_0/n$$

对于塑性材料

$$[\sigma]=\sigma_s/n_s \quad 或 \quad [\sigma]=\sigma_{0.2}/n_s$$

对于脆性材料

$$[\sigma]=\sigma_b/n_b \quad 或 \quad [\sigma]=\sigma_c/n_b$$

式中：n_s，n_b——塑性材料和脆性材料的安全因数。

7. 拉压杆的强度计算

等直杆的强度条件为

$$\sigma_{max}=\frac{F_{Nmax}}{A}\leqslant[\sigma]$$

根据以上强度条件可进行三种类型的强度计算问题：即强度校核，设计截面，确定许用荷载。

8. 应力集中的概念

由于截面尺寸突然改变而引起的局部应力急剧增大的现象，称为应力集中。

最大局部应力 σ_{max} 与按削弱后的净面积算得的平均应力的比值 α 来表示应力集中的程度，即

$$\alpha=\frac{\sigma_{max}}{\sigma_m}$$

α 是一个大于 1 的因数。对于工程中各种典型的应力集中情况，例如开孔、浅槽、螺纹等，其应力集中因数 α 可在有关的设计手册中查到，该值约在 1.2～3 之间。

9. 拉压超静定问题

(1) 超静定的概念

约束力与内力都可由静力平衡方程求出，这样的杆件或结构称为静定杆件或静定结构，这类问题称为静定问题。

当杆件或结构需求的约束力和内力的个数超过静力平衡方程的个数，不能由静力平衡方程全部求出这些未知力，这样的杆件或结构称为超静定杆件或超静定结构，这类问题称为超静定问题。全部未知力的个数与独立静力平衡方程个数的差值，称为超静定次数。

(2) 超静定问题的基本解法

求解超静定问题的步骤可用框图表述如下：

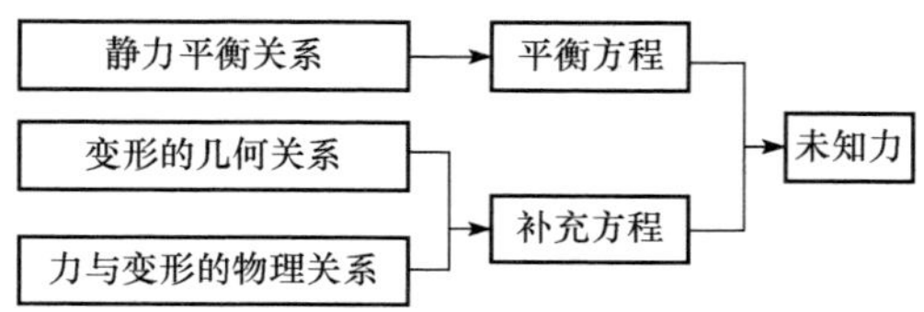

其中寻找变形的几何关系是建立补充方程的关键，也是解题的关键。

10. 连接件的强度计算

起连接作用的部件称为连接件。连接件在工作中主要承受剪切和挤压作用，其强度通常采用实用计算法。

（1）剪切强度的实用计算

剪切强度条件为

$$\tau = \frac{F_S}{A_S} \leqslant [\tau]$$

式中：$[\tau]$ ——材料的许用切应力。

（2）挤压强度的实用计算

挤压强度条件为

$$\sigma_{bs} = \frac{F_{bs}}{A_{bs}} \leqslant [\sigma_{bs}]$$

式中：$[\sigma_{bs}]$ ——材料的许用挤压应力。

典型例题

例 2.1　图 2.1（a）所示为等截面直杆，已知其长为 l、横截面积为 A、材料的容重为 γ、弹性模量为 E，受杆件自重和下端处集中力 F 作用，试绘制该杆的轴力图。

分析　在本题中可将杆件的重力简化为沿杆轴线作用的线分布力，其集度为 γA，以 B 点为原点、杆件轴线为 x 轴［图 2.1（a）］，从 x 处将杆件截开，取长为 x 的一段杆为研究对象［图 2.1（b）］，分布力的合力为 γAx，根据该段杆件的平衡方程即可求出 x 横截面上的轴力，从而绘出该杆的轴力图。

解　利用截面法求距 B 端为 x 横截面上的轴力。取距 B 端长为 x 的一段杆件为研究对象，列出平衡方程

$$F_N(x) - F - \gamma Ax = 0$$

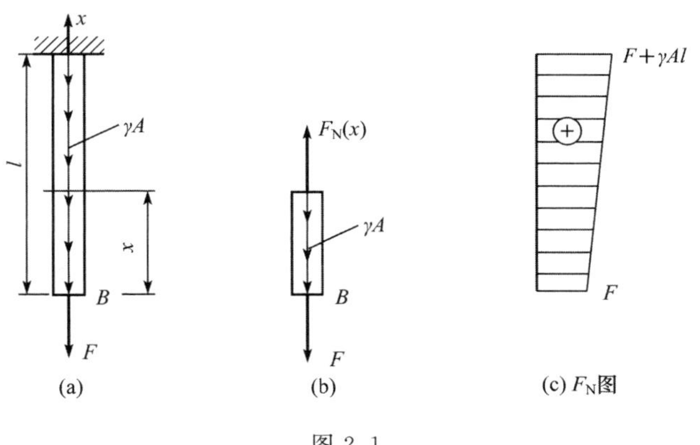

图 2.1

由此可得，杆件距 B 端为 x 的横截面上的轴力为 $F_N(x)=F+\gamma Ax$，故杆件的轴力为 x 的一次函数，B 端的轴力最小，为 F；A 端的轴力最大，为 $F+\gamma Al$。绘出杆件的轴力图如图 2.1（c）所示。

例 2.2 图 2.2（a）所示为一混合屋架结构的计算简图。屋架的上弦用钢筋混凝土制成，下面的拉杆和中间竖向撑杆都用两根 80×8 的等边角钢组成。已知屋面承受集度 $q=20\text{kN/m}$ 的均布荷载，试求杆 AE 和 EF 横截面上的应力。

分析 屋架的杆 AE 和 EF 均为轴向拉压杆。首先求出屋架的支座反力，然后分别以半个屋架和结点 E 为研究对象，求出拉杆 EF 和 AE 的轴力，最后由轴力求出杆的应力。

解 1）求支座反力。取整个屋架为研究对象，受力如图 2.2（a）所示。因屋架及荷载左右对称，所以

$$F_A=F_B=\frac{1}{2}\times 20\text{kN/m}\times 17.8\text{m}=178\text{kN}$$

2）求拉杆 EF 和 AE 的内力 F_{N1}、F_{N2}。取左半个屋架为研究对象，受力如图 2.2（b）所示。列出平衡方程

$$\sum M_C=0,\ \frac{1}{2}q\times(4.4\text{m}+4.5\text{m})^2+F_{N1}\times 2\text{m}-F_A\times(4.4\text{m}+4.5\text{m})=0$$

得

$$F_{N1}=396.05\text{kN}$$

取结点 E 为研究对象，受力如图 2.2（c）所示。列出平衡方程

$$\sum X=0,\ F_{N1}-F_{N2}\cos\theta=0$$

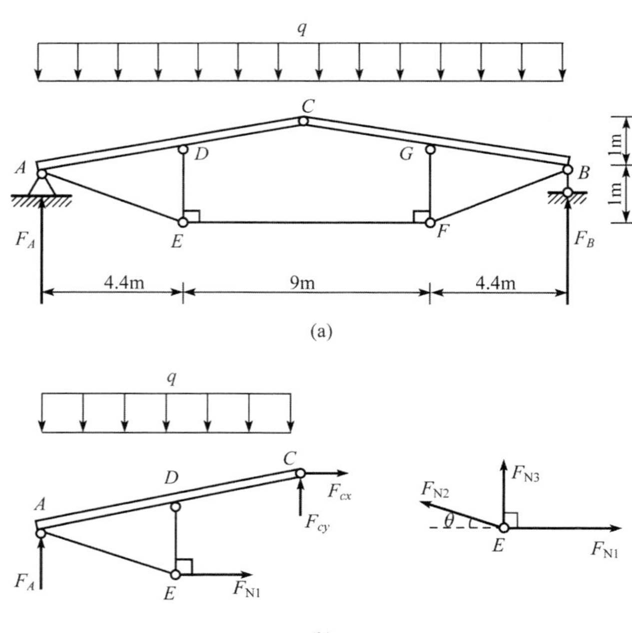

图 2.2

将 $\cos\theta = \dfrac{4.4\text{m}}{\sqrt{(4.4\text{m})^2 + (1\text{m})^2}} = 0.975$ 代入上式，解得

$$F_{N2} = 406.21\text{kN}$$

3）求拉杆 EF 和 AE 横截面上的正应力。查型钢规格表，杆 EF 和 AE 的横截面积为

$$A_1 = A_2 = A = 12.303\text{cm}^2 \times 2 = 24.606\text{cm}^2$$

杆 EF 和 AE 横截面上的正应力分别为

$$\sigma_1 = \frac{F_{N1}}{A_1} = \frac{396.05 \times 10^3\text{N}}{24.606 \times 10^{-4}\text{m}^2} = 160.96 \times 10^6\text{Pa} = 160.96\text{MPa}$$

$$\sigma_2 = \frac{F_{N2}}{A_2} = \frac{406.21 \times 10^3\text{N}}{24.606 \times 10^{-4}\text{m}^2} = 165.09 \times 10^6\text{Pa} = 165.09\text{MPa}$$

例 2.3　图 2.3（a）所示三角架在结点 A 受 $F=10\text{kN}$ 的力作用。杆 AB 为直径 $d_1=10\text{mm}$的圆截面钢杆，长 $l_1=2.5\text{m}$；杆 AC 为空心钢杆，处于水平位置，其横截面面积 $A_2=50\text{mm}^2$，长 $l_2=1.5\text{m}$。已知钢的弹性模量 $E=200\text{GPa}$，试求 A 点的竖向位移。

分析　由 A 点的平衡可求得 AB、AC 两杆的内力，由两杆的内力可求出其变形，再由两杆变形后的长度确定出变形后 A 点所在的位置，然后由几何关系计算 A 点的竖向位移。

解　1）求两杆的轴力 F_{N1}、F_{N2}。取结点 A 为研究对象，受力如图 2.3（b）所示。列出平衡方程

$$\sum Y = 0,\ F_{N1} \times \frac{4}{5} - F = 0$$

得

$$F_{N1} = \frac{5}{4}F = 12.5\text{kN}$$

$$\sum X = 0,\ F_{N1} \times \frac{3}{5} - F_{N2} = 0$$

得

$$F_{N2} = \frac{3}{5}F_{N1} = 7.5\text{kN}$$

2）求两杆的变形 Δl_1、Δl_2。由胡克定律可得

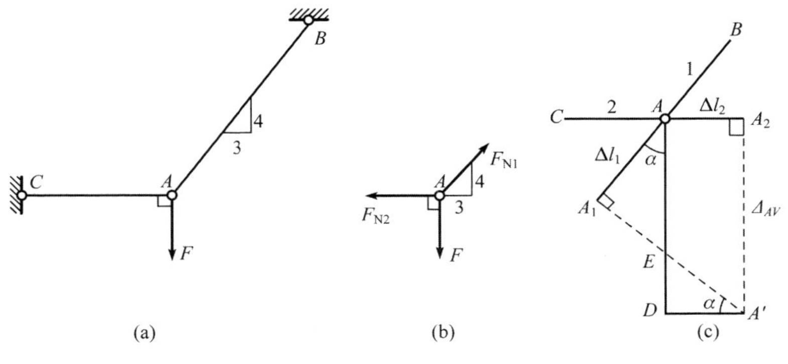

图 2.3

$$\Delta l_1 = \frac{F_{N1} l_1}{EA_1} = 2 \times 10^{-3}\text{m} = 2\text{mm}(\text{伸长})$$

$$\Delta l_2 = \frac{F_{N2} l_2}{EA_2} = 1.125 \times 10^{-3}\text{m} = 1.125\text{mm}(\text{伸长})$$

3）求 A 点的竖向位移 Δ_{AV}。绘出结点 A 的位移图［图 2.3（c）］。由于杆 AB 伸长了 $\Delta l_1 = 2\text{mm}$，所以先延长 BA 至 A_1，使 $AA_1 = \Delta l_1$，过 A_1 点作 BA_1 的垂线；同样，由于杆 AC 伸长了 $\Delta l_2 = 1.125\text{mm}$，所以延长 CA 至 A_2，使 $AA_2 = \Delta l_2$，过 A_2 点作 CA_2 的垂线，两垂线的交点 A' 即为 A 点的新位置。由图可求得 A 点的竖向位移为

$$\Delta_{AV} = \frac{\Delta l_1}{\cos\alpha} + \Delta l_2 \tan\alpha = 2\text{mm} \times \frac{5}{4} + 1.125\text{mm} \times \frac{3}{4} = 3.34\text{mm}$$

例 2.4 图 2.4 所示拉杆沿斜截面 $m—m$ 由两部分胶合而成，设在胶合面上材料的许用应力 $[\sigma] = 100\text{MPa}$，$[\tau] = 50\text{MPa}$。从胶合强度出发，分析胶合面的方位角 α 为多大时，杆件所能承受的拉力最大（$\alpha \leqslant 60°$）？若杆的横截面积 $A = 500\text{mm}^2$，试计算该最大拉力为多少？

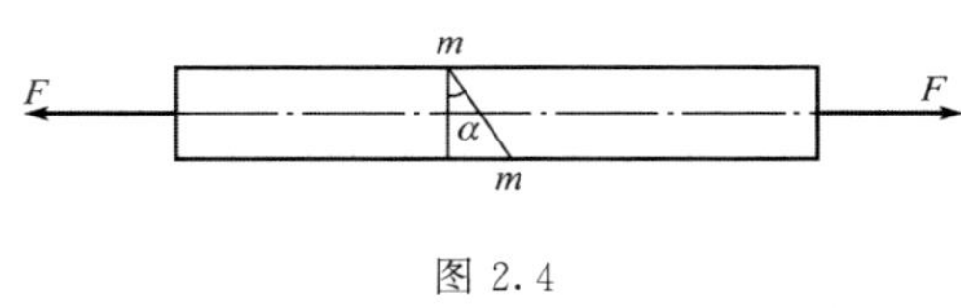

图 2.4

分析 为充分发挥胶合面的强度，应使胶合面上的正应力与切应力之比等于许用正应力与许用切应力的比值，根据这一条件即可求出胶合面的方位角 α 的值。令胶合面上的应力等于其许用应力，再根据横截面上正应力与斜截面上应力之间的关系求出拉杆横截面上的正应力，由横截面正应力即可求得拉杆的最大拉力。

解 1）求方位角 α。若横截面上的正应力为 σ，则 α 斜截面上的正应力和切应力分别为

$$\sigma_\alpha = \sigma\cos^2\alpha，\tau_\alpha = \frac{\sigma}{2}\sin 2\alpha$$

根据题意可知，若有 α 满足 $\frac{\sigma_\alpha}{\tau_\alpha} = \frac{[\sigma]}{[\tau]} = \frac{100}{50} = 2$，即

$$\sigma\cos^2\alpha = 2\sigma\sin\alpha\cos\alpha$$

则此 α 的值即为所求。解上式得

$$\alpha = 26.6°$$

2）求最大拉力 F_{max}。设此时横截面上的正应力为 σ_{max}，则有

$$\sigma_{max} = \frac{[\sigma]}{\cos^2\alpha} = \frac{100\text{MP}_\text{a}}{0.794^2} = 125\text{MPa}$$

最大拉力为

$$F_{max} = A\sigma_{max} = 500 \times 10^{-6}\text{m}^2 \times 125 \times 10^6\text{N} = 62.5\text{kN}$$

例 2.5 图 2.5（a）所示结构由 AB、BC 两杆构成，承受一铅垂荷载 F。两杆由同一材料制成，且水平杆 BC 的长度 l 保持不变，而角 θ 随点 A 沿铅垂方向的移动和 AB 长度的相应改变而改变。假设材料的许用应力在拉伸和压缩时是一样的，并假设两个杆受力均完全达到许用应力值，试求使该结构具有最小重量的角 θ 的值。

分析 由于两杆由同一材料制成，故结构具有最小体积时即具有最小重量。因杆件的许用应力为常数，故杆件的面积是由杆件的内力决定的，它是变量 θ 的函数；AB 杆的长度

也是变量 θ 的函数，因此结构的重量即为变量 θ 的函数。当求出结构的重量关于变量 θ 的函数后，由求函数极值的方法，即可求得使结构具有最小重量的角 θ 的值。

解　1）求杆件的内力与荷载之间的关系。取结点 B 为研究对象，受力如图 2.5（b）所示。列出平衡方程

$$\sum Y = 0,\ F_{N1}\sin\theta - F = 0$$

得

$$F_{N1} = \frac{F}{\sin\theta}$$

$$\sum X = 0,\ F_{N2} - F_{N1}\cos\theta = 0$$

得

$$F_{N2} = F_{N1}\cos\theta = \frac{F\cos\theta}{\sin\theta}$$

2）根据强度条件计算两杆所应选取的横截面面积 A_1 和 A_2 的最小值。

$$A_1 = \frac{F_{N1}}{[\sigma]} = \frac{F}{[\sigma]\sin\theta} \tag{a}$$

$$A_2 = \frac{F_{N2}}{[\sigma]} = \frac{F\cos\theta}{[\sigma]\sin\theta} \tag{b}$$

3）求使结构的重量最小的 θ 角。设材料的容重为 γ，则该三角架的重量为

$$W = A_1 l_1 \gamma + A_2 l \gamma$$

将式（a）、式（b）及 $l_1 = \dfrac{l}{\cos\theta}$ 代入上式，整理得

$$W = \frac{2Fl\gamma(\cos2\theta + 3)}{[\sigma]\sin2\theta}$$

对上式求导数，整理得

$$\frac{\mathrm{d}W}{\mathrm{d}\theta} = \frac{Fl\gamma(-2 - 6\cos2\theta)}{[\sigma]\sin^2 2\theta}$$

令 $\dfrac{\mathrm{d}W}{\mathrm{d}\theta} = 0$，即

$$-2 - 6\cos2\theta = 0$$

解得

$$\theta = 54°44'$$

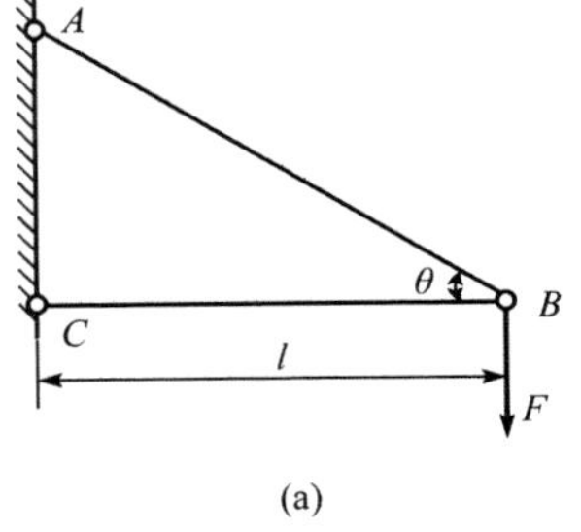

(a)

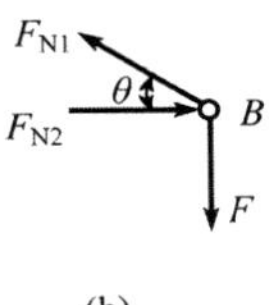

(b)

图 2.5

例 2.6 图 2.6 所示结构由三根同材料、同截面、等长的杆组成。已知杆长 $l=0.5\text{m}$，横截面面积 $A=120\text{mm}^2$，弹性模量 $E=200\text{GPa}$，线膨胀系数 $\alpha_l=12\times10^{-6}/℃$，试求当温度降低 30℃时，三杆内的应力。

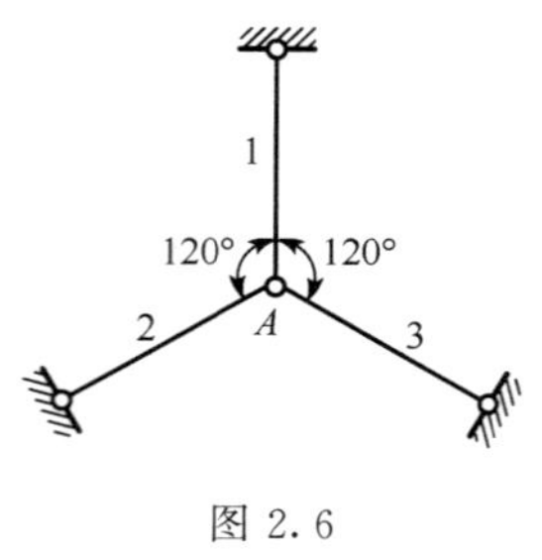

图 2.6

分析 由于三根杆对称，温度变化也相同，三根杆由于温度变化而引起的变形也相同，三根杆仍铰接于 A 点，因此三根杆由于内力与温度变化所引起的变形相等，由此条件即可求出杆的轴力，进而求得杆的应力。

解 1）求三杆内的轴力。由题意知，三杆的轴力相等，设 $F_{N1}=F_{N2}=F_{N3}=F_N$，且均为拉力。根据胡克定律和变形协调条件有

$$\frac{F_N l}{EA}=\alpha_l\cdot\Delta t\cdot l$$

解得

$$F_N=\alpha_l\cdot\Delta t\cdot EA$$

2）求三杆内的应力。三杆内的应力为

$$\sigma_1=\sigma_2=\sigma_3=\frac{F_N}{A}=\alpha_l\cdot\Delta t\cdot E=72\text{MPa}$$

例 2.7 图 2.7 所示为冲床的冲头。冲床的最大冲力 $F=500\text{kN}$，冲床材料的许用应力 $[\sigma]=400\text{MPa}$，钢板的剪切强度极限 $\tau_b=360\text{MPa}$。试求在最大冲力作用下，所能冲剪圆孔的最小直径 d 和钢板的最大厚度 t。

分析 冲床的最大冲力为冲头的最大轴向压力，由冲头的强度条件即可求出所能冲剪圆孔的最小直径；同时冲床的最大冲力为钢板的剪力，其剪切面为直径为冲头直径、高度为钢板厚度的圆柱面，由钢板剪切强度极限即可求出所能冲剪的钢板的最大厚度。

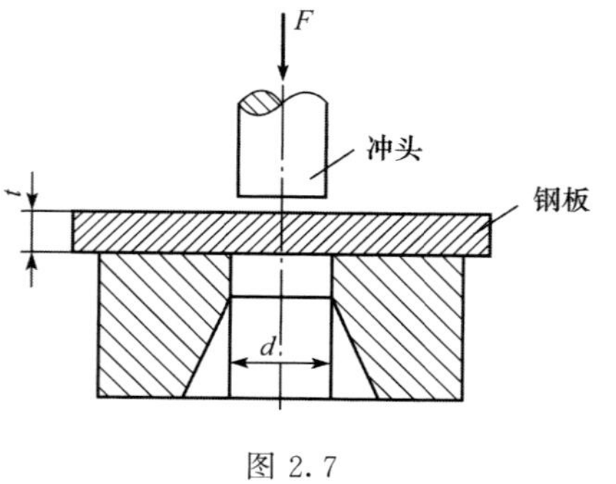

图 2.7

解 1）求冲剪圆孔的最小直径 d。由冲头的强度条件

$$\sigma=\frac{F_N}{A}=\frac{F}{A}=\frac{4F}{\pi d^2}\leqslant[\sigma]$$

得

$$d\geqslant\sqrt{\frac{4F}{\pi[\sigma]}}=3.8\times10^{-2}\text{m}=38\text{mm}$$

2）求冲剪钢板的最大厚度 t。由钢板的剪切破坏条件

$$\tau=\frac{F_S}{A_S}=\frac{F_S}{\pi dt}\geqslant\tau_b$$

得

$$t\leqslant\frac{F_S}{\pi d\tau_b}=11.6\text{mm}$$

思考题解答

思考题 2.1　试判断图示构件中哪些属于轴向拉伸或轴向压缩？

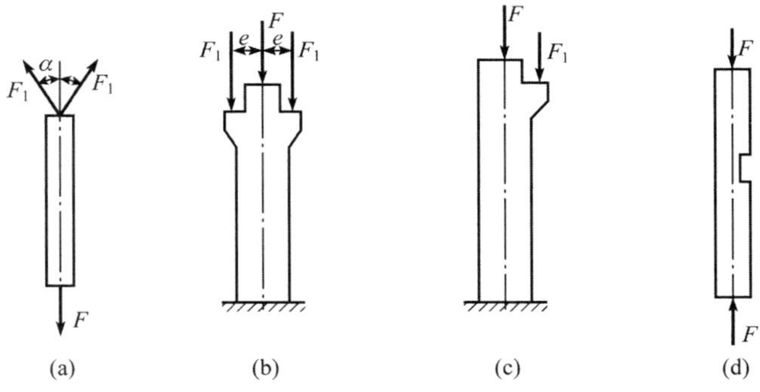

思考题 2.1 图

解　图（a）属于轴向拉伸；图（b）属于轴向压缩。

思考题 2.2　用截面法求图示杆的轴力时可否将截面恰恰截在着力点 C 上？为什么？

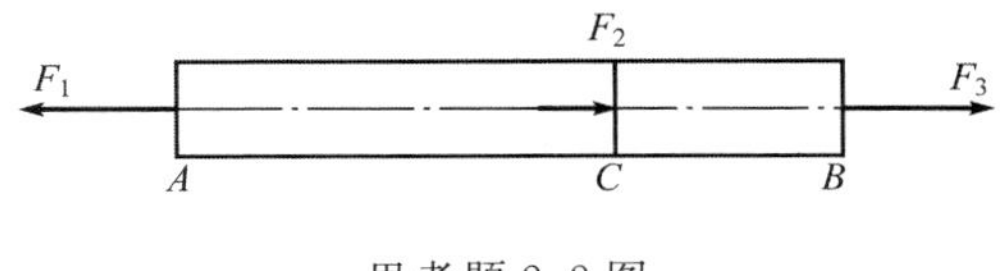

思考题 2.2 图

解　不能将截面恰恰截在着力点 C 上。因为点 C 是集中力 F_2 的作用点，杆的轴力在该点处有突变。

思考题 2.3　对轴力为什么要规定正负号？轴力的正负号是如何规定的？

解　在应用截面法求轴力时，若分别取截面的左段和右段为研究对象，得到的轴力大小相等但方向相反。为了使两种算法得到的同一截面上的轴力相同，必须规定轴力的正负号。规定当轴力的方向与横截面的外法线方向一致时，杆件受拉伸长，轴力为正；反之，杆件受压缩短，轴力为负。

思考题 2.4　拉压杆横截面上正应力的分布规律是怎样的？

解　拉压杆横截面上正应力均匀分布。

思考题 2.5　正应力和切应力的正负号是如何规定的？

解　正应力以拉应力为正，压应力为负；切应力以其对研究对象内任一点的矩为顺时针转向时为正，反之为负。

思考题 2.6　为什么要研究材料的力学性能？材料的主要力学性能指标有哪些？

解　材料的力学性能是材料在外力作用下其强度和变形等方面表现出来的性质，它是构件强度、刚度计算及材料选用的重要依据。

材料的主要力学性能指标包括强度指标（塑性材料的屈服极限和脆性材料的强度极限），塑性指标（延伸率和截面收缩率），弹性常数（弹性模量 E、泊松比 ν、切变模量 G）。

思考题 2.7 低碳钢试件的拉伸过程可分为哪几个阶段？每个阶段有什么特点？

解 低碳钢的拉伸过程可分为弹性、屈服、强化、颈缩四个阶段。

1）弹性阶段。在此阶段内，如果卸除荷载，则变形能够完全消失，即发生的都是弹性变形。在比例极限 σ_p 内，应力与应变成线性关系，材料服从胡克定律。

2）屈服阶段。在此阶段，应力—应变曲线沿着锯齿形上下摆动。此时应力基本保持不变而应变却急剧增加，材料暂时失去了抵抗变形的能力。如果试件表面经过磨光，屈服时试件表面会出现一些与试件轴线成45°滑移线，这是由于材料内部晶格之间产生相对滑移而形成的。

3）强化阶段。屈服阶段以后，应力—应变曲线又开始逐渐上升，材料又恢复了抵抗变形的能力，要使它继续发生变形必须增加外力，这种现象称为材料的强化。

4）颈缩阶段。在应力达到抗拉强度之前，沿试件的长度变形是均匀的。当应力达到强度极限 σ_b 后，试件的变形开始集中于某一局部区域内，横截面面积出现局部迅速收缩，这种现象称为颈缩现象。

思考题 2.8 如何区分塑性材料和脆性材料？两种材料的力学性能有哪些区别？

解 工程中常把延伸率 $\delta \geqslant 5\%$ 的材料称为塑性材料，而把 $\delta < 5\%$ 的材料称为脆性材料。

塑性材料和脆性材料的力学性能主要有以下区别：

1）塑性材料的延伸率大，塑性好；脆性材料的延伸率小，塑性差。塑性材料适宜制作需进行锻压、冷拉或受冲击荷载、动力荷载的构件，而脆性材料则不宜。

2）塑性材料在屈服阶段前抗拉压能力基本相同，使用范围广。受拉构件一般采用塑性材料；脆性材料抗压能力远大于抗拉能力，且价格低廉又便于就地取材，所以适宜制作受压构件。

应该注意，温度、变形速度、受力状态和热处理等都会影响材料的性质，材料的塑料和脆性在一定条件下可以相互转化。

思考题 2.9 安全因数的选取与那些因素有关？材料的许用应力如何确定？

解 安全因数的选取与计算简图与实际结构之间的差异、材料的不均匀性、荷载值的偏差、构件必要的强度储备等因素有关。

材料的许用应力等于极限应力除以一个大于 1 的安全因数。

思考题 2.10 利用强度条件可以解决工程中哪三种类型的强度计算问题？

解 利用强度条件可以解决工程中的强度校核、设计截面、确定许用荷载等三种类型的强度计算问题。

思考题 2.11 什么是应力集中？如何降低应力集中的影响？

解 由于截面尺寸突然改变而引起的局部应力急剧增大的现象，称为应力集中。

在设计时应尽可能使杆的截面尺寸不发生突变，并使杆的外型平缓光滑，尽可能避免带尖角的孔、槽和划痕等，以降低应力集中的影响。

思考题 2.12 某拉压杆总伸长若等于零，那么杆内的应变和各点处的位移是否等于零？为什么？

解 若拉压杆总伸长等于零，那么杆内的应变和各点的位移不一定等于零。因为拉压

杆中可能同时存在有拉伸和压缩变形，当拉伸变形和压缩变形正好相等时，则杆的总变形为零，但杆内的应变和位移却不为零。

思考题 2.13 试述超静定问题的基本解法。

解 超静定问题的基本解法包括以下几步：

1）列出静力学平衡方程；

2）找出变形的几何关系；

3）根据力与变形的物理关系（即胡克定律）和变形的几何关系，得出补充方程；

4）联立静力学平衡方程和补充方程，解出未知量。

思考题 2.14 连接件的受力和变形特点是什么？

解 连接件在工作中主要承受横向力的作用，产生剪切变形和挤压变形。

思考题 2.15 试指出图示连接接头中的剪切面和挤压面。

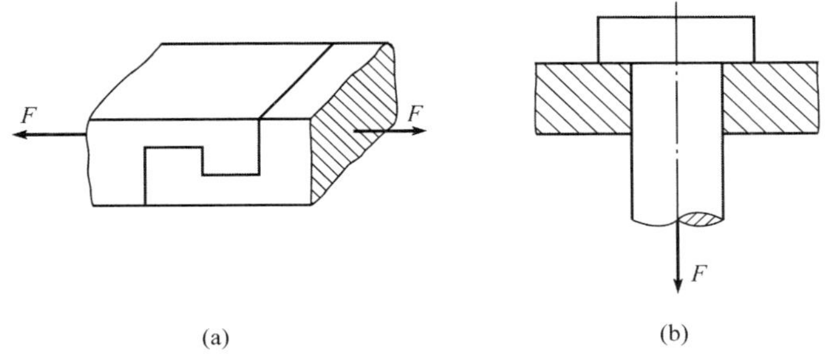

思考题 2.15 图

解 图（a）中剪切面为 $ABCD$，挤压面为 $BCEF$［思考题 2.15 题解图（a）］。图（b）中剪切面为螺钉帽中直径为 d、高为 h 的圆柱面，挤压面为螺钉帽与被连接件的接触面上外径为 D、内径为 d 的空心圆截面［思考题 2.15 题解图（b）］。

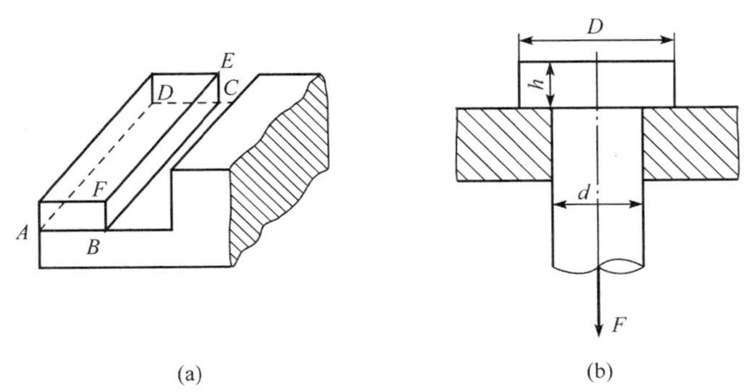

思考题 2.15 题解图

思考题 2.16 连接件的剪切强度和挤压强度的实用计算采用了什么假设？

解 采用了切应力在剪切面上、挤压应力在挤压面的计算面积上均匀分布的假设。

习题解答

习题 2.1 拉压杆的轴力与轴力图

习题 2.1 试求图示各杆指定横截面上的轴力，并绘制轴力图。

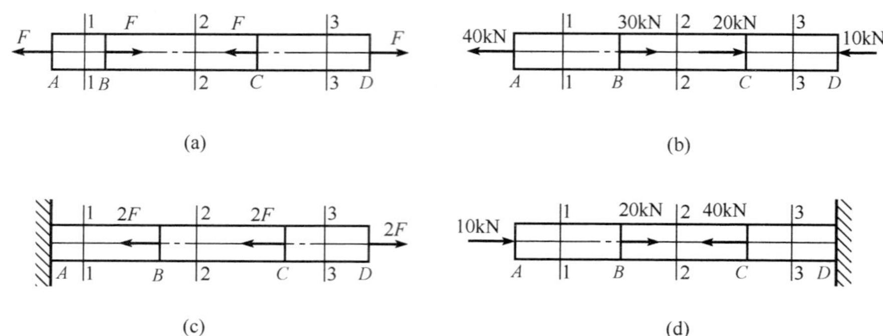

习题 2.1 图

解 （1）题（a）解

1）求指定横截面上的轴力。应用截面法，取 1—1 横截面左边部分杆件为研究对象［习题 2.1（a）题解图（b）］，列出平衡方程

$$\sum X = 0,\ F - F_{N1} = 0$$

得

$$F_{N1} = F$$

同理，分别取习题 2.1（a）题解图（c，d）所示部分为研究对象，由平衡方程可得 2—2、3—3 横截面上的轴力分别为

$$F_{N2} = 0,\ F_{N3} = F$$

2）绘制轴力图如习题 2.1（a）题解图（e）所示。

（2）题（b）解

1）求指定横截面上的轴力。应用截面法，取 1—1 横截面左边部分杆件为研究对象［习题 2.1（b）题解图（b）］，列出平衡方程

$$\sum X = 0,\ F_{N1} - 40\text{kN} = 0$$

得

$$F_{N1} = 40\text{kN}$$

同理，分别取习题 2.1（b）题解图（c，d）所示部分为研究对象，由平衡方程可得 2—2、3—3 横截面上的轴力分别为

$$F_{N2} = 10\text{kN},\ F_{N3} = -10\text{kN}$$

2）绘制轴力图如习题 2.1（b）题解图（e）所示。

（3）题（c）解

1）求指定横截面上的轴力。应用截面法，取 3—3 横截面右边部分杆件为研究对象[习题 2.1（c）题解图（b）]，列出平衡方程

$$\sum X = 0，F - F_{N3} = 0$$

得

$$F_{N3} = 2F$$

同理，分别取习题 2.1（c）题解图（c，d）所示部分为研究对象，由平衡方程可得 2—2、1—1 横截面上的轴力分别为

$$F_{N2} = 0，F_{N1} = - 2F$$

2）绘制轴力图如习题 2.1（c）题解图（e）所示。

（4）题（d）解

1）求指定横截面上的轴力。应用截面法，取 1—1 横截面左边部分杆件为研究对象[习题 2.1（d）题解图（b）]，列出平衡方程

$$\sum X = 0，F + 2\text{kN} = 0$$

得

$$F_{N1} = - 10\text{kN}$$

同理，分别取习题 2.1（d）题解图（c，d）所示部分为研究对象，由平衡方程可得 2—2、3—3 横截面上的轴力分别为

$$F_{N2} = - 30\text{kN}，F_{N3} = 10\text{kN}$$

2）绘制轴力图如习题 2.1（d）题解图（e）所示。

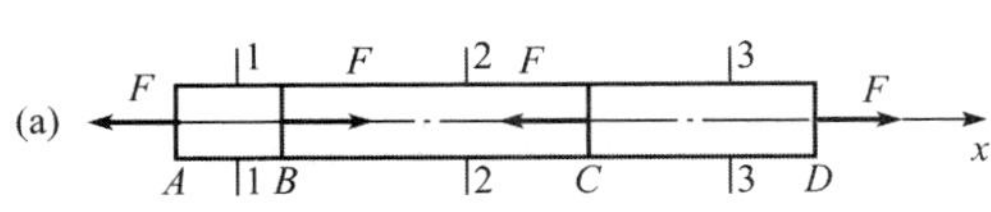

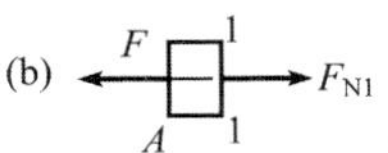

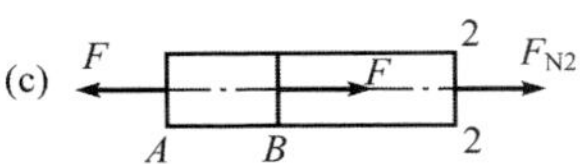

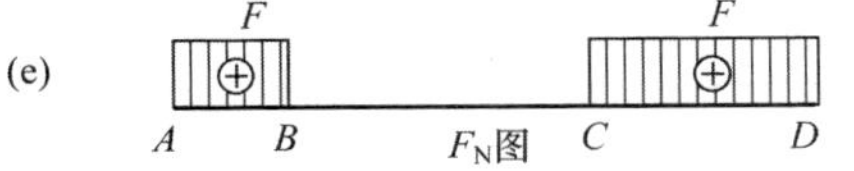

习题 2.1（a）题解图

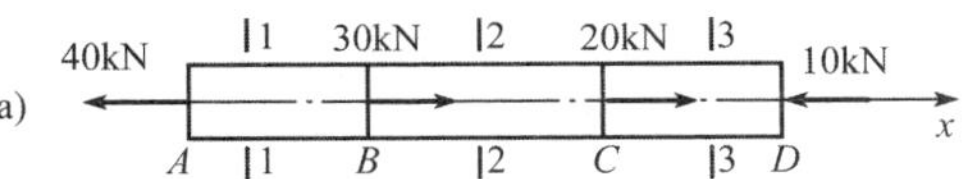

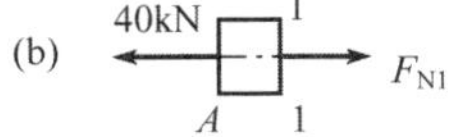

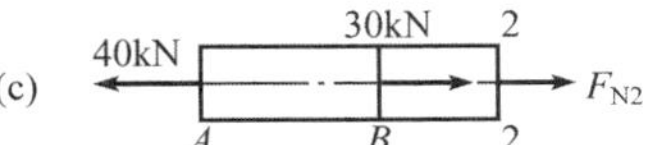

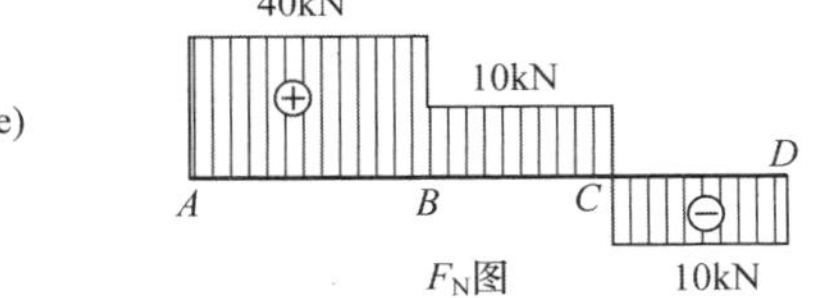

习题 2.1（b）题解图

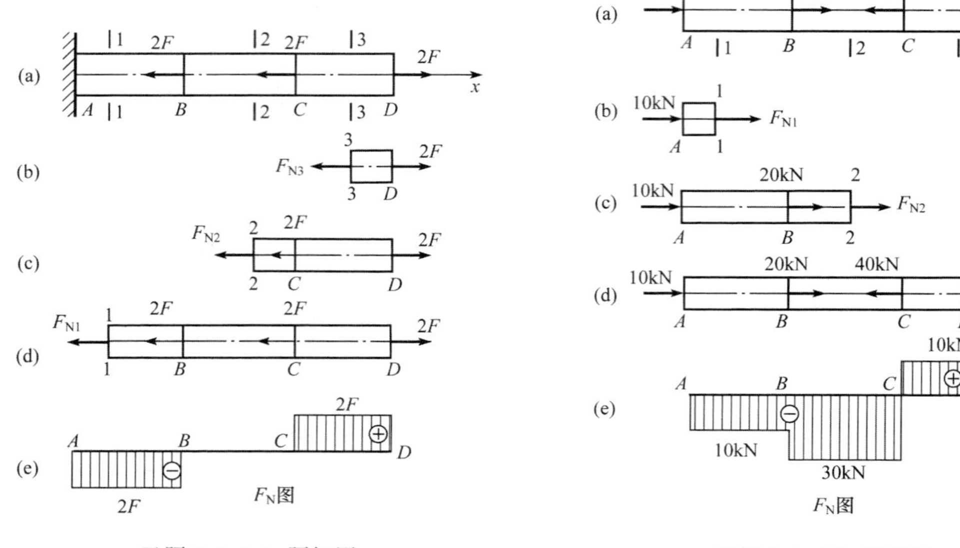

习题 2.1（c）题解图　　习题 2.1（d）题解图

习题 2.2～习题 2.6　拉压杆的应力

习题 2.2　图示水箱重 $W=400\text{kN}$，支承在 AB、BD 和 CD 杆组成的支架上，并受水平风力 $F=100\text{kN}$ 的作用。设三杆的横截面面积均为 $A=2000\text{mm}^2$，试求各杆横截面上的正应力。

解　1）求各杆的轴力。由水箱的平衡［习题 2.2 题解图］可得

$$F_{NCD}=-250\text{kN},\ F_{NBD}=-141.4\text{kN},\ F_{NAB}=-50\text{kN}$$

2）求各杆横截面上的正应力。利用拉压杆横截面上的正应力计算公式，可得

$$\sigma_{AB}=\frac{F_{NAB}}{A}=\frac{-50\times10^3\text{N}}{2000\times10^{-6}\text{m}^2}=-25\times10^6\text{Pa}=-25\text{MPa}$$

$$\sigma_{BD}=\frac{F_{NBD}}{A}=\frac{-141.4\times10^3\text{N}}{2000\times10^{-6}\text{m}^2}=-70.7\times10^6\text{Pa}=-70.7\text{MPa}$$

$$\sigma_{CD}=\frac{F_{NCD}}{A}=\frac{-250\times10^3\text{N}}{2000\times10^{-6}\text{m}^2}=-125\times10^6\text{Pa}=-125\text{MPa}$$

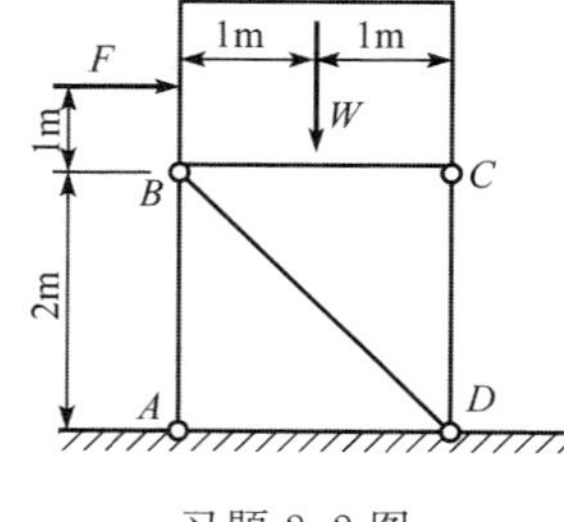

习题 2.2 图

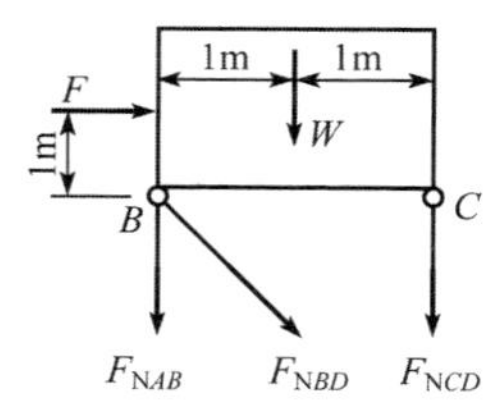

习题 2.2 题解图

习题 2.3　木架受力如图所示，已知两立柱的横截面均为 100×100mm² 的正方形，并固定于地面。试绘制两立柱的轴力图，并求两立柱上、中、下三段内横截面上的正应力。

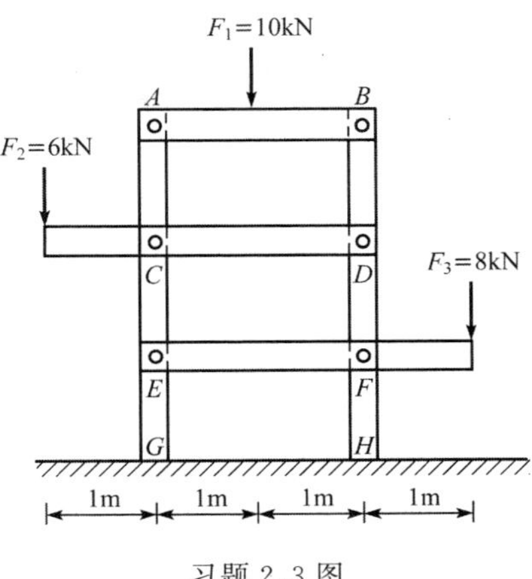

习题 2.3 图

解　1）求约束力。分别取整体、杆 AB、杆 CD、杆 EF 为研究对象，受力分别如习题 2.3 题解图（a～d）所示，由平衡方程可得

$$F_G=10\text{kN},\ F_H=14\text{kN},\ F_A=F_B=5\text{kN},$$
$$F_C=9\text{kN},\ F_D=3\text{kN},\ F_E=4\text{kN},\ F_F=12\text{kN}$$

2）绘制轴力图。根据杆的受力，绘制杆 AG 和杆 BH 的轴力图如习题 2.3 题解图（e）、（f）所示。

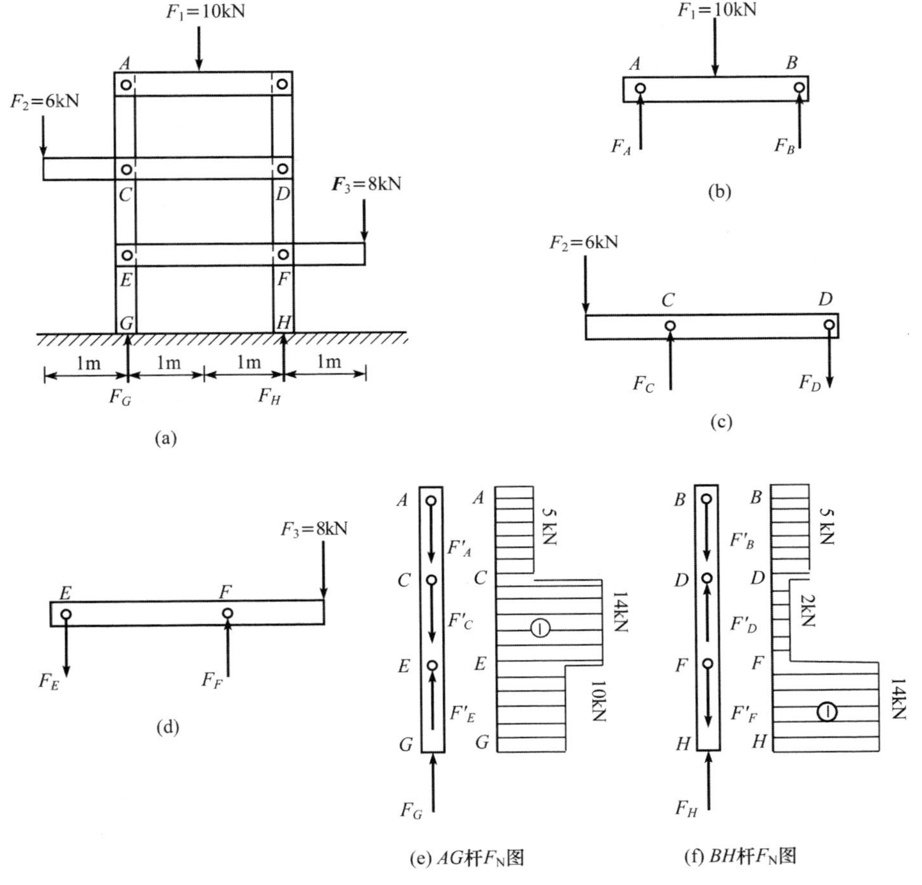

习题 2.3 题解图

3）求立柱横截面上的正应力。利用拉压杆横截面上的正应力计算公式，可得两立柱上、中、下三段内横截面上的正应力分别为

$$\sigma_{AC} = \frac{F_{NAC}}{A} = \frac{-5\times10^3\,\mathrm{N}}{100\times100\times10^{-6}\,\mathrm{m}^2} = -0.5\times10^6\,\mathrm{Pa} = -0.5\mathrm{MPa}$$

$$\sigma_{CE} = \frac{F_{NCE}}{A} = \frac{-14\times10^3\,\mathrm{N}}{100\times100\times10^{-6}\,\mathrm{m}^2} = -1.4\times10^6\,\mathrm{Pa} = -1.4\mathrm{MPa}$$

$$\sigma_{EG} = \frac{F_{NEG}}{A} = \frac{-10\times10^3\,\mathrm{N}}{100\times100\times10^{-6}\,\mathrm{m}^2} = -1\times10^6\,\mathrm{Pa} = -1\mathrm{MPa}$$

以及

$$\sigma_{BD} = \frac{F_{NBD}}{A} = \frac{-5\times10^3\,\mathrm{N}}{100\times100\times10^{-6}\,\mathrm{m}^2} = -0.5\times10^6\,\mathrm{Pa} = -0.5\mathrm{MPa}$$

$$\sigma_{DF} = \frac{F_{NDF}}{A} = \frac{-2\times10^3\,\mathrm{N}}{100\times100\times10^{-6}\,\mathrm{m}^2} = -0.2\times10^6\,\mathrm{Pa} = -0.2\mathrm{MPa}$$

$$\sigma_{FH} = \frac{F_{NFH}}{A} = \frac{-14\times10^3\,\mathrm{N}}{100\times100\times10^{-6}\,\mathrm{m}^2} = -1.4\times10^6\,\mathrm{Pa} = -1.4\mathrm{MPa}$$

习题 2.4 圆截面杆的直径及荷载如图所示，试求各杆的最大正应力。

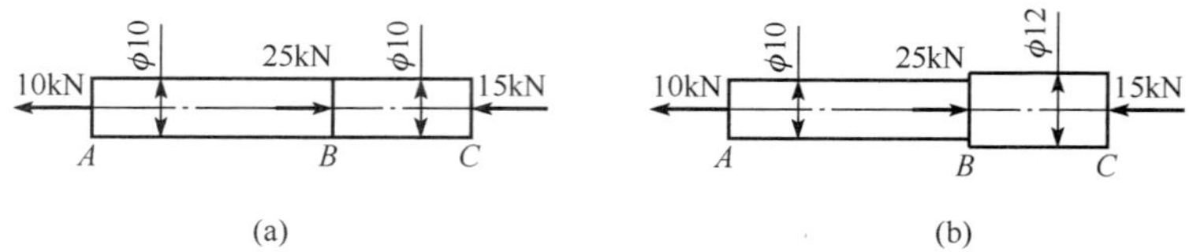

习题 2.4 图

解 （1）题（a）解

AB、BC 两段杆横截面面积相等，而 BC 段杆的轴力较大（绝对值），$F_{N\max}=F_{NBC}=-15\mathrm{kN}$，故杆的最大正应力发生在 BC 段，数值为

$$\sigma_{\max} = \left|\frac{F_{N\max}}{A}\right| = \frac{15\times10^3\,\mathrm{N}}{\frac{\pi}{4}\times(0.01\mathrm{m})^2} = 190.99\times10^6\,\mathrm{Pa} = 190.99\mathrm{MPa}(\text{压})$$

（2）题（b）解

AB、BC 两段杆的轴力分别为

$$F_{NAB} = 10\mathrm{kN},\ F_{NBC} = -15\mathrm{kN}$$

AB、BC 两段杆的正应力分别为

$$\sigma_{AB} = \frac{F_{NAB}}{A_{AB}} = \frac{10\times10^3\,\mathrm{N}}{\frac{\pi}{4}\times(0.01\mathrm{m})^2} = 127.32\times10^6\,\mathrm{Pa} = 127.32\mathrm{MPa}$$

$$\sigma_{BC} = \frac{F_{NBC}}{A_{BC}} = \frac{-15\times10^3\,\mathrm{N}}{\frac{\pi}{4}\times(0.012\mathrm{m})^2} = -132.63\times10^6\,\mathrm{Pa} = -132.63\mathrm{MPa}$$

比较后知，杆的最大正应力为 $\sigma_{\max}=\sigma_{BC}=132.63\mathrm{MPa}$（压）。

习题 2.5 图示屋架的下弦杆 FG 用两个 80×8 的等边角钢组成，并在某截面处钻有直径 $d=12\mathrm{mm}$ 的 2 个孔，试求杆 FG 的最大正应力。

解 1）求支座反力。取整个屋架为研究对象，受力如习题 2.5 题解图（a）所示。因屋架及荷载左右对称，所以

$$F_A = F_B = \frac{1}{2} \times 20\text{kN/m} \times 18\text{m} = 180\text{kN}$$

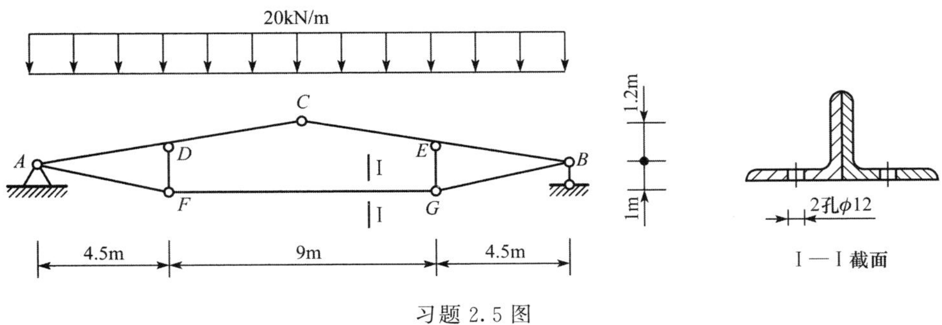

习题 2.5 图

2）求拉杆 FG 的内力 F_{NFG}。取左半个屋架为研究对象，受力如习题 2.5 题解图（b）所示。列出平衡方程

$$\sum M_C = 0,\ \frac{1}{2}q \times (4.5\text{m} + 4.5\text{m})^2 + F_{NFG} \times 2.2 - F_A \times (4.5\text{m} + 4.5\text{m}) = 0$$

得

$$F_{NFG} = 368.18\text{kN}$$

3）求拉杆 FG 横截面上的正应力。杆 FG 的横截面积为

$$A = (12.303 - 1.2 \times 0.8)\text{cm}^2 \times 2 = 22.686\text{cm}^2$$

杆 FG 横截面上的正应力为

$$\sigma_{NFG} = \frac{F_{NFG}}{A} = \frac{368.18 \times 10^3\text{N}}{22.686 \times 10^{-4}\text{m}^2} = 162.3 \times 10^6\text{Pa} = 162.3\text{MPa}$$

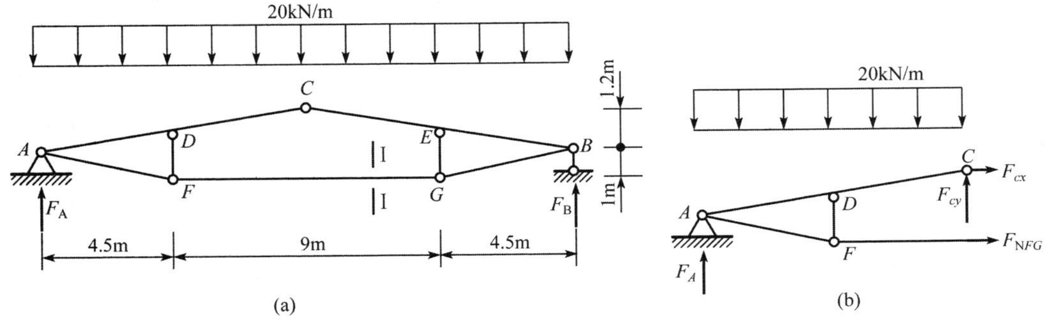

习题 2.5 题解图

习题 2.6　图示直杆承受拉力 F=10kN 的作用，杆的横截面面积 A=100mm²，若以 α 表示斜截面与横截面的夹角，试求 α=0°、30°、45°、60°、90°时各斜截面上的正应力和切应力。

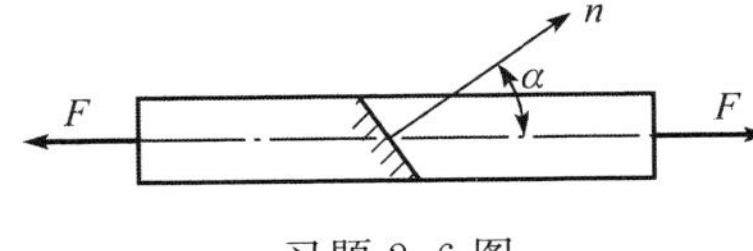

习题 2.6 图

解　横截面上的正应力为

$$\sigma = \frac{F_N}{A} = \frac{F}{A} = \frac{10 \times 10^3\text{N}}{100 \times 10^{-6}\text{m}^2}$$
$$= 100 \times 10^6\text{Pa} = 100\text{MPa}$$

当 $\alpha=0°$时

$$\sigma_{0°}=\sigma\cos^2 0=\sigma=100\text{MPa}$$

$$\tau_{0°}=\frac{\sigma}{2}\sin(2\times 0)=0$$

当 $\alpha=30°$时

$$\sigma_{30°}=\sigma\cos^2 30°=\frac{3\sigma}{4}=75\text{MPa}$$

$$\tau_{30°}=\frac{\sigma}{2}\sin(2\times 30°)=\frac{\sqrt{3}\sigma}{4}=43.3\text{MPa}$$

当 $\alpha=45°$时

$$\sigma_{45°}=\sigma\cos^2 45°=\frac{\sigma}{2}=50\text{MPa}$$

$$\tau_{45°}=\frac{\sigma}{2}\sin(2\times 45°)=\frac{\sigma}{2}=50\text{MPa}$$

当 $\alpha=60°$时

$$\sigma_{60°}=\sigma\cos^2 60°=\frac{\sigma}{4}=25\text{MPa}$$

$$\tau_{60°}=\frac{\sigma}{2}\sin(2\times 60°)=\frac{\sqrt{3}\sigma}{4}=43.3\text{MPa}$$

当 $\alpha=90°$时

$$\sigma_{90°}=\sigma\cos^2 90°=0$$

$$\tau_{90°}=\frac{\sigma}{2}\sin(2\times 90°)=0$$

习题 2.7～习题 2.10　拉压杆的变形

习题 2.7　图示一钢制阶梯杆，各段横截面面积分别为 $A_1=A_3=300\text{mm}^2$，$A_2=200\text{mm}^2$，钢的弹性模量 $E=200\text{GPa}$。试求杆的总变形。

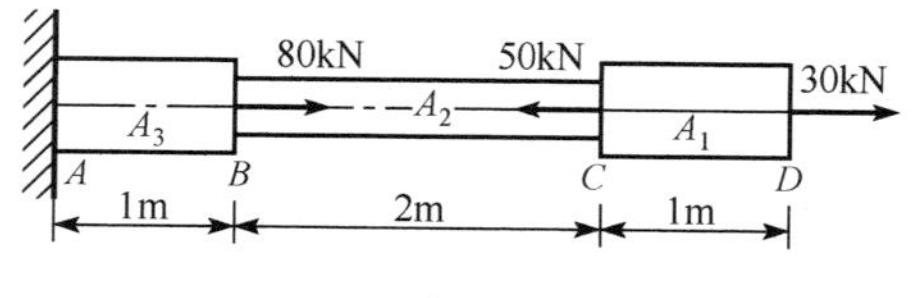

习题 2.7 图

解　应用截面法，各段杆的轴力分别为

$F_{N1}=30\text{kN}$，$F_{N2}=-20\text{kN}$，$F_{N3}=60\text{kN}$

杆的总变形为

$$\begin{aligned}\Delta l&=\frac{F_{N1}l_1}{EA_1}+\frac{F_{N2}l_2}{EA_2}+\frac{F_{N3}l_3}{EA_3}\\&=\frac{30\times 10^3\text{N}\times 1\text{m}}{200\times 10^9\text{Pa}\times 300\times 10^{-6}\text{m}^2}+\frac{-20\times 10^3\text{N}\times 2\text{m}}{200\times 10^9\text{Pa}\times 200\times 10^{-6}\text{m}^2}\\&\quad+\frac{60\times 10^3\text{N}\times 1\text{m}}{200\times 10^9\text{Pa}\times 300\times 10^{-6}\text{m}^2}\\&=0.5\times 10^{-3}\text{m}=0.5\text{mm}\end{aligned}$$

习题 2.8　一根直径 $d=20\text{mm}$，长度 $l=1\text{m}$ 的轴向拉杆，在弹性范围内承受拉力 $F=40\text{kN}$。已知材料的弹性模量 $E=2.1\times 10^5\text{MPa}$，泊松比 $\nu=0.3$，试求该杆的长度改变量 Δl 和直径改变量 Δd。

解　杆的长度改变量为Δl为

$$\Delta l=\frac{F_N l}{EA}=\frac{40\times10^3\text{N}\times1\text{m}}{2.1\times10^{11}\text{Pa}\times\frac{\pi}{4}\times20^2\times10^{-6}\text{m}^2}$$

$$=0.61\times10^{-3}\text{m}=0.61\text{mm}$$

直径的改变量Δd为

$$\Delta d=\varepsilon' d=\nu\varepsilon d=\nu d\frac{\Delta l}{l}=-0.3\times20\text{mm}\times\frac{0.61\text{mm}}{1000\text{mm}}=-0.00366\text{mm}$$

习题 2.9　一板状拉伸试件如图所示。为了测得试件的应变，在试件表面的纵向和横向贴上电阻片。在测定过程中，每增加 3kN 的拉力时，测得试件的纵向线应变$\varepsilon=120\times10^{-6}$，横向线应变$\varepsilon'=-38\times10^{-6}$。试求试件材料的弹性模量$E$和泊松比$\nu$。

解　1）求试件材料的弹性模量E。由胡克定律得

$$E=\frac{\sigma}{\varepsilon}=\frac{\frac{F_N}{A}}{\varepsilon}=\frac{F_N}{A\varepsilon}=\frac{3\times10^3\text{N}}{30\times10^{-3}\text{m}\times4\times10^{-3}\text{m}\times120\times10^{-6}}$$

$$=0.208\times10^{-12}\text{Pa}=208\text{GPa}$$

2）求试件材料的泊松比ν

$$\nu=\left|\frac{\varepsilon'}{\varepsilon}\right|=\left|\frac{-38\times10^{-6}}{120\times10^{-6}}\right|=0.317$$

习题 2.10　传感器为一空心圆筒形结构，如图所示。圆筒材料的弹性模量$E=200\text{GPa}$。当传感器受到一轴向压力F作用时，测得筒壁的轴向线应变$\varepsilon=-49.8\times10^{-6}$。试求力$F$的大小。

解　力F的大小为

$$F=|F_N|=|A\sigma|=|AE\varepsilon|$$

$$=\frac{1}{4}\pi[(80\times10^{-3})^2-(71\times10^{-3})^2]\text{m}^2\times200\times10^9\text{Pa}\times49.8\times10^{-6}$$

$$=19.99\times10^3\text{N}=19.99\text{kN}$$

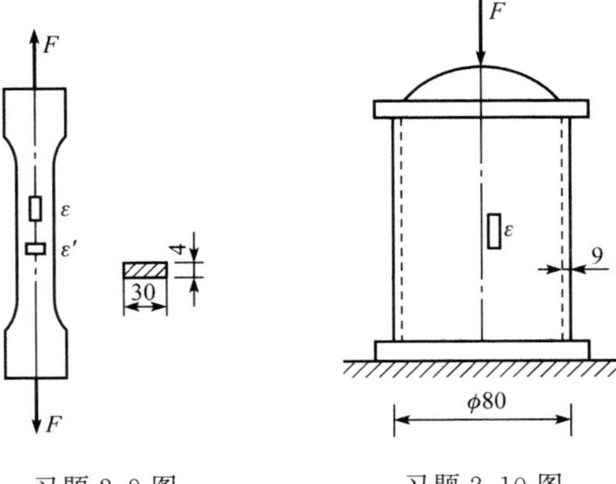

习题 2.9 图　　习题 2.10 图

习题 2.11～习题 2.19　拉压杆的强度

习题 2.11　用绳索起吊钢筋混凝土管子如图所示。管子重 W=10kN，绳索的直径 d=40mm，材料的许用应力 $[\sigma]$=10MPa，试校核绳索的强度。

解　1）求绳索的轴力。取钢筋混凝土管子为研究对象，受力如习题 2.11 题解图所示，由平衡方程可得

$$F_{\mathrm{N}} = F_{\mathrm{N1}} = F_{\mathrm{N2}} = \frac{\sqrt{2}}{2}W$$

2）校核绳索的强度。绳索的应力为

$$\sigma = \frac{F_{\mathrm{N}}}{A} = \frac{\frac{\sqrt{2}}{2}W}{\frac{\pi}{4}d^2} = \frac{\frac{\sqrt{2}}{2}\times 10\times 10^3\,\mathrm{N}}{\frac{\pi}{4}\times (40\mathrm{mm})^2} = 5.63\mathrm{MPa} < [\sigma] = 10\mathrm{MPa}$$

故绳索满足强度要求。

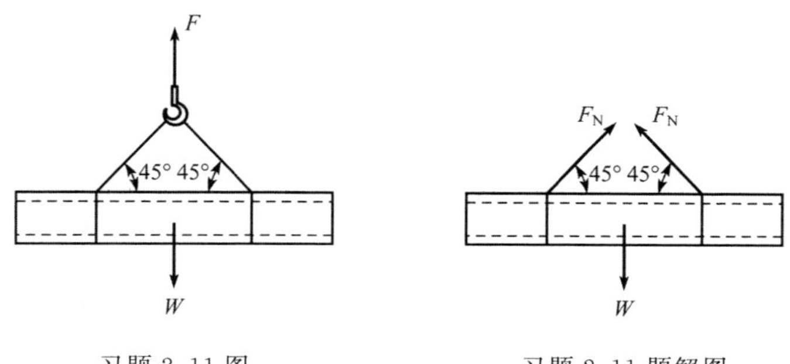

习题 2.11 图　　　　习题 2.11 题解图

习题 2.12　一块厚 10mm、宽 200mm 的钢板，其截面有直径 d=20mm 的圆孔，圆孔的排列对称于杆的轴线，如图所示。现用此钢板承受轴向拉力 F=200kN，如材料的许用应力 $[\sigma]$=170MPa，试校核钢板的强度。

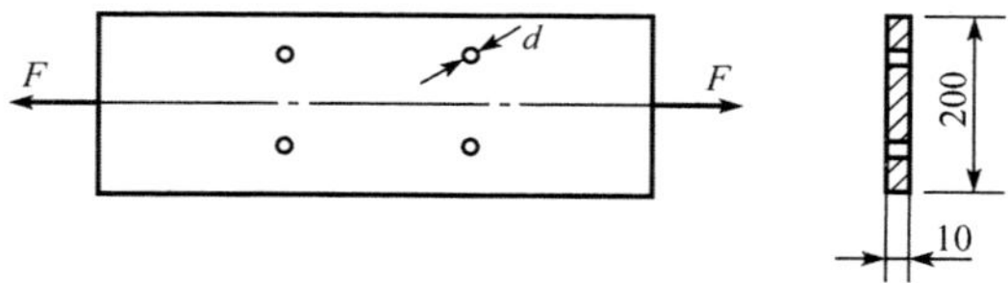

习题 2.12 图

解　钢板的最大正应力为

$$\sigma_{\max} = \frac{F_{\mathrm{N}}}{A} = \frac{200\times 10^3\,\mathrm{N}}{0.2\mathrm{m}\times 0.01\mathrm{m} - 2\times 0.02\mathrm{m}\times 0.01\mathrm{m}}$$
$$= 125\times 10^6\,\mathrm{Pa} = 125\mathrm{MPa} < [\sigma] = 170\mathrm{MPa}$$

故钢板满足强度要求。

习题 2.13　图示为一吊桥结构，试求其钢拉杆 AB 所需的横截面面积。已知钢的许用应力 $[\sigma]$=170MPa。

解　1）计算拉杆 AB 的轴力。由习题 2.13 题解图所示结构的平衡可得

$$F_N = 67.5\text{kN}$$

2）求拉杆 AB 所需的横截面面积。由强度条件得

$$A = \frac{F_N}{[\sigma]} = \frac{67.5 \times 10^3 \text{N}}{170 \times 10^6 \text{Pa}} = 397.1 \times 10^{-6} \text{m}^2 = 397.1 \text{mm}^2$$

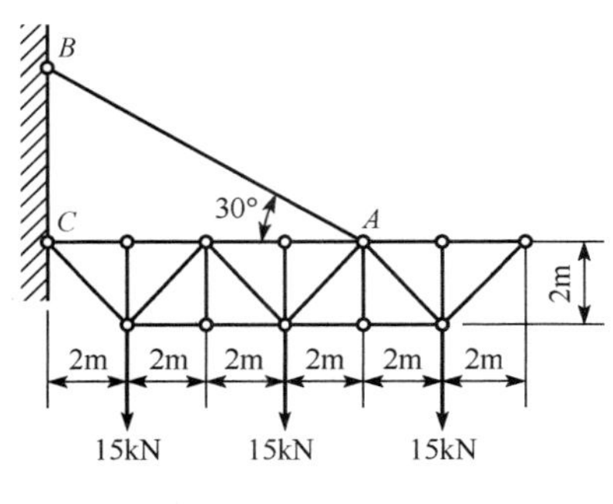

习题 2.13 图

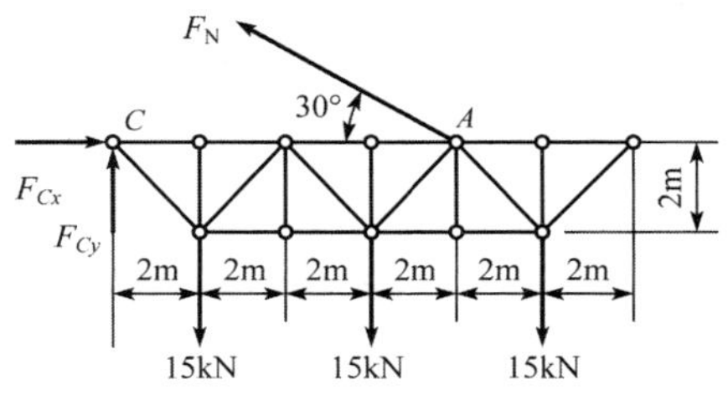

习题 2.13 题解图

习题 2.14　一结构受力如图所示，杆 AB、AD 均由两个等边角钢组成。已知材料的许用应力 $[\sigma]=170\text{MPa}$，试设计 AB、AD 杆的截面型号。

解　1）求杆 AB 和 AD 的轴力。取杆 ED 为研究对象，受力如习题 2.14 题解图（a）所示。由对称性知

$$F_{NAD} = \frac{q \times 2\text{m}}{2} = 320\text{kN}$$

再取结点 A 为研究对象，受力如习题 2.14 题解图（b）所示。列出平衡方程

$$\sum Y = 0，F_{NAB}\sin 30° - 320\text{kN} = 0$$

得

$$F_{NAB} = 640\text{kN}$$

2）设计角钢型号。由强度条件，杆 AB 和 AD 的横截面积分别为

$$A_{AB} \geqslant \frac{F_{NAB}}{[\sigma]} = \frac{640 \times 10^3 \text{N}}{170 \times 10^6 \text{Pa}} = 3.76 \times 10^{-3} \text{m}^2 = 37.6 \text{cm}^2$$

$$A_{AD} \geqslant \frac{F_{NAD}}{[\sigma]} = \frac{320 \times 10^3 \text{N}}{170 \times 10^6 \text{Pa}} = 1.88 \times 10^{-3} \text{m}^2 = 18.8 \text{cm}^2$$

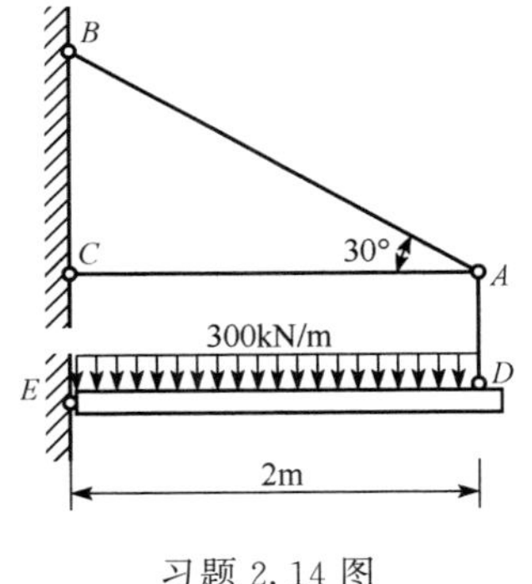

习题 2.14 图

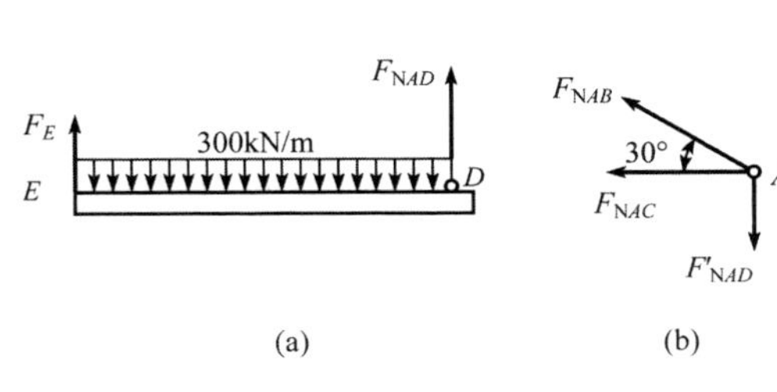

习题 2.14 题解图

查型钢规格表知，杆 AB 应选取 100×10 的等边角钢，杆 AD 应选取 80×6 的等边角钢。

习题 2.15 起重机如图所示，钢丝绳 AB 的横截面面积为 500mm^2，许用应力 $[\sigma]=40\text{MPa}$。试根据钢丝绳的强度求起重机的许用起重量 F。

解 1）求最大起重量与钢丝绳 AB 内力的关系。取起重机为研究对象，受力如习题 2.15题解图所示。由平衡方程可得

$$F = 2F_{\text{N}}\cos\alpha$$

2）求最大起重量 $F_{\max}$。钢丝绳 AB 的许用轴力为

$$F_{\text{Nmax}} = A[\sigma] = 500\times10^{-6}\text{m}^2\times40\times10^6\text{Pa} = 20000\text{N} = 20\text{kN}$$

故

$$F_{\max} = 2\times20\times\frac{15}{\sqrt{10^2+15^2}}\text{kN} = 33.3\text{kN}$$

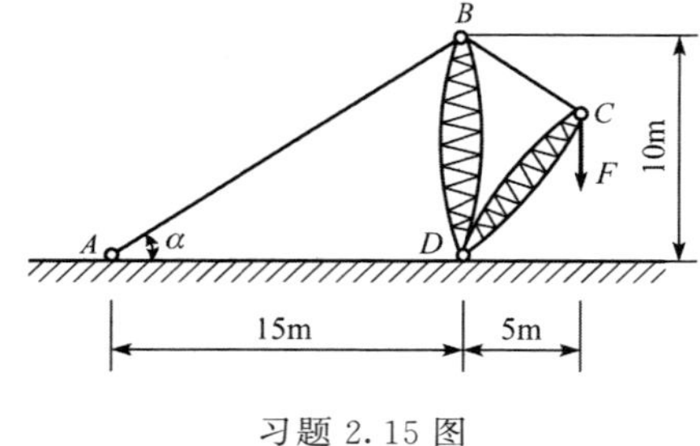

习题 2.15 图

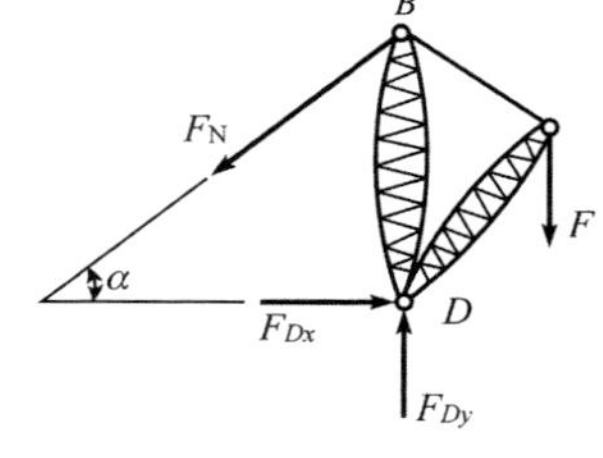

习题 2.15 题解图

习题 2.16 三角架 ABC 由 AB 和 AC 两杆组成。杆 AB 由两个 12.6 号槽钢组成，其许用应力 $[\sigma]=160\text{MPa}$；杆 AC 由一个 22a 号工字钢组成，其许用应力 $[\sigma]=100\text{MPa}$。试求荷载 F 的最大值。

解 1）计算两杆的轴力与荷载 F 的关系。由结点 A 点的平衡（习题 2.16 题解图）得

$$F_{\text{N}AB} = F,\ F_{\text{N}AC} = -F$$

2）由 AB 杆的强度条件确定荷载 F 的最大值。查型钢规格表，12.6 号槽钢的横截面面积 $A=15.69\text{cm}^2$。由强度条件得

$$\begin{aligned} F = F_{\text{N}AB} &= A[\sigma] = 15.69\times10^{-4}\text{m}^2\times2\times160\times10^6\text{Pa} \\ &= 502.1\times10^3\text{N} = 502.1\text{kN} \end{aligned}$$

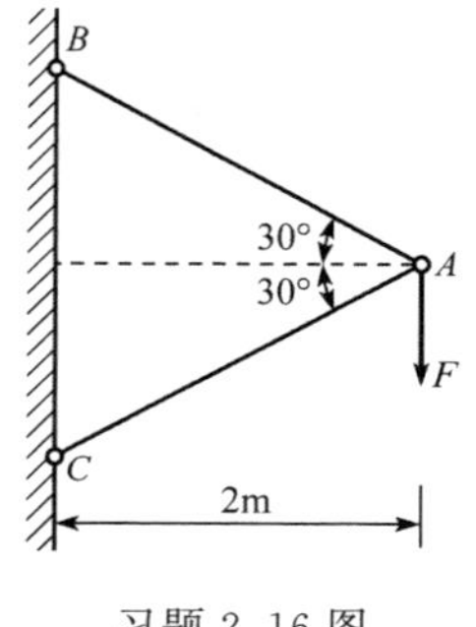

习题 2.16 图

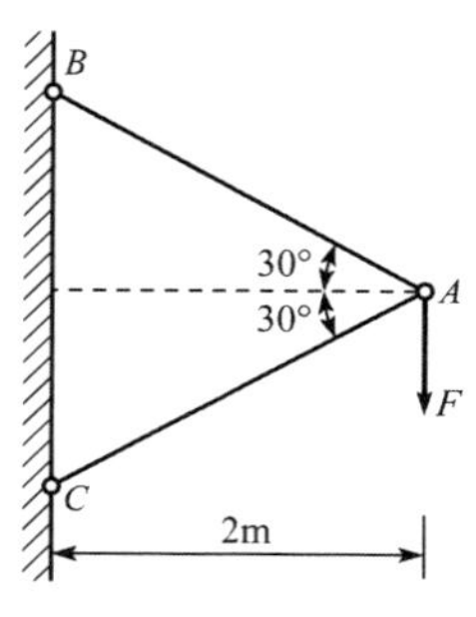

习题 2.16 题解图

3）由 AC 杆的强度条件确定荷载 F 的最大值。查型钢规格表，22a 号工字钢的横截面面积 $A=42\text{cm}^2$。由强度条件得

$$F=|F_{NAB}|=A[\sigma]=42\times10^{-4}\text{m}^2\times100\times10^6\text{Pa}$$
$$=420\times10^3\text{N}=420\text{kN}$$

故荷载 F 的最大值为

$$F_{max}=420\text{kN}$$

习题 2.17　石砌桥墩的墩身高 $l=10\text{m}$，其横截面尺寸如图所示。已知荷载 $F=1000\text{kN}$，石料的容重 $\gamma=23\text{kN/m}^3$，地基的许用压应力 $[\sigma_c]=0.5\text{MPa}$。试校核地基的强度。

解　桥墩的横截面面积为

$$A=3\text{m}\times2\text{m}+\pi\times(1\text{m})^2=9.14\text{m}^2$$

地基受到的压力为

$$F_c=A\gamma l+F=3102.2\text{kN}$$

地基的应力为

$$\sigma_c=\frac{F_c}{A}=\frac{3102.2\times10^3\text{N}}{9.14\text{m}^2}=0.34\text{MPa}<[\sigma_c]=0.5\text{MPa}$$

可见，地基满足强度要求。

习题 2.18　图示混凝土阶梯柱，顶部作用有轴向压力 $F=1000\text{kN}$。已知混凝土的容重 $\gamma=22\text{kN/m}^3$，许用压应力 $[\sigma_c]=2\text{MPa}$，试求该柱上、下两段所应有的横截面面积 A_1、A_2。

解　由考虑自重时的强度条件得

$$A_1=\frac{F}{[\sigma_c]-\gamma l}=\frac{1000\times10^3\text{N}}{2\times10^6\text{Pa}-22\times10^3\text{kN/m}^3\times12\text{m}}=0.576\text{m}^2$$

$$A_2=\frac{F+\gamma lA_1}{[\sigma_c]-\gamma l}=\frac{1000\times10^3\text{N}+22\times10^3\text{N/m}^3\times12\text{m}\times0.576\text{m}^2}{2\times10^6\text{Pa}-22\times10^3\text{N/m}^3\times12\text{m}}=0.664\text{m}^2$$

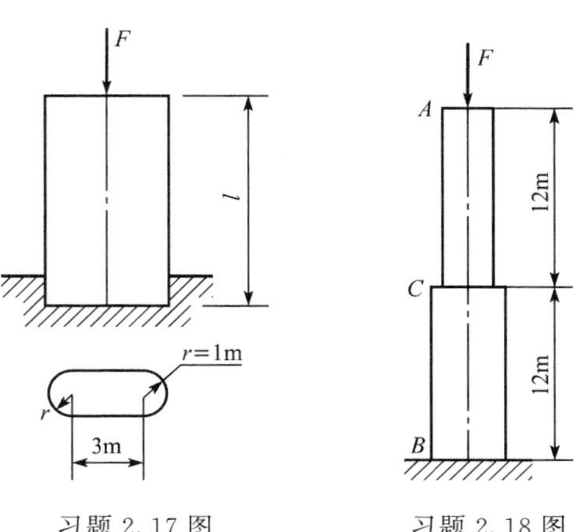

习题 2.17 图　　习题 2.18 图

习题 2.19　试求题 2.18 中柱顶端面 A 的位移。已知混凝土的弹性模量 $E=20\text{GPa}$。

解　柱顶端面 A 的位移等于柱子的总变形。

$$\Delta_A = \Delta l_{AC} + \Delta l_{BC} = \frac{\int_0^{12}(F+\gamma A_1 x)\,\mathrm{d}x}{EA_1} + \frac{\int_0^{12}(F+\gamma A_1 l_{AC}+\gamma A_2 x)\,\mathrm{d}x}{EA_2}$$

$$= \frac{Fl_{AC}+\frac{1}{2}\gamma A_1 l_{AC}^2}{EA_1} + \frac{(F+\gamma A_1 l_{AC})l_{BC}+\frac{1}{2}\gamma A_2 l_{BC}^2}{EA_2}$$

$$= \frac{1000\times10^3\,\mathrm{N}\times12\mathrm{m}+\frac{1}{2}\times22\times10^3\,\mathrm{N/m^3}\times0.576\mathrm{m}^2\times(12\mathrm{m})^2}{20\times10^9\,\mathrm{Pa}\times0.576\mathrm{m}^2}$$

$$+\frac{(1000+22\times0.576\times12)\times10^3\,\mathrm{N}\times12\mathrm{m}+\frac{1}{2}\times22\times10^3\,\mathrm{N/m^3}\times0.664\mathrm{m}^2\times(12\mathrm{m})^2}{20\times10^9\,\mathrm{Pa}\times0.664\mathrm{m}^2}$$

$$= (1.12+1.12)\times10^{-3}\,\mathrm{m} = 2.24\mathrm{mm}$$

习题 2.20～习题 2.24　拉压超静定问题

习题 2.20　图示一横截面为正方形的木短柱，在其四角上用四个 40×4 的等边角钢加固。已知角钢的许用应力 $[\sigma]_{钢}=160\mathrm{MPa}$，弹性模量 $E_{钢}=200\mathrm{GPa}$；木材的许用应力 $[\sigma]_{木}=12\mathrm{MPa}$，弹性模量 $E_{木}=10\mathrm{GPa}$。试求荷载 F 的最大值。

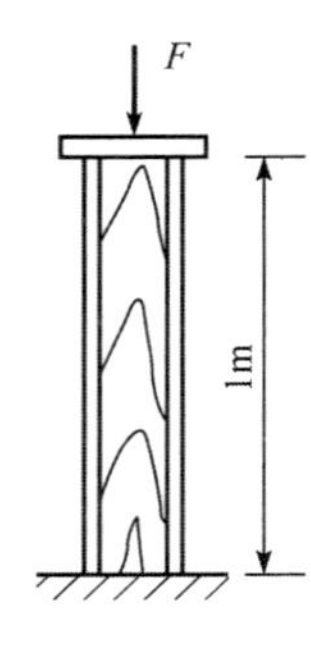

习题 2.20 图

解　1）求各杆内力与荷载 F 间的关系。设角钢中的内力为 F_{N1}、木柱中的内力为 F_{N2}，均为压力。由静力平衡方程得

$$F_{N1}+F_{N2}=F \tag{a}$$

因为角钢和木材的变形相同，所以 $\frac{F_{N1}l}{E_{钢}A_1}=\frac{F_{N2}l}{E_{木}A_2}$，代入数据化简得

$$F_{N2}=2.53F_{N1}$$

将上式代入式（a），解得

$$F_{N1}=0.283F,\ F_{N2}=0.717F$$

2）求荷载 F 的最大值。根据角钢的强度条件，有

$$[F_{N1}]=[\sigma]_{钢}A_1=160\times10^6\,\mathrm{Pa}\times3.086\times4\times10^{-4}\,\mathrm{m}^2$$
$$=197.5\times10^3\,\mathrm{N}=197.5\mathrm{kN}$$

许可荷载为

$$[F]=\frac{[F_{N1}]}{0.283}=697.9\mathrm{kN}$$

根据木柱的强度条件，有

$$[F_{N2}]=[\sigma]_{木}A_2=12\times10^6\,\mathrm{Pa}\times250^2\times10^{-6}\,\mathrm{m}^2=750\times10^3\,\mathrm{N}=750\mathrm{kN}$$

许用荷载为

$$[F]=\frac{[F_{N2}]}{0.717}=1046\mathrm{kN}$$

由以上计算结果可知，该结构荷载 F 的最大值为 698kN，它是由角钢的强度条件所决定的。

习题 2.21　在图示结构中，AB 为刚性杆，BD 和 CE 为钢杆。已知杆 BD 和 CE 的横截面面积分别为 $A_1=400\mathrm{mm}^2$、$A_2=200\mathrm{mm}^2$，钢的许用应力 $[\sigma]=170\mathrm{MPa}$。若在 AB 上作

用有均布荷载 $q=30\text{kN/m}$，试校核钢杆 BD 和 CE 的强度。

解　1）列静力平衡方程。取刚性杆 AB 为研究对象，受力如习题 2.21 题解图（a）所示。列出平衡方程

$$\sum M_A=0,\ F_{N2}\times 1\text{m}+F_{N1}\times 3\text{m}-\frac{1}{2}q\times 3\text{m}\times 3\text{m}=0$$

即

$$F_{N2}+3F_{N1}-135=0 \tag{a}$$

2）列补充方程。绘出刚性杆 AB 的位移图［习题 2.21 题解图（b）］，变形的几何关系为

$$\Delta l_1=3\Delta l_2$$

将 $\Delta l_1=\dfrac{F_{N1}l_1}{EA_1}$，$\Delta l_2=\dfrac{F_{N2}l_2}{EA_2}$ 代入上式，整理得

$$F_{N1}=3.33F_{N2} \tag{b}$$

3）求杆 BD 和 CE 的轴力。联立求解式（a）和式（b），得

$$F_{N1}=40.91\text{kN},\ F_{N2}=12.27\text{kN}$$

4）校核 BD、CE 两杆的强度。两杆的应力分别为

$$\sigma_{BD}=\frac{F_{N1}}{A_1}=102.3\text{MPa}<[\sigma]=170\text{MPa}$$

$$\sigma_{CE}=\frac{F_{N2}}{A_2}=61.4\text{MPa}<[\sigma]=170\text{MPa}$$

可见，两杆的强度都足够。

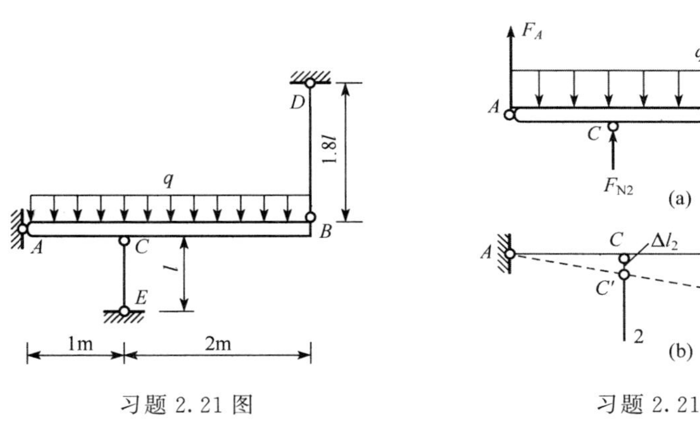

习题 2.21 图　　　　习题 2.21 题解图

习题 2.22　一阶梯杆如图所示，上端固定，下端与刚性支承面之间留有空隙 $\delta=0.08\text{mm}$。杆的上段是铜材，横截面面积 $A_1=4000\text{mm}^2$，弹性模量 $E_1=100\text{GPa}$；下段是钢材，横截面面积 $A_2=2000\text{mm}^2$，弹性模量 $E_2=200\text{GPa}$。若在两段交界处施加轴向荷载 F，试问：

1）当 F 等于多大时，下端空隙恰好消失？

2）当 $F=500\text{kN}$ 时，各段横截面上的正应力是多少？

解　1）求使下端空隙刚好消失时力 F 的值。此时杆件 AB 段的变形刚好为 $\delta=0.08\text{mm}$，即

$$\Delta l_1 = \frac{F_{N1} l_1}{E_1 A_1} = \frac{F l_1}{E_1 A_1} = \delta$$

得

$$F = \frac{E_1 A_1 \delta}{l_1} = 32 \times 10^3 \text{N} = 32\text{kN}$$

2）求 $F=500\text{kN}$ 时，杆内各段的轴力。取整个杆件 ABC 为研究对象，受力如习题 2.22题解图所示。AB 段内的轴力为

$$F_{NAB} = F_A$$

BC 段内的轴力为

$$F_{NBC} = F_A - F = F_{N1} - 500\text{kN} \tag{a}$$

杆件 ABC 的变形协调条件为

$$\Delta l_1 + \Delta l_2 = \delta$$

利用胡克定律，上式成为

$$\frac{F_{NAB} l_1}{E_1 A_1} + \frac{F_{NBC} l_2}{E_2 A_2} = \delta$$

代入数据整理得

$$F_{NAB} + 2F_{NBC} = 32\text{kN} \tag{b}$$

联立求解式（a）和式（b），得

$$F_{NAB} = 344\text{kN(拉力)}, F_{NBC} = -156\text{kN(压力)}$$

3）求 $F=500\text{kN}$ 时，杆内各段横截面上的应力。AB 段和 BC 段横截面上的应力分别为

$$\sigma_{AB} = \frac{F_{NAB}}{A_1} = 86\text{MPa(拉应力)}$$

$$\sigma_{BC} = \frac{F_{NBC}}{A_2} = -78\text{MPa(压应力)}$$

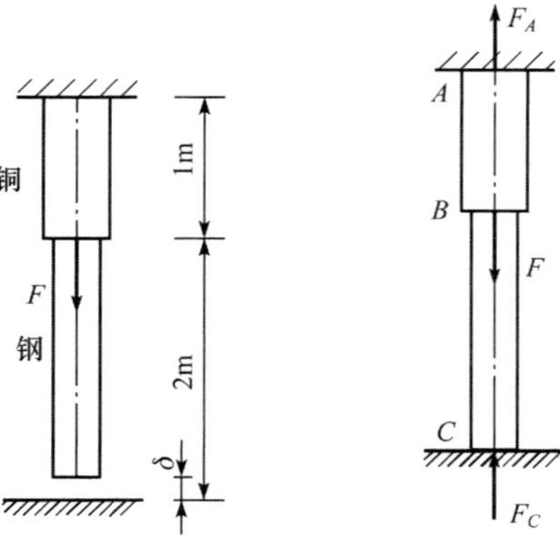

习题 2.22 图　　　　习题 2.22 题解图

习题 2.23　图示结构中杆 1、2、3 的横截面面积均为 $A=2000\text{mm}^2$，材料的弹性模量均为 $E=210\text{GPa}$；杆 AD 为刚性杆。若杆 2 的长度制造误差为 $\delta=0.5\text{mm}$，试求此结构在强行装配后杆 1、2、3 横截面上的正应力。

解 1）列静力平衡方程。取刚性杆 AD 为研究对象，受力如习题 2.23 题解图（a）所示，设 1 杆的轴力 F_{N1} 和 3 杆的轴力 F_{N3} 均为压力，2 杆的轴力 F_{N2} 为拉力。列出平衡方程

$$\sum M_A = 0，F_{N2} \times 2a - F_{N1} \times a - F_{N3} \times 3a = 0 \tag{a}$$

即

$$2F_{N2} - F_{N1} - 3F_{N3} = 0$$

2）列补充方程。绘出刚性杆 AD 的位移图［习题 2.23 题解图（b）］。变形的几何关系为

$$\Delta l_3 = 3\Delta l_1$$

$$\delta - \Delta l_2 = 2\Delta l_1$$

将 $\Delta l_1 = \dfrac{F_{N1} l}{EA}$，$\Delta l_2 = \dfrac{F_{N2} l}{EA}$，$\Delta l_3 = \dfrac{F_{N3} l}{EA}$ 和题中数据代入以上两式，化简得

$$F_{N3} = 3F_{N1} \tag{b}$$

$$F_{N2} + 2F_{N1} = 210\text{kN} \tag{c}$$

3）求三杆的轴力。联立求解式（a～c），得

$$F_{N1} = 30\text{kN(压力)}，F_{N2} = 150\text{kN(拉力)}，F_{N3} = 90\text{kN(压力)}$$

4）求各杆横截面上的应力。三杆横截面上的应力分别为

杆 1 $$\sigma = \frac{F_{N1}}{A} = -15\text{MPa}$$

杆 2 $$\sigma = \frac{F_{N2}}{A} = 75\text{MPa}$$

杆 3 $$\sigma = \frac{F_{N3}}{A} = -45\text{MPa}$$

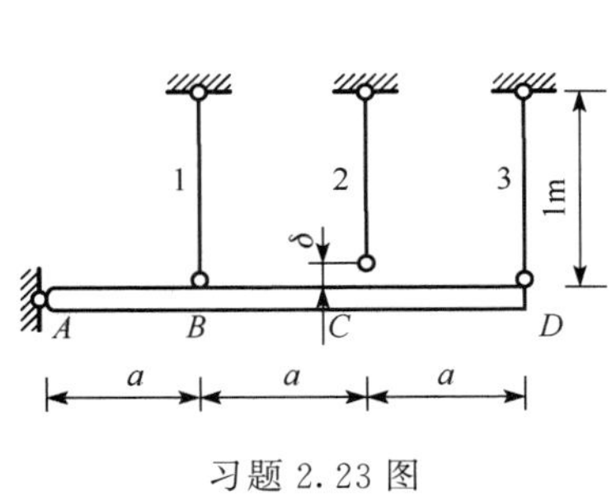

习题 2.23 图

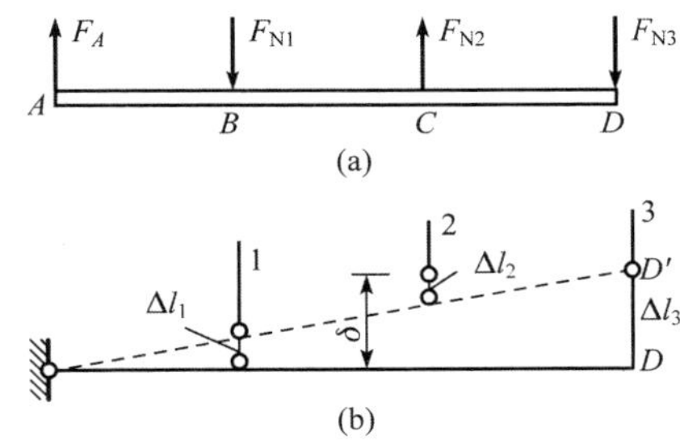

习题 2.23 题解图

习题 2.24 有一阶梯形钢杆，两段的横截面面积分别为 $A_1 = 1000\text{mm}^2$、$A_2 = 500\text{mm}^2$。在 $t_1 = 5℃$ 时将杆的两端固定，试求当温度升高至 $t_2 = 25℃$ 时，在杆各段中引起的温度应力。已知钢的线膨胀系数 $\alpha_l = 12.5 \times 10^{-6}\,1/℃$，弹性模量 $E = 200\text{GPa}$。

解 1）求杆的两部分内的轴力。由题意知，杆内两部分的轴力相等，且为压力，设均为 F_N。根据胡克定律和变形协调条件，有

$$\frac{F_N a}{EA_1} + \frac{F_N a}{EA_2} = \alpha_l \Delta t \times 2a$$

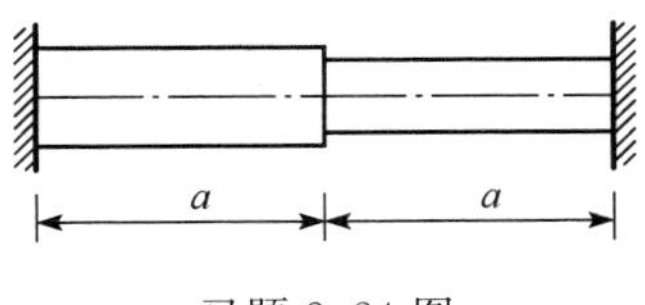

习题 2.24 图

解得

$$F_N = \frac{2\alpha_l \Delta t E A_1 A_2}{A_1 + A_2}$$

2）求杆的两部分内的应力。两部分的应力分别为

$$\sigma_{左} = \frac{F_N}{A_1} = \frac{2\alpha_l \Delta t E A_2}{A_1 + A_2} = 66.6\text{MPa}(压应力)$$

$$\sigma_{右} = \frac{F_N}{A_2} = \frac{2\alpha_l \Delta t E A_1}{A_1 + A_2} = 33.3\text{MPa}(压应力)$$

习题 2.25～习题 2.29　连接件的强度

习题 2.25　某钢闸门与其吊杆之间是用销轴连接的，其构造如图所示。已知销轴的许用切应力 $[\tau]=70\text{MPa}$，许用挤压应力 $[\sigma_{bs}]=90\text{MPa}$；闸门和吊杆材料的许用挤压应力 $[\sigma_{bs}]=80\text{MPa}$。试设计此连接中销轴的直径 d。

解　1）由剪切强度条件设计销轴的直径。销轴的受力如习题 2.25 题解图（a）所示。其中 $m—m$ 和 $n—n$ 两横截面都是剪切面，为双剪切。用截面法沿横截面 $m—m$ 和 $n—n$ 将销轴截开取中间一段为研究对象［习题 2.25 题解图（b）］，剪切面上的剪力为

$$F_S = \frac{F}{2} = 34\text{kN}$$

由剪切强度条件得

$$d \geqslant \sqrt{\frac{4F_S}{\pi[\tau]}} = \sqrt{\frac{4\times 34\times 10^3\text{N}}{\pi\times 70\times 10^6\text{Pa}}} = 24.87\times 10^{-3}\text{m} = 24.87\text{mm}$$

2）由挤压强度条件设计销轴直径。由于销轴的挤压强度大于吊杆和闸门的挤压强度，同时吊杆和闸门相比承受较大的挤压力，故应由吊杆的挤压强度设计销轴直径。挤压面上的挤压力为

$$F_{bs} = F = 68\text{kN}$$

由挤压强度条件得

$$d \geqslant \frac{F_{bs}}{b[\sigma_{bs}]} = \frac{68\times 10^3\text{N}}{20\times 10^{-3}\text{m}\times 80\times 10^6\text{Pa}} = 42.5\times 10^{-3}\text{m} = 42.5\text{mm}$$

故取 $d=42.5\text{mm}$。

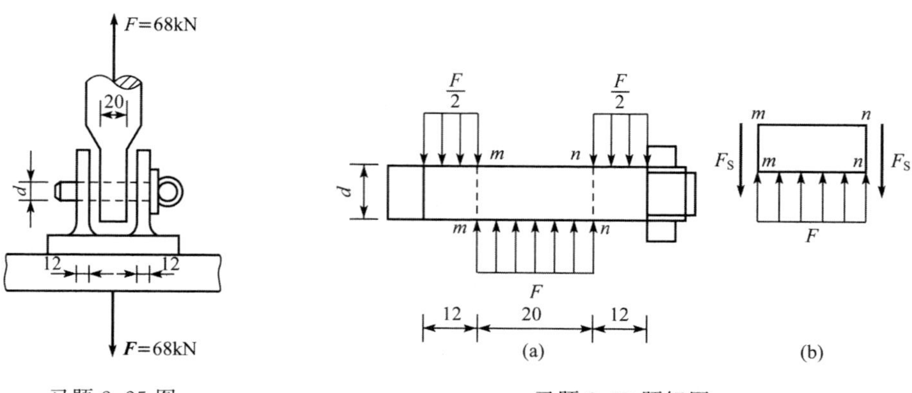

习题 2.25 图　　　　习题 2.25 题解图

习题 2.26　某钢桁架的一个结点如图所示。斜杆 A 由两个 63×6 的等边角钢组成，受力 $F=140\text{kN}$ 的作用。该斜杆用螺栓连接在厚度为 $t=10\text{mm}$ 的结点板上，螺栓的直径 $d=16\text{mm}$。已知角钢、结点板和螺栓的材料相同，许用应力为 $[\sigma]=170\text{MPa}$，$[\tau]=130\text{MPa}$，$[\sigma_{bs}]=300\text{MPa}$。试求所需螺栓的个数，设每个螺栓的受力相等。

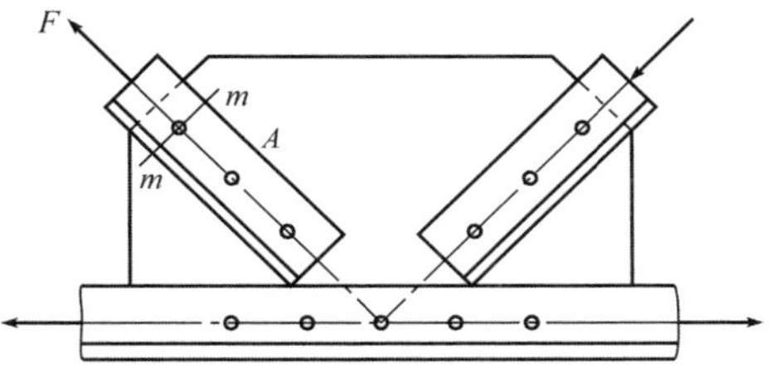

习题 2.26 图

解　1）由剪切强度条件确定螺栓个数。设需要 n 个螺栓，每个螺栓有两个剪切面，每个剪切面承担的剪力为 $F_S=\dfrac{F}{2n}$ [习题 2.26 题解图 (a)]。由剪切强度条件得

$$n \geqslant \frac{2F}{\pi d^2[\tau]}=\frac{2\times 140\times 10^3\,\text{N}}{16^2\times 10^{-6}\,\text{m}^2\times 130\times 10^6\,\text{Pa}\times \pi}=2.7$$

取 $n=3$，即需要 3 个螺栓。

2）校核挤压强度。螺栓长为 t 的中间段承受的挤压力最大，其值为 $F_{bs}=\dfrac{F}{n}$ [习题 2.26题解图 (a)]。挤压应力为

$$\sigma_{bs}=\frac{F_{bs}}{A_{bs}}=\frac{\dfrac{F}{n}}{dt}=\frac{140\times 10^3\,\text{N}}{3\times 16\times 10^{-3}\,\text{m}\times 10\times 10^{-3}\,\text{m}}$$

$$=291.7\times 10^6\,\text{Pa}=291.7\text{MPa}<[\sigma_{bS}]=300\text{MPa}$$

故满足挤压强度要求。

3）校核斜杆的拉伸强度。因斜杆 A 的截面被削弱，故还需校核斜杆的拉伸强度。绘出斜杆 A 的轴力图 [习题 2.26 题解图 (b)]，最大轴力为

$$F_{\text{Nmax}}=F=140\text{kN}$$

查型钢规格表，63×6 的等边角钢的截面面积 $A=7.288\text{cm}^2=7.288\times 10^{-4}\,\text{m}^2$，斜杆 A 的最大应力为

$$\sigma_{\max}=\frac{F_{\text{Nmax}}}{A_N}=\frac{140\times 10^3\,\text{N}}{2\times 7.288\times 10^{-4}\,\text{m}^2-2\times 16\times 10^{-3}\,\text{m}\times 6\times 10^{-3}\,\text{m}}$$

$$=110.6\times 10^6\,\text{Pa}=110.6\text{MPa}<[\sigma]=170\text{MPa}$$

满足拉伸强度要求。因此，需要 3 个螺栓。

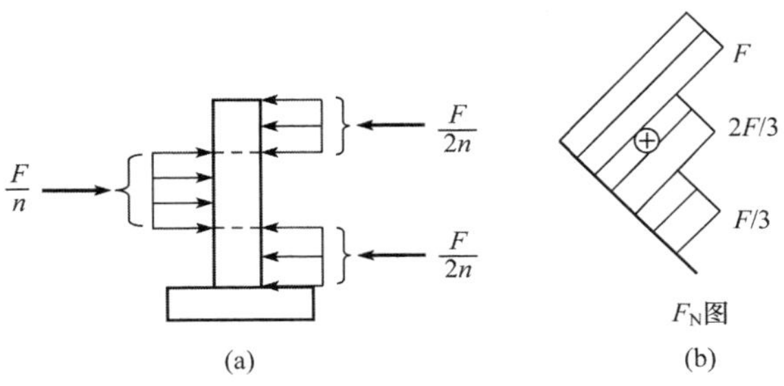

习题 2.26 题解图

习题 2.27 如图所示正方形截面的混凝土柱，其横截面边长为200mm，其基底为边长$a=1\text{m}$的正方形混凝土板，柱受轴向压力$F=100\text{kN}$作用。假设地基对混凝土板的支反力为均匀分布，混凝土的许用切应力$[\tau]=1.5\text{MPa}$。为使柱不致穿过混凝土板，试问板的最小厚度t应为多少？

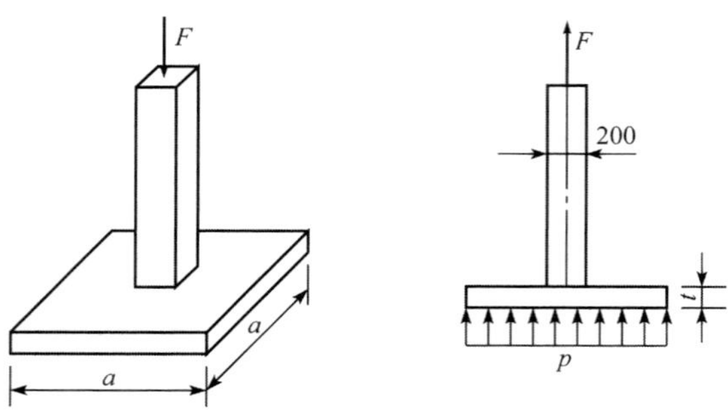

习题 2.27 图

解 地基对混凝土板的支反力集度为

$$q=\frac{F}{A}=\frac{100\text{kN}}{1\text{m}^2}=100\text{kN/m}^2$$

混凝土板受剪面上的剪力为

$$F_S=100\text{kN/m}^2\times(1-0.2^2)\text{m}^2=96\text{kN}$$

剪切面面积为

$$A_S=4\times200\text{mm}\times t=(800t)\text{mm}^2$$

由剪切强度条件得

$$t\geqslant\frac{F_S}{800\text{mm}^2\times[\sigma]}=\frac{96\times10^3\text{N}}{800\times10^{-6}\text{m}^2\times1.5\times10^6\text{Pa}}=80\text{mm}$$

故板的最小厚度为$t=80\text{mm}$。

习题 2.28 矩形截面木杆的接头如图所示。已知轴向拉力$F=50\text{kN}$，截面宽度$b=250\text{mm}$，木材的顺纹许用切应力$[\tau]=1\text{MPa}$，顺纹许用挤压应力$[\sigma_{bs}]=10\text{MPa}$。试求此接头处的尺寸$l$和$a$。

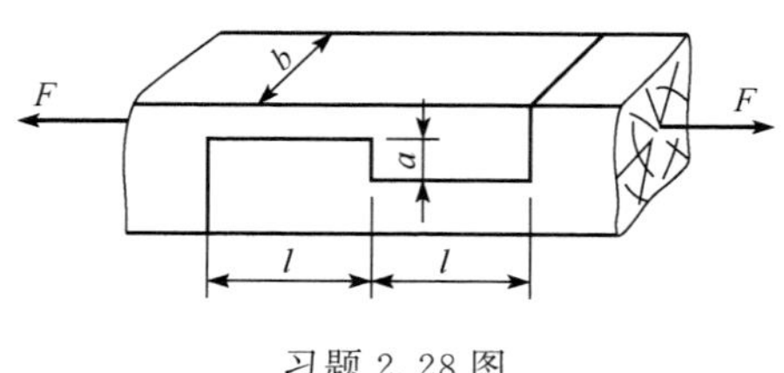

习题 2.28 图

解 1）由剪切强度条件计算接头尺寸l。接头剪切面面积为$A_S=bl$，剪切面上的剪力为$F_S=F=50\text{kN}$，由剪切强度条件得

$$l\geqslant\frac{F_S}{b[\tau]}=\frac{50\times10^3\text{N}}{250\times10^{-3}\text{m}\times1\times10^6\text{Pa}}=0.2\text{m}=200\text{mm}$$

故取$l=200\text{mm}$。

2）由挤压强度条件计算接头尺寸a。接头挤压面面积为$A_{bs}=ab$，挤压面上的挤压力为$F_{bs}=F=50\text{kN}$，由挤压强度条件得

$$a\geqslant\frac{F_{bs}}{b[\sigma_{bs}]}=\frac{50\times10^3\text{N}}{250\times10^{-3}\text{m}\times10\times10^6\text{Pa}}=0.02\text{m}=20\text{mm}$$

故取$a=20\text{mm}$。

习题 2.29 图示两块钢板搭接焊在一起，其厚度均为 $\delta=12\text{mm}$，左端钢板宽度 $b=120\text{mm}$，在钢板连接中采用了轴向加载，焊缝材料的许用切应力 $[\tau]=90\text{MPa}$，钢板的许用应力 $[\sigma]=120\text{MPa}$。试求当钢板与焊缝同时达到许用应力时，所要求的搭接焊缝的长度 l。

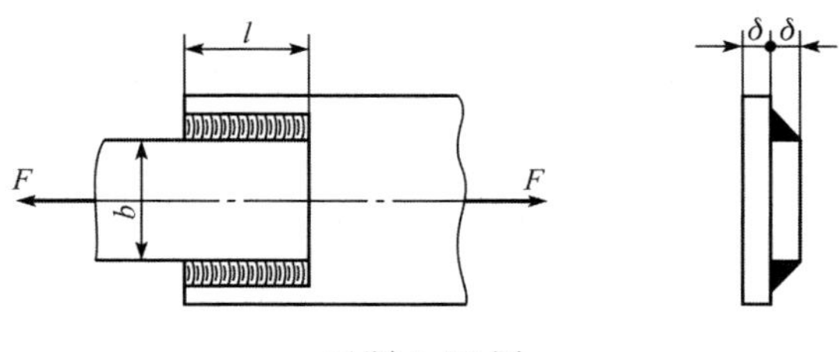

习题 2.29 图

解 由钢板的强度条件求出许用拉力 F 为

$$F=A[\sigma]=12\times10^{-3}\text{m}\times120\times10^{-3}\text{m}\times120\times10^{6}\text{Pa}$$
$$=172.8\times10^{3}\text{N}=172.8\text{kN}$$

对于单条长为 l' 的焊缝，承受的剪力为 $F_S=F/2$，剪切面面积为 $A_S=l'\delta\cos45°$，由焊缝的剪切强度条件，有

$$l'\geqslant\frac{F_S}{2\delta\cos45°[\tau]}=\frac{172.8\times10^{3}\text{N}}{2\times12\times10^{-3}\text{m}\times0.707\times90\times10^{6}\text{Pa}}$$
$$=113.2\times10^{-3}\text{m}=113.2\text{mm}$$

实际焊缝的长度 l 为

$$l=l'+2\delta=113.2\text{mm}+2\times12\text{mm}=137.2\text{mm}$$

故取实际焊缝的长度 $l=138\text{mm}$。

第三章　扭转

内容总结

1. 外力偶矩的计算

若轴所传递的功率为 P（kW），转速为 n（r/min），则外力偶矩 M_e（N·m）的计算公式为

$$M_e = 9549 \frac{P}{n}$$

2. 扭矩和扭矩图

受扭杆横截面上的内力为一作用于横截面内的力偶（力偶矢量与截面法线平行），称为扭矩。扭矩的正负号按右手螺旋法则判定：扭矩矢与横截面法线方向一致时为正，反之为负。

为了表示扭矩 T 随横截面位置的变化情况，以横坐标 x 表示横截面的位置、纵坐标表示相应横截面上的扭矩 T 的数值，绘出扭矩与横截面位置关系的图线，即为扭矩图。

3. 切应力互等定理

在单元体相互垂直的两个平面上，沿垂直于两面交线作用的切应力必然成对出现，且大小相等，方向则共同指向或背离该两面的交线。

4. 剪切胡克定律

当切应力未超过材料的剪切比例极限时，切应力 τ 与其相应的切应变 γ 成正比，即

$$\tau = G\gamma$$

式中：G——材料的切变模量。

5. 圆轴扭转时的应力

（1）横截面上的切应力

圆轴扭转时，横截面上任一点处的切应力垂直于半径，方向与扭矩的转向一致，大

小为

$$\tau_\rho = \frac{T\rho}{I_p}$$

式中：T——横截面上的扭矩，以绝对值代入；

ρ——横截面上欲求应力的点到圆心的距离；

I_p——横截面对圆心的极惯性矩。

横截面上的最大切应力为

$$\tau_{max} = \frac{T_{max}}{W_p}$$

式中：W_p——扭转截面系数。

（2）极惯性矩和扭转截面系数

直径为 d 的圆形截面：

$$I_p = \frac{\pi d^4}{32},\ W_p = \frac{\pi d^3}{16}$$

内、外径分别为 d、D 的圆环形截面：

$$I_p = \frac{\pi D^4}{32}(1-\alpha^4),\ W_p = \frac{\pi D^3}{16}(1-\alpha^4)$$

式中：$\alpha = \frac{d}{D}$——内、外径的比值。

6. 圆轴扭转时的强度

等直圆轴的强度条件为

$$\tau_{max} = \frac{T_{max}}{W_p} \leqslant [\tau]$$

式中：$[\tau]$——材料的许用切应力。

7. 圆轴扭转时的变形

圆轴扭转时的变形通常是用两个横截面绕轴线转动的相对扭转角 φ 来度量的。相距 l 的两个横截面间的扭转角为

$$\varphi = \int_0^l \frac{T}{GI_p}\mathrm{d}x$$

当 T、G、I_p 为常量时，上式成为

$$\varphi = \frac{Tl}{GI_p}$$

式中：GI_p——圆轴的扭转刚度。

工程中通常采用单位长度扭转角 θ，即

$$\theta = \frac{\varphi}{l} = \frac{T}{GI_p} \times \frac{180^\circ}{\pi}$$

φ 的单位为 rad（弧度），θ 的单位为（°）/m（度/米）。

8. 圆轴扭转时的刚度

刚度条件为

$$\theta_{\max} = \frac{T_{\max}}{GI_p} \times \frac{180°}{\pi} \leqslant [\theta]$$

式中：$[\theta]$ ——单位长度许用扭转角。

利用刚度条件，可以解决刚度校核、设计截面和确定许用荷载等三种类型的刚度计算问题。

9. 矩形截面杆的自由扭转

矩形截面杆自由扭转时其横截面会发生翘曲，圆轴扭转时的平面假设不再成立，应力和变形的计算公式也不再适用。

矩形截面杆自由扭转时横截面上的最大切应力发生在长边中点处，其值为

$$\tau_{\max} = \frac{T}{W_p} = \frac{T}{\alpha h b^2}$$

短边中点处有较大的切应力

$$\tau_1 = \gamma \tau_{\max}$$

单位长度扭转角为

$$\theta = \frac{T}{GI_t} = \frac{T}{G\beta h b^3}$$

式中：W_p——矩形截面的扭转截面系数，$W_p = \alpha h b^2$；

I_t——矩形截面的相当极惯性矩，$I_t = \beta h b^3$；

α、β、γ——与矩形截面高宽比 h/b 有关的系数，可查表求得。

典型例题

例 3.1 相同材料的一根实心圆轴和一根空心圆轴，按传递相同的扭矩 T 和具有相同的最大切应力来进行设计。已知空心圆轴的内半径是外半径的 0.8 倍，试求：

1）空心圆轴的外径和实心圆轴的直径之比 d_b/d_a；

2）空心圆轴和实心圆轴的重量之比。

分析 因为圆轴扭转时的切应力为圆轴直径的函数，因此根据实心圆轴和空心圆轴承受相同扭矩和具有相同的最大切应力的条件，即可求出空心圆轴的外径和实心圆轴的直径之比；又因为两轴材料相同，长度相同，所以它们重量之比等于其横截面面积之比。

解 1）求比值 d_b/d_a。空心圆轴和实心圆轴的最大切应力分别为

空心圆轴：
$$\tau_{\max空} = \frac{T}{W_{p空}} = \frac{T}{\frac{\pi d_b^3}{16}(1-0.8^4)} = \frac{T}{\frac{\pi d_b^3}{16} \times 0.59}$$

实心圆轴：
$$\tau_{\max实} = \frac{T}{\frac{\pi d_a^3}{16}}$$

由已知条件 $\tau_{\max空} = \tau_{\max实}$，有

$$\frac{T}{\frac{\pi d_b^3}{16} \times 0.59} = \frac{T}{\frac{\pi d_a^3}{16}}$$

得

$$\frac{d_b}{d_a}=1.19$$

2）求二轴的重量之比。两轴的重量之比等于它们横截面面积之比，比值为

$$\frac{A_{空}}{A_{实}}=\frac{\frac{\pi d_b^2}{4}(1-0.8^2)}{\frac{\pi}{4}d_a^2}=1.19^2\times 0.36=0.51$$

例 3.2　实心圆轴的直径 $d=50\text{mm}$，转速 $n=250\text{r/min}$，材料的切变模量 $G=80\times 10^3\text{MPa}$，许用切应力 $[\tau]=60\text{MPa}$，轴的单位长度许用扭转角 $[\theta]=0.5°/\text{m}$。试求此轴所能传递的最大功率。

分析　在工程中为了保证轴安全正常地工作，就必须同时满足强度条件和刚度条件，因此分别由强度条件和刚度条件求出所能承受的最大扭矩，其中较小者为轴的许用扭矩，由许用扭矩和转速即可确定轴所能传递的最大功率。

解　1）由强度条件求轴的许用扭矩。由强度条件得

$$[T]_1=\frac{\pi}{16}d^3[\tau]=\frac{\pi}{16}\times 50^3\times 10^{-9}\text{m}^3\times 60\times 10^6\text{Pa}=1472.62\text{N}\cdot\text{m}$$

2）由刚度条件求轴的许用扭矩。由刚度条件得

$$[T]_2\leqslant\frac{\pi G I_p[\theta]}{180}=\frac{\pi\times 80\times 10^9\text{Pa}\times\frac{\pi}{32}\times 50^4\times 10^{-12}\text{m}^4\times 0.5°/\text{m}}{180}=428.37\text{N}\cdot\text{m}$$

故轴的许用扭矩为 $[T]=428.37\text{N}\cdot\text{m}$。

3）求轴所能传递的最大功率。由外力偶矩的计算公式得

$$[P]=\frac{nT}{9549}=\frac{250\text{r/min}\times 428.37\text{N}\cdot\text{m}}{9549}=11.22\text{kW}$$

例 3.3　一直径 $d=50\text{mm}$ 的实心圆轴，当两端面间的相对扭转角为 5°时，横截面上的最大切应力为 80MPa，材料的切变模量 $G=80\times 10^3\text{MPa}$，试确定该轴的长度。

分析　由轴的直径和最大切应力可以求出轴承受的扭矩，由扭矩和轴的两端面间的相对扭转角即可确定轴的长度。

解　最大切应力为

$$\tau_{\max}=\frac{T}{W_P}$$

故扭矩为

$$T=W_p\tau_{\max}$$

由 $\varphi=\frac{Tl}{GI_p}$ 得

$$l=\frac{GI_p\varphi}{T}=\frac{GI_p\varphi}{W_p\tau_{\max}}=\frac{G\times\frac{d}{2}\varphi}{\tau_{\max}}=\frac{80\times 10^9\text{Pa}\times 50\times 10^{-3}\text{m}\times 5\times\frac{\pi}{180°}}{2\times 80\times 10^6\text{Pa}}=2.18\text{m}$$

思考题解答

思考题 3.1 扭矩的正负号是如何规定的?

解 使右手四指的握向与扭矩的转向一致，若拇指指向截面外法线，则扭矩 T 为正，反之为负。

思考题 3.2 若单元体的各个面上同时存在切应力和正应力，切应力互等定理是否依然成立?

解 依然成立。

思考题 3.3 木制圆轴扭转时为什么沿纵截面破坏?

解 木制圆轴纵向为木材的顺纹方向，横向为木材的横纹方向。根据切应力互等定理，木制圆轴横截面和纵截面上存在着同样大小的切应力，由于木材顺纹方向的抗剪能力低于横纹方向的抗剪能力，所以木制圆轴在扭转时沿纵截面破坏。

思考题 3.4 图示为实心圆轴和空心圆轴扭转时横截面上的切应力分布图，试判断它们是否正确?

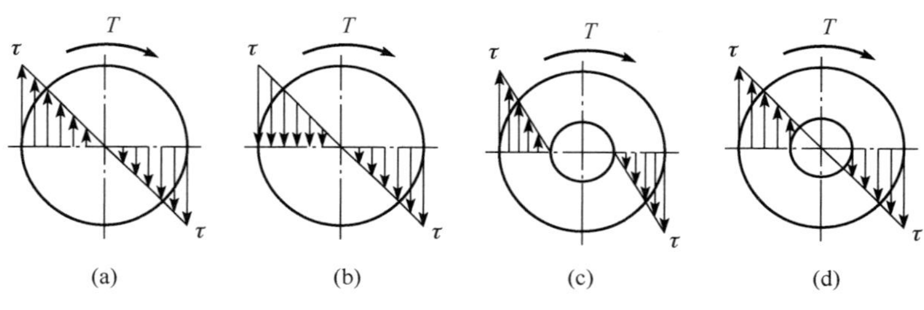

思考题 3.4 图

解 图(a)和图(d)所示的切应力分布图是正确的；图(b)和图(c)所示的切应力分布图是错误的。

思考题 3.5 圆轴扭转时，圆截面和圆环形截面哪一个更合理? 为什么?

解 从强度的观点看，圆环形截面比圆形截面更合理。这可以用圆轴扭转时横截面上的切应力分布规律来解释。对于圆截面，当其边缘的切应力达到最大值时，圆心附近的切应力很小，材料没有被充分利用。若把圆心附近材料向边缘移置，使其成为圆环形截面，就会增大 I_p 和 W_p，从而提高轴的扭转强度。

思考题 3.6 两直径相同而长度及材料均不同的圆轴，在相同扭矩作用下，它们的最大切应力及单位长度扭转角是否相同?

解 它们的最大切应力相同，而单位长度扭转角不相同。因为最大切应力只与轴的扭矩和截面尺寸有关，与材料无关；而轴的扭转角则与扭矩、截面尺寸、材料都有关。

思考题 3.7 为什么非圆截面杆扭转时横截面上的切应力不能用公式 $\tau_\rho=\dfrac{T\rho}{I_p}$ 进行计算?

解 因为非圆截面杆扭转时横截面发生翘曲，不符合平面假设，而公式 $\tau_\rho=\dfrac{T\rho}{I_p}$ 是在平面假设的基础上得出的，因此非圆截面杆扭转时横截面上的切应力不能用该公式进行计算。

思考题 3.8　简述矩形截面杆自由扭转时横截面上切应力的分布规律。

解　矩形截面杆自由扭转时截面周边各点处的切应力平行于周边且与扭矩方向一致；在对称轴上，各点处的切应力垂直于对称轴；其他各点处的切应力是斜向的；角点及形心处的切应力为零；最大切应力 τ_{max}发生在长边中点处；短边中点处有较大的切应力 τ_1。

习题解答

习题 3.1～习题 3.3　受扭杆的扭矩与扭矩图

习题 3.1　试求图示各轴指定横截面 1—1、2—2、3—3 上的扭矩，并绘制扭矩图。

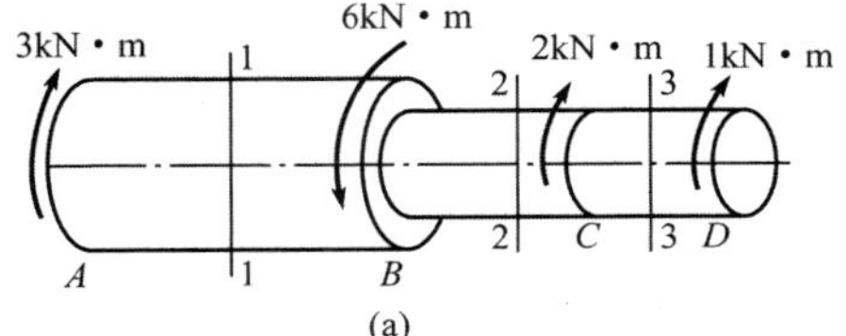

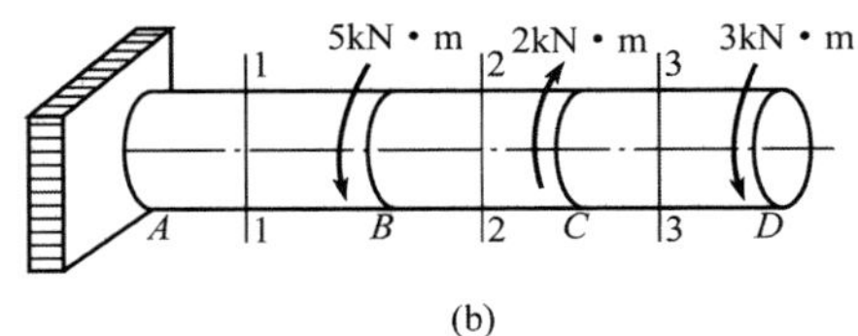

习题 3.1 图

解　(1) 题 (a) 解

1) 求指定横截面上的扭矩。应用截面法，取 1—1 横截面左边部分轴为研究对象 [习题 3.1 (a) 题解图 (b)]，列出平衡方程

$$\sum M_n = 0，T_1 - 3\text{kN} \cdot \text{m} = 0$$

得

$$T_1 = 3\text{kN} \cdot \text{m}$$

同理，分别取习题 3.1 (a) 题解图 (c，d) 所示部分为研究对象，由平衡方程可得 2—2、3—3 横截面上的扭矩分别为

$$T_2 = -3\text{kN} \cdot \text{m}，T_3 = -1\text{kN} \cdot \text{m}$$

2) 绘制扭矩图如习题 3.1 (a) 题解图 (e) 所示。

(2) 题 (b) 解

1) 求指定横截面上的扭矩。应用截面法，取 1—1 横截面右边部分轴为研究对象 [习题 3.1 (b) 题解图 (b)]，列出平衡方程

$$\sum M_n = 0，T_1 - 5\text{kN} \cdot \text{m} + 2\text{kN} \cdot \text{m} - 3\text{kN} \cdot \text{m} = 0$$

得

$$T_1 = 6\text{kN} \cdot \text{m}$$

同理，分别取习题 3.1 (b) 题解图 (c，d) 所示部分为研究对象，由平衡方程可得 2—2、3—3 横截面上的扭矩分别为

$$T_2 = 1\text{kN} \cdot \text{m}，T_3 = 3\text{kN} \cdot \text{m}$$

2) 绘制扭矩图如习题 3.1 (b) 题解图 (e) 所示。

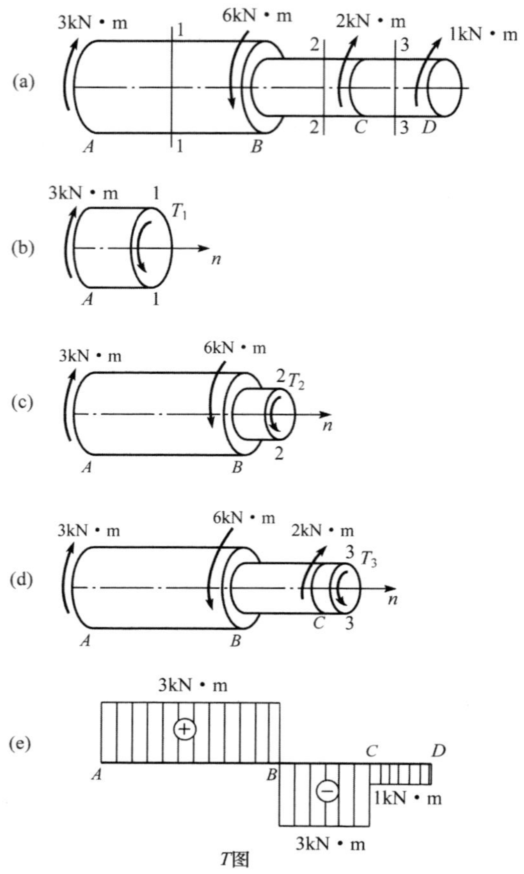

习题 3.1 (a) 题解图

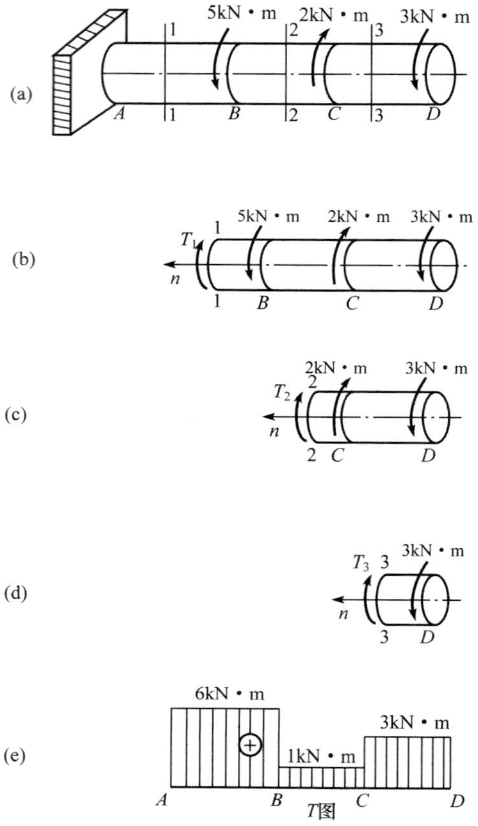

习题 3.1 (b) 题解图

习题 3.2 图示传动轴，在横截面 A 处的输入功率为 $P_A=15\text{kW}$，在横截面 B、C 处的输出功率为 $P_B=10\text{kW}$、$P_C=5\text{kW}$，轴的转速 $n=60\text{r/min}$。试绘出该轴的扭矩图。

解 1）计算外力偶矩。

$$M_{eA}=9549\frac{P_A}{n}=9549\times\frac{15\text{kW}}{60\text{r/min}}=2387.25\text{N}\cdot\text{m}$$

$$M_{eB}=9549\frac{P_B}{n}=9549\times\frac{10\text{kW}}{60\text{r/min}}=1591.5\text{N}\cdot\text{m}$$

$$M_{eC}=9549\frac{P_C}{n}=9549\times\frac{5\text{kW}}{60\text{r/min}}=795.75\text{N}\cdot\text{m}$$

2）绘制扭矩图如习题 3.2 题解图所示。

习题 3.3 图示为钻探机的钻杆简图。钻机功率为 $P=11\text{kW}$，转速 $n=200\text{r/min}$，钻杆入土深度 $h=50\text{m}$。假定土对钻杆的摩擦力矩为均匀分布。试求摩擦力矩的集度 m_t 值，并绘制钻杆的扭矩图。

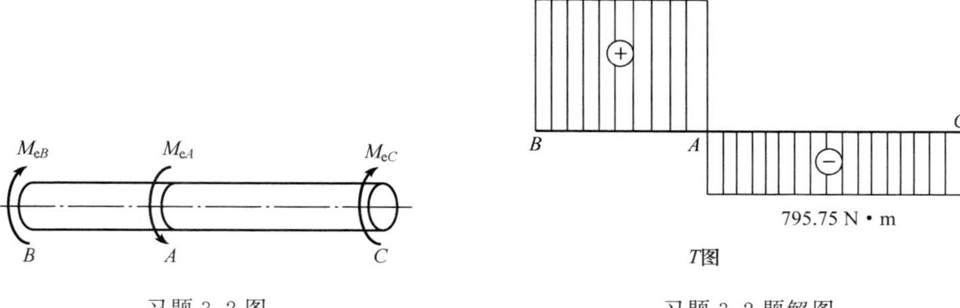

习题 3.2 图　　　　习题 3.2 题解图

解 1）计算外力偶矩。

$$M_{eA} = 9549\frac{P_A}{n} = 9549 \times \frac{11\text{kW}}{200\text{r/min}} = 525.2\text{N} \cdot \text{m}$$

2）求分布力矩集度 m_t。由钻杆的平衡［习题 3.3 题解图（a）］可得

$$m_t = \frac{M_{eA}}{h} = \frac{525.2\text{N} \cdot \text{m}}{50\text{m}} = 10.5\text{N} \cdot \text{m/m}$$

3）绘制钻杆的扭矩图。应用截面法求距 B 端为 x 横截面上的扭矩。取距 B 端长为 x 的一段钻杆为研究对象［习题 3.3 题解图（b）］，列出平衡方程。

$$T(x) - m_t x = 0$$

由此可得，钻杆距 B 端为 x 的横截面上的扭矩为 $T(x) = m_t x$，故钻杆的扭矩为 x 的一次函数，B 端的扭矩最小，为零；A 端的扭矩最大，为 M_{eA}。绘出钻杆的扭矩图如习题 3.3 题解图（c）所示。

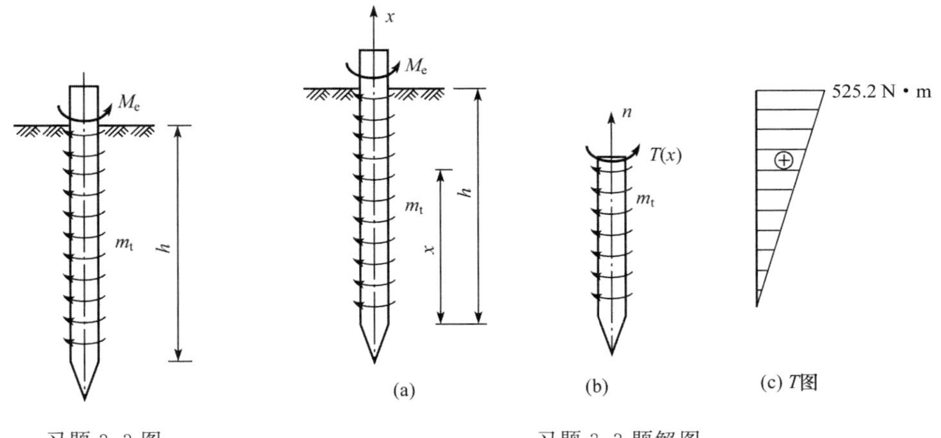

习题 3.3 图　　　　习题 3.3 题解图

习题 3.4～习题 3.6　受扭圆杆的应力和变形

习题 3.4　图示圆轴的 AB 段为圆截面，直径 $D_1 = 50\text{mm}$，长度 $l_1 = 0.4\text{m}$；BC 段为圆环形截面，内径 $d_2 = 50\text{mm}$，外径 $D_2 = 80\text{mm}$，长度 $l_2 = 0.6\text{m}$；两段轴在 B 处牢固连接。轴上作用的外力偶如图所示。材料的切变模量 $G = 80 \times 10^3\text{MPa}$。试求：

1）轴中的最大切应力；

2）轴的单位长度最大扭转角；

3）全轴的扭转角。

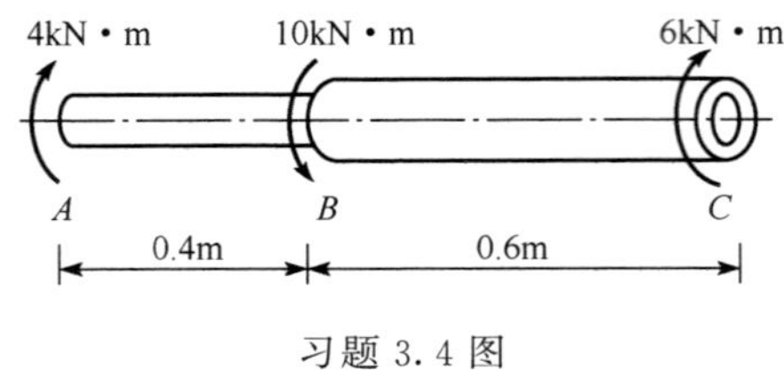

习题 3.4 图

解 1）求轴中的最大切应力 τ_{max}。AB 段轴的扭矩为 $T_1=4\text{kN}\cdot\text{m}$，$AB$ 段轴的最大切应力为

$$\tau_{max1}=\frac{T_1}{W_p}=\frac{T_1}{\frac{\pi D_1^3}{16}}=\frac{16\times 4\times 10^3\text{N}\cdot\text{m}}{\pi\times(0.05\text{m})^3}$$

$$=162.97\times 10^6\text{Pa}=162.97\text{MPa}$$

BC 段轴的扭矩为 $T_2=-6\text{kN}\cdot\text{m}$，$BC$ 段轴的最大切应力为

$$\tau_{max2}=\frac{T_2}{W_p}=\frac{T_2}{\frac{\pi D_2^3}{16}(1-\alpha^4)}=\frac{16\times 6\times 10^3\text{N}\cdot\text{m}}{\pi\times(0.08\text{m})^3\times\left[1-\left(\frac{50}{80}\right)^4\right]}$$

$$=70.43\times 10^6\text{Pa}=70.43\text{MPa}$$

故轴中的最大切应力 $\tau_{max}=162.97\text{MPa}$。

2）求轴的单位长度最大扭转角 θ_{max}。AB 段轴的单位长度扭转角为

$$\theta_1=\frac{T_1}{GI_{p1}}=\frac{T_1}{G\frac{\pi D_1^4}{32}}=\frac{32\times 4\times 10^3\text{N}\cdot\text{m}}{80\times 10^9\text{Pa}\times\pi\times(0.05\text{m})^4}$$

$$=0.0815\text{rad/m}=4.67°/\text{m}$$

BC 段轴的单位长度扭转角为

$$\theta_2=\frac{T_2}{GI_{p2}}=\frac{T_2}{G\frac{\pi D_1^4}{32}(1-\alpha^4)}=\frac{32\times 6\times 10^3\text{N}\cdot\text{m}}{80\times 10^9\text{Pa}\times\pi\times(0.08\text{m})^4\left[1-\left(\frac{50}{80}\right)^4\right]}$$

$$=0.022\text{rad/m}=1.26°/\text{m}$$

故轴的单位长度最大扭转角 $\theta_{max}=0.0815\text{rad/m}=4.67°/\text{m}$。

3）求全轴的扭转角 φ_{CA}。C 截面相对于 A 截面的扭转角 φ_{CA} 为

$$\varphi_{CA}=\left(\frac{T_1 l_1}{GI_{p1}}+\frac{T_2 l_2}{GI_{p2}}\right)=\left(\frac{T_1 l_1}{G\times\frac{\pi D_1^4}{32}}+\frac{T_2 l_2}{G\times\frac{\pi D_2^4}{32}(1-\alpha^4)}\right)$$

$$=\left(\frac{32\times 4\times 10^3\text{N}\cdot\text{m}\times 0.4\text{m}}{80\times 10^9\text{Pa}\times\pi\times(0.05\text{m})^4}-\frac{32\times 6\times 10^3\text{N}\cdot\text{m}\times 0.6\text{m}}{80\times 10^9\text{Pa}\times\pi\times(0.08\text{m})^4\times\left[1-\left(\frac{50}{80}\right)^4\right]}\right)$$

$$=-0.0194\text{rad}=1.11°$$

负号表示顺时针转动。

习题 3.5　图示一圆截面杆，左端固定、右端自由，沿杆长受均布力偶矩作用，其集度为 m_t。设杆材料的切变模量为 G，截面的极惯性矩为 I_p，杆长为 l，试求自由端的扭转角 φ_{BA}。

解　1）求扭矩方程。建立坐标系如习题 3.5 题解图(a)所示，取 $l-x$ 段为研究对象［习题 3.5 题解图(b)］，由该段的平衡可求得 x 截面上的扭矩为

$$T(x)=m_t(l-x)\quad(0\leqslant x\leqslant l)$$

习题 3.5 图

2）求自由端的扭转角 φ_{BA}。

$$\varphi_{BA}=\int_0^l\frac{T(x)}{GI_p}\mathrm{d}x=\int_0^l\frac{m_t(l-x)}{GI_p}\mathrm{d}x=\frac{m_tl^2}{2GI_p}$$

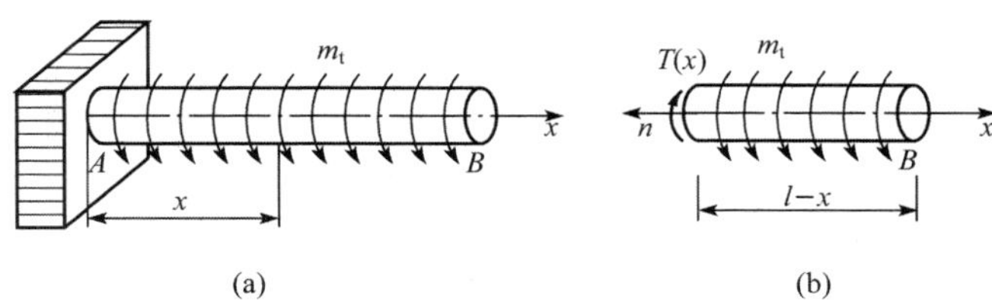

习题 3.5 题解图

习题 3.6　图示传动轴，主动轮Ⅰ传递力偶矩 1.2kN·m，从动轮Ⅱ传递力偶矩 0.4kN·m，从动轮Ⅲ传递力偶矩 0.8kN·m。已知轴的直径 $d=40\text{mm}$，各轮间距 $l=500\text{mm}$，材料的切变模量 $G=80\times10^3\text{MPa}$，试求：

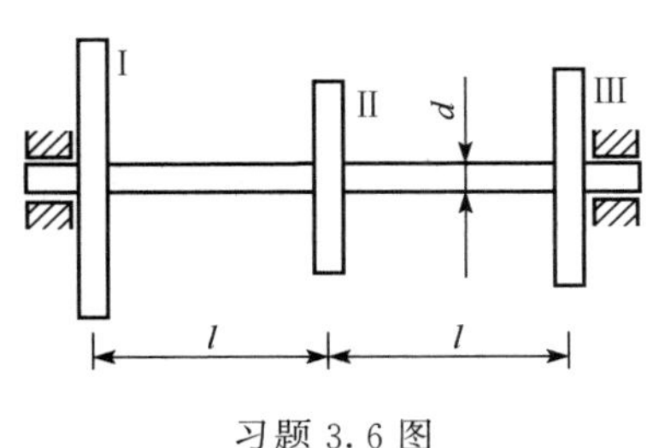

习题 3.6 图

1）合理布置各轮位置；

2）轴在合理位置时的最大切应力和最大扭转角。

解　1）合理布置各轮位置。当使轴产生较小的最大扭矩时较为合理，因此应将主动轮Ⅰ布置在轴的中间，从动轮Ⅱ、Ⅲ布置在轴的两端。此时轴两段的扭矩分别为 $T_1=0.8\text{kN}\cdot\text{m}$，$T_2=0.4\text{kN}\cdot\text{m}$。

2）求最大切应力和最大扭转角。

$$\tau_{\max}=\frac{T_1}{W_p}=\frac{T_1}{\frac{\pi d^3}{16}}=\frac{16\times0.8\times10^3\text{N}\cdot\text{m}}{\pi\times(0.04\text{m})^3}=63.66\times10^6\text{Pa}=63.66\text{MPa}$$

$$\varphi_{\max}=\frac{T_1l_1}{GI_p}=\frac{T_1l_1}{G\frac{\pi d^4}{32}}=\frac{32\times0.8\times10^3\text{N}\cdot\text{m}\times0.5\text{m}}{80\times10^9\text{Pa}\times\pi\times(0.04\text{m})^4}=0.020\text{rad}=1.140^\circ$$

习题 3.7～习题 3.12　受扭圆杆的强度和刚度

习题 3.7　图示传动轴，在横截面 A 处的输入功率为 $P_A=30\text{kW}$，在横截面 B、C、D 处的输出功率分别为 $P_B=P_C=P_D=10\text{kW}$。已知轴的转速 $n=300\text{r/min}$，BA 段直径 $D_1=40\text{mm}$，AC 段直径 $D_2=50\text{mm}$，CD 段直径 $D_3=30\text{mm}$，材料的许用切应力 $[\tau]=60\text{MPa}$，试校核该轴的强度。

解 1）绘制扭矩图。轴上作用的外力偶矩为

$$M_{eA}=9549\frac{P_A}{n}=9549\times\frac{30\text{kW}}{300\text{r/min}}=954.9\text{N}\cdot\text{m}$$

$$M_{eB}=M_{eC}=M_{eD}=9549\frac{P_B}{n}=9549\times\frac{10\text{kW}}{300\text{r/min}}=318.3\text{N}\cdot\text{m}$$

绘制轴的扭矩图如习题 3.7 题解图所示。

2）校核轴的强度。BA 段轴的最大切应力为

$$\tau_{\max1}=\frac{T_{BA}}{W_{p1}}=\frac{T_{BA}}{\frac{\pi D_1^3}{16}}=\frac{16\times318.3\text{N}\cdot\text{m}}{\pi\times(0.04\text{m})^3}=25.33\times10^6\text{Pa}=25.33\text{MPa}$$

AC 段轴的最大切应力为

$$\tau_{\max2}=\frac{T_{AC}}{W_{p2}}=\frac{T_{AC}}{\frac{\pi D_2^3}{16}}=\frac{16\times636.6\text{N}\cdot\text{m}}{\pi\times(0.05\text{m})^3}=25.94\times10^6\text{Pa}=25.94\text{MPa}$$

CD 段轴的最大切应力为

$$\tau_{\max3}=\frac{T_{CD}}{W_{p3}}=\frac{T_{CD}}{\frac{\pi D_3^3}{16}}=\frac{16\times318.3\text{N}\cdot\text{m}}{\pi\times(0.03\text{m})^3}=60.04\times10^6\text{Pa}=60.04\text{MPa}$$

虽然轴的最大切应力 $\tau_{\max}=60.04\text{MPa}>[\tau]=60\text{MPa}$，但因为

$$\frac{\tau_{\max}-[\tau]}{[\tau]}\times100\%=\frac{60.04-60}{60}\times100\%=0.067\%<5\%$$

故该轴满足强度要求。

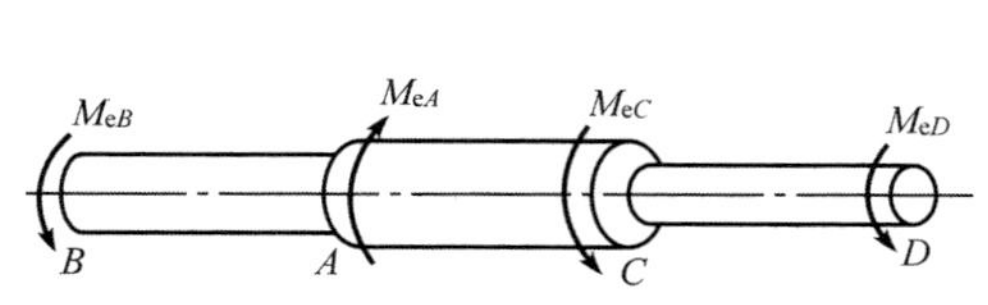

习题 3.7 图

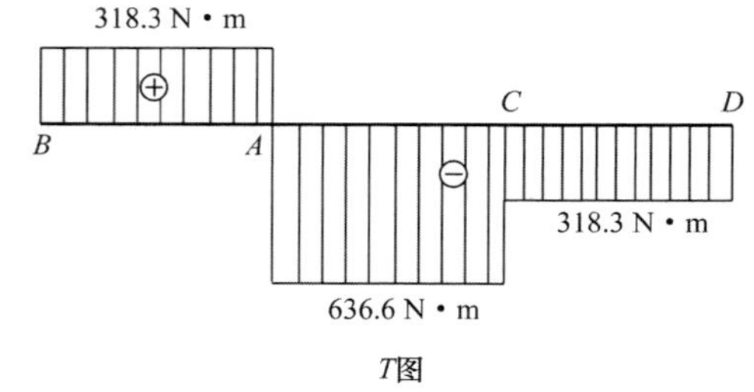

习题 3.7 题解图

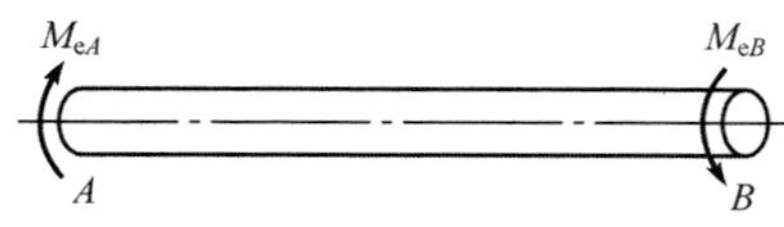

习题 3.8 图

习题 3.8 有一钢制圆截面传动轴如图所示，其直径 $D=70\text{mm}$，转速 $n=120\text{r/min}$，材料的许用切应力 $[\tau]=60\text{MPa}$。试确定该轴所能传递的许用功率。

解 1）求许用扭矩 $[T]$。由圆轴的强度条件，轴的许用扭矩为

$$[T]\leqslant\frac{\pi d^3}{16}[\tau]=\frac{\pi\times70^3\times10^{-9}\text{m}^3}{16}\times60\times10^6\text{Pa}=4040.87\text{N}\cdot\text{m}$$

2）求许用功率 $[P]$。由外力偶矩的计算公式，轴所能传递的许用功率为

$$[P]=\frac{n[T]}{9549}=\frac{120\text{r/min}\times4040.87\text{N}\cdot\text{m}}{9549}=50.8\text{kW}$$

习题 3.9 用一薄壁钢管作路标的支柱，如图所示。设路标上的最大风压力为 2kN/m^2（方向垂直并指向纸面），钢管的壁厚 $t=3\text{mm}$，材料的单位长度许用扭转角 $[\theta]=3°/\text{m}$，许用切应力 $[\tau]=35\text{MPa}$，切变模量 $G=80\times10^3\text{MPa}$。若薄壁钢管横截面的平均半径为 r_0，极惯性矩 $I_p=2\pi r_0{}^3t$，扭转截面系数 $W_p=2\pi r_0{}^2t$，不计柱受风压引起的弯曲作用，试求钢管的平均直径 d_0。

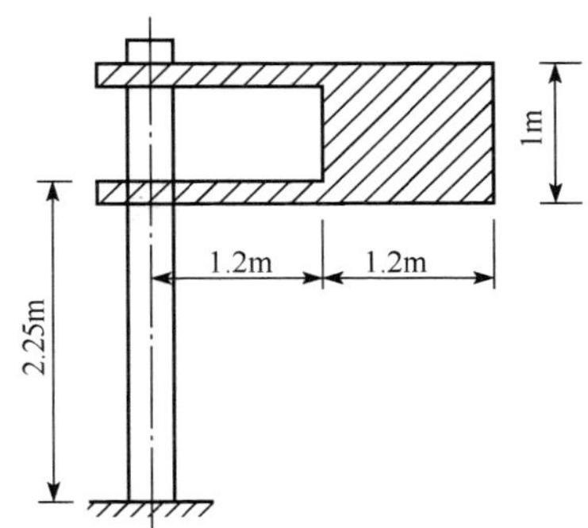

习题 3.9 图

解 1）求扭矩 T。路标上的最大风压力的合力大小为

$$F=2\text{kN/m}^2\times1\text{m}\times1.2\text{m}=2.4\text{kN}$$

合力沿水平方向作用于路标的形心，与钢管垂直，距钢管轴线的距离为

$$d=1.2\text{m}+0.6\text{m}=1.8\text{m}$$

钢管所承受的扭矩为

$$T=2.4\text{kN}\times1.8\text{m}=4.32\text{kN}\cdot\text{m}$$

2）由强度条件求钢管的平均直径 d_0。由强度条件

$$\tau_{\max}=\frac{T}{W_p}=\frac{T}{2\pi r_0^2t}=\frac{2T}{\pi d_0^2t}\leqslant[\tau]$$

得

$$d_0\geqslant\sqrt{\frac{2T}{\pi t[\tau]}}=\sqrt{\frac{2\times4.32\times10^3\text{N}\cdot\text{m}}{\pi\times3\times10^{-3}\text{m}\times35\times10^6\text{Pa}}}=0.162\text{m}=162\text{mm}$$

3）由刚度条件求钢管的平均直径 d_0。由刚度条件

$$\theta=\frac{T}{GI_p}\times\frac{180°}{\pi}=\frac{T}{2G\pi r_0^3t}\times\frac{180°}{\pi}=\frac{4T}{G\pi d_0^3t}\times\frac{180°}{\pi}\leqslant[\theta]$$

得

$$d_0\geqslant\sqrt[3]{\frac{4T}{\pi tG[\theta]}\times\frac{180°}{\pi}}=\sqrt[3]{\frac{4\times4.32\times10^3\text{N}\cdot\text{m}}{\pi\times3\times10^{-3}\text{m}\times80\times10^9\text{Pa}\times3°/\text{m}}\times\frac{180°}{\pi}}$$

$$=0.076\text{m}=76\text{mm}$$

取 $d_0=162\text{mm}$。

习题 3.10 小型钻机由功率为 3kW，转速为 1430r/min 的电动机带动，经过减速之后，钻杆的转速为电动机的$\frac{1}{36}$，试求钻杆所承受的扭矩。若钻杆材料的许用切应力 $[\tau]=60\text{MPa}$，试求：

1）用强度条件设计实心圆钻杆的直径 d；

2）如钻杆改用空心圆杆，假定内外径之比 $\alpha=\frac{d_1}{d_2}=0.8$，求空心圆杆截面的外径 d_2 和内径 d_1；

3）比较实心圆杆和空心圆杆的截面大小。

解 1）求钻杆的扭矩 T。

$$T=M_e=9549\,\frac{P}{n}=9549\times\frac{3\text{kW}}{\frac{1430}{36}\text{r/min}}=721.18\text{N}\cdot\text{m}$$

2）由强度条件设计实心圆钻杆的直径 d。由强度条件得

$$d \geqslant \sqrt[3]{\frac{16T}{\pi[\tau]}} = \sqrt[3]{\frac{16 \times 721.18\text{N}\cdot\text{m}}{\pi \times 60 \times 10^6\text{Pa}}} = 0.0394\text{m} = 39.4\text{mm}$$

3）由强度条件设计空心圆杆截面的外径 d_2 和内径 d_1。由强度条件得

$$d_2 \geqslant \sqrt[3]{\frac{16T}{\pi[\tau](1-\alpha^4)}} = \sqrt[3]{\frac{16 \times 721.18\text{N}\cdot\text{m}}{\pi \times 60 \times 10^6\text{Pa} \times (1-0.8^4)}} = 0.0470\text{m} = 47.0\text{mm}$$

内径 $d_1 = 0.8 \times 47.0\text{mm} = 37.6\text{mm}$。

4）比较实心圆杆和空心圆杆的截面大小。实心圆杆和空心圆杆的截面之比为

$$\frac{\pi d^2}{4} \Big/ \frac{\pi(d_2^2 - d_1^2)}{4} = (39.4\text{mm})^2/[(47.0\text{mm})^2 - (37.6\text{mm})^2] = 1.96$$

习题 3.11 已知某实心圆轴的转速 $n=200\text{r/min}$，所传递的功率 $P=100\text{kW}$；材料的许用切应力 $[\tau]=60\text{MPa}$，切变模量 $G=80\times10^3\text{MPa}$，单位长度许用扭转角 $[\theta]=0.6°/\text{m}$。试按强度条件和刚度条件设计轴的直径。

解 1）求扭矩 T。

$$T = M_e = 9549\frac{P}{n} = 9549 \times \frac{100\text{kW}}{200\text{r/min}} = 4774.5\text{N}\cdot\text{m}$$

2）由强度条件设计轴的直径。由强度条件得

$$D \geqslant \sqrt[3]{\frac{16T}{\pi[\tau]}} = \sqrt[3]{\frac{16 \times 4774.5\text{N}\cdot\text{m}}{\pi \times 60 \times 10^6\text{Pa}}} = 0.0740\text{m} = 74.0\text{mm}$$

3）由刚度条件设计轴的直径。由刚度条件得

$$D \geqslant \sqrt[4]{\frac{32T}{\pi G[\theta]} \times \frac{180°}{\pi}} = \sqrt[4]{\frac{32 \times 4774.5\text{N}\cdot\text{m}}{\pi \times 80 \times 10^9\text{Pa} \times 0.6°/\text{m}} \times \frac{180°}{\pi}} = 0.0873\text{m} = 87.3\text{mm}$$

故取 $D=87.3\text{mm}$。

习题 3.12 一钢制的空心圆轴，其内径 $d=60\text{mm}$，外径 $D=100\text{mm}$，所须承受的最大扭矩 $T=1\text{kN}\cdot\text{m}$，单位长度许用扭转角 $[\theta]=0.5°/\text{m}$；材料的许用切应力 $[\tau]=60\text{MPa}$，切变模量 $G=80\times10^3\text{MPa}$。试对该轴进行强度和刚度校核。

解 1）校核轴的强度。轴的最大切应力为

$$\tau_{\max} = \frac{T}{W_p} = \frac{T}{\frac{\pi D^3}{16}(1-\alpha^4)} = \frac{16 \times 1 \times 10^3\text{N}\cdot\text{m}}{\pi \times (0.1\text{m})^3 \times (1-0.6^4)}$$

$$= 5.85 \times 10^6\text{Pa} = 5.85\text{MPa} < [\tau] = 60\text{MPa}$$

故轴满足强度要求。

2）校核轴的刚度。轴的单位长度最大扭转角为

$$\theta = \frac{T}{GI_p} \times \frac{180°}{\pi} = \frac{T}{G\frac{\pi D^4}{32}(1-\alpha^4)} \times \frac{180°}{\pi}$$

$$= \frac{32 \times 1 \times 10^3\text{N}\cdot\text{m}}{80 \times 10^9\text{Pa} \times \pi \times (0.1\text{m})^4 \times (1-0.6^4)} \times \frac{180°}{\pi}$$

$$= 0.0839°/\text{m} < [\theta] = 0.5°/\text{m}$$

故轴也满足刚度要求。

习题 3.13　矩形截面杆的自由扭转

习题 3.13　一矩形截面杆的尺寸及荷载如图所示。已知材料的切变模量 $G=5.5\times 10^3$ MPa，试求：

1）最大切应力；

2）单位长度最大扭转角。

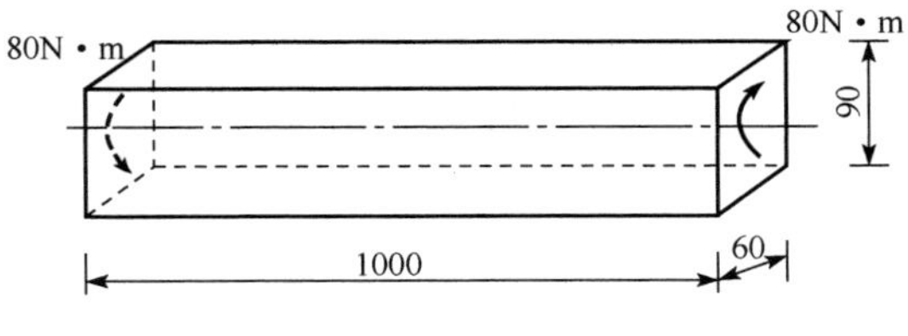

习题 3.13 图

解　1）求最大切应力。$h/b=90/60=1.5$，查表可得 $\alpha=0.231$，$\beta=0.196$。杆的最大切应力为

$$\tau_{\max}=\frac{T}{W_p}=\frac{T}{\alpha hb^2}=\frac{80\text{N}\cdot\text{m}}{0.231\times 0.09\text{m}\times(0.06\text{m})^2}$$
$$=1.07\times 10^6\text{Pa}=1.07\text{MPa}$$

2）求单位长度最大扭转角。

$$\theta=\frac{T}{GI_t}=\frac{T}{G\beta hb^3}=\frac{80\text{N}\cdot\text{m}}{5.5\times 10^9\text{Pa}\times 0.196\times 0.09\text{m}\times(0.06\text{m})^3}$$
$$=0.0038\text{rad/m}=0.219°/\text{m}$$

第四章　弯曲内力

内容总结

1. 平面弯曲的概念

如果梁的外力都作用于梁的纵向对称平面内，那么梁的轴线将在此对称面内弯成一条曲线，这种弯曲变形称为平面弯曲。

2. 剪力和弯矩

梁横截面上存在两种内力：剪力和弯矩。

梁横截面上的剪力使所取微段梁产生顺时针方向转动趋势的为正，反之为负；梁横截面上的弯矩使所取微段梁产生上部受压、下部受拉的为正，反之为负。

3. 求梁指定横截面上的剪力和弯矩的方法

（1）截面法

（2）简便方法

利用内力计算规律可方便地求梁指定横截面上的剪力和弯矩。内力计算规律如下：

1）梁任一横截面上的剪力，其数值等于该截面左边（或右边）梁上所有横向外力的代数和。当横向外力与该截面上正号剪力的方向相反时为正，相同时为负。

应该注意，当梁上的外力与梁斜交时，应先将其分解成横向分力和轴向分力。

2）梁任一横截面上的弯矩，其数值等于该截面左边（或右边）梁上所有外力对该截面形心之矩的代数和。当力矩与该截面上正号弯矩的转向相反时为正，相同时为负。

4. 绘制梁的剪力图和弯矩图的方法

（1）内力方程法

列出剪力方程和弯矩方程，在坐标系中绘出方程的图线，即得剪力图和弯矩图。

（2）微分关系法

1）弯矩 $M(x)$、剪力 $F_S(x)$ 与分布荷载集度 $q(x)$ 之间的微分关系。

$$
\left.\begin{aligned}
\frac{\mathrm{d}M(x)}{\mathrm{d}x} &= F_{\mathrm{S}}(x) \\
\frac{\mathrm{d}F_{\mathrm{S}}(x)}{\mathrm{d}x} &= q(x) \\
\frac{\mathrm{d}^2M(x)}{\mathrm{d}x^2} &= q(x)
\end{aligned}\right\}
$$

式中：q（x）规定向上为正。

2）绘图步骤。

① 分段定形。根据梁所受外力情况将梁分为若干段，并判断各梁段的剪力图和弯矩图的形状；

② 定点绘图。计算特殊横截面上的剪力值和弯矩值，逐段绘制剪力图和弯矩图。

（3）区段叠加法

1）叠加原理。在线弹性小变形范围内，由几个外力所引起的某一参数（内力、应力、位移等）值，等于每个外力单独作用时所引起的该参数值之总和。

2）绘弯矩图的步骤。

① 选取梁上的外力不连续点（如集中力作用点、集中力偶作用点、分布荷载作用的起点和终点等）作为控制截面，并求出控制截面上的弯矩值，从而确定弯矩图的控制点。

② 如控制截面间无荷载作用时，用直线连接两控制点就绘出了该段的弯矩图。如控制截面间有均布荷载作用时，先用虚直线连接两控制点，然后以此虚直线为基线，叠加上该段在均布荷载单独作用下的相应简支梁的弯矩图，从而绘出该段的弯矩图。

在实际应用中，往往是将微分关系法和区段叠加法结合起来绘制梁的剪力图和弯矩图。

典型例题

例 4.1　简支梁如图 4.1（a）所示。试求横截面 1—1、2—2、3—3、4—4 上的剪力和弯矩（各横截面与相应截面无限接近）。

分析　首先求出梁支座处的约束力，然后由截面法求出各横截面的剪力和弯矩。

解　1）求支座反力。由梁的平衡方程 $\sum M_B = 0$，$\sum M_A = 0$ 得

$$F_A = qa\,,\ F_B = 2qa$$

2）求各横截面上的剪力和弯矩。取横截面 1—1 左边部分梁为研究对象［图 4.1（b)］，由平衡方程 $\sum Y = 0$，$\sum M_O = 0$ 得

$$F_{\mathrm{S1}} = qa\,,\ M_1 = 2qa^2$$

分别取图 4.1（c～e）所示部分梁为研究对象，由平衡方程可得横截面 2—2、3—3、4—4 上的剪力和弯矩分别为

$$F_{\mathrm{S2}} = qa\,,\ M_2 = qa^2$$

$$F_{\mathrm{S3}} = 0\,,\ M_3 = \frac{3}{2}qa^2$$

$$F_{\mathrm{S4}} = -qa\,,\ M_4 = \frac{3}{2}qa^2$$

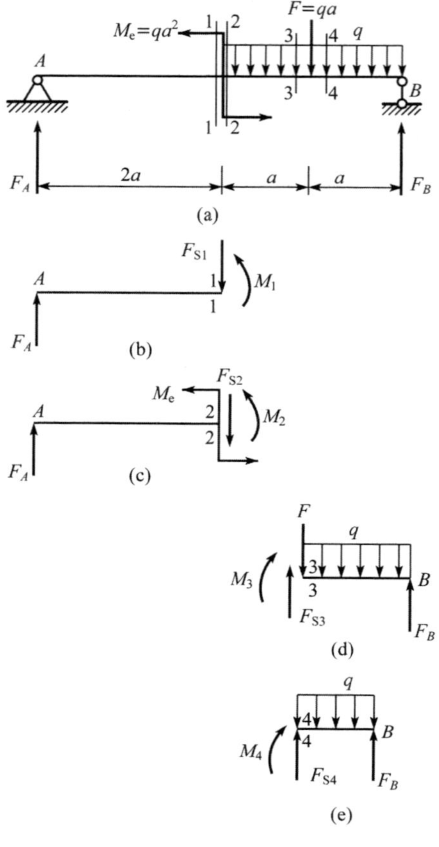

图 4.1

例 4.2 图 4.2 所示外伸梁受按直线变化的分布荷载作用，试问比值 a/l 为多少时梁中点 E 横截面上的剪力总为零？

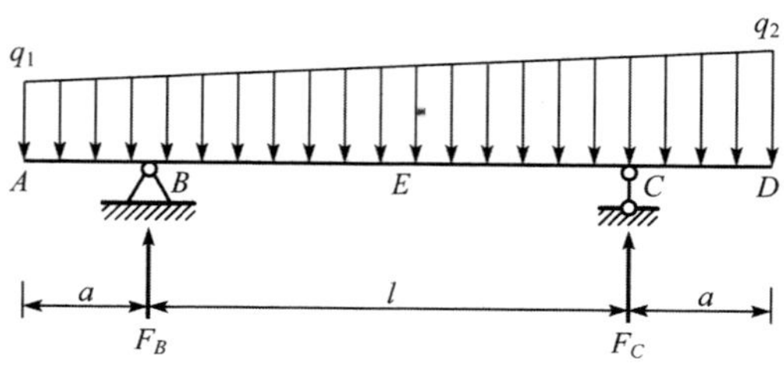

图 4.2

分析 首先求出 B 支座处的约束力，梁中点 E 横截面上的剪力等于 E 横截面左边梁上所有横向外力的代数和，令其等于零即可求出 a/l 的值。

解 由梁的平衡方程 $\sum M_C = 0$ 得

$$F_B = \left[q_1(2a+l)\frac{l}{2}+(q_2-q_1)(2a+l)\frac{l-a}{6}\right]\Big/l$$

梁中点 E 横截面上的剪力为

$$F_{SE}=F_B-\left(q_1+\frac{q_1+q_2}{2}\right)\cdot\frac{a+l/2}{2}$$

$$=\left[q_1(2a+l)\frac{l}{2}+(q_2-q_1)(2a+l)\frac{l-a}{6}\right]\Big/l-\left(q_1+\frac{q_1+q_2}{2}\right)(a+l/2)/2$$

令 $F_{SE}=0$，即

$$\left[q_1(2a+l)\frac{l}{2}+(q_2-q_1)(2a+l)\frac{l-a}{6}\right]\Big/l-\left(q_1+\frac{q_1+q_2}{2}\right)(a+l/2)/2=0$$

解得

$$\frac{a}{l}=\frac{1}{4}$$

例 4.3　试列出图 4.3（a）所示悬臂梁的剪力方程和弯矩方程，绘制梁的剪力图和弯矩图，并求 $|F_S|_{max}$ 和 $|M|_{max}$。

分析　以 C 点为原点，x 轴水平向左为正。分别列出 BC 段和 AB 段内力方程，由内力方程绘制梁的内力图，由图或方程可求出剪力和弯矩的最大值。

解　1）列剪力方程和弯矩方程。两段的内力方程分别为

BC 段：

$$F_S(x)=-qx\quad(0\leqslant x\leqslant a)$$

$$M(x)=\frac{1}{2}qx^2\quad(0\leqslant x\leqslant a)$$

AB 段：

$$F_S(x)=q(x-a)-qa\quad(a\leqslant x<2a)$$

$$M(x)=qa\left(x-\frac{a}{2}\right)-\frac{1}{2}q(x-a)^2\quad(a\leqslant x<2a)$$

2）绘剪力图和弯矩图。剪力图和弯矩图分别如图 4.3（b，c）所示。由图可见，$|F_S|_{max}$ 发生在 B 横截面上，其值为

$$|F_S|_{max}=qa$$

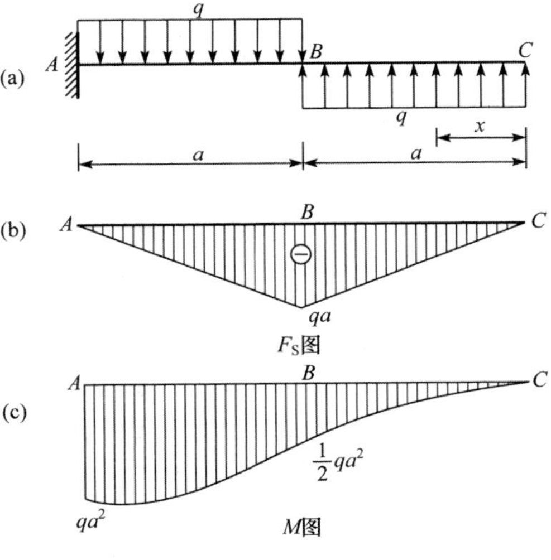

图 4.3

$|M|_{max}$也发生在 B 横截面上，其值为

$$|M|_{max} = qa^2$$

例 4.4 已知外伸梁的弯矩图如图 4.4（a）所示，支座和尺寸如图 4.4（c）所示，试绘制梁的剪力图，并确定梁上的荷载。

分析 根据荷载、剪力、弯矩间的微分关系，由弯矩图可得剪力图，由剪力图可得荷载图。

解 AC 段弯矩图为斜直线，斜率为$\frac{3}{8}ql$，所以此段的剪力图为水平直线，剪力值为$\frac{3}{8}ql$。CB 段弯矩图为斜直线，斜率为$-\frac{5}{8}ql$，所以此段的剪力图为水平直线，剪力值为$-\frac{5}{8}ql$。BD 段弯矩图为抛物线，切线斜率为 x 的一次函数，设为 kx，由积分关系

$$\int_0^{\frac{l}{2}} kx\,\mathrm{d}x = \frac{1}{8}ql^2$$

得

$$k = q$$

所以此段的剪力图为斜直线，其斜率为$-q$。梁的剪力图如图 4.4（b）所示。

剪力图在 A 点处向上突变，突变值为$\frac{3}{8}ql$，故梁上在该点处有向上的集中力$\frac{3}{8}ql$；由 A 到 C 剪力图为水平直线，故 AC 段上无荷载；剪力图在 C 点处向下突变，突变值为$\frac{5}{8}ql$，

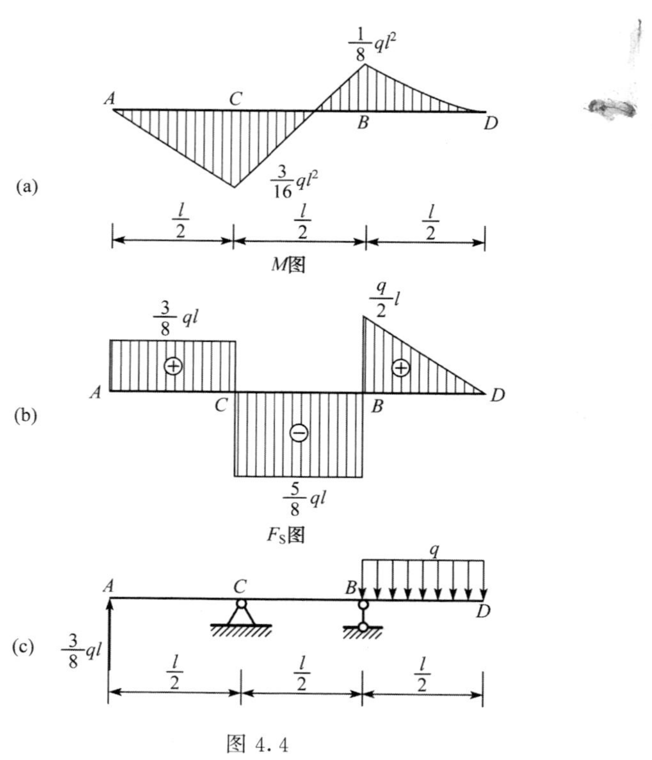

图 4.4

故梁上在该点处有向下的集中力$-\frac{5}{8}ql$；由C到B剪力图为水平直线，故CB段上无荷载；剪力图在B点有向上突变，突变值为$\frac{9}{8}ql$，故梁上在该点处有向上的集中力$\frac{9}{8}ql$；由B到D剪力图为斜直线，其斜率为$-q$，故BD段上作用有向下的均布力，其集度为q。由此得到梁上荷载如图 4.4（c）所示。

例 4.5　试绘制图 4.5（a）所示简支梁的剪力图和弯矩图。

分析　本题简支梁的剪力图用微分关系法绘制，弯矩图用区段叠加法绘制。

解　1）求支座反力。由梁的平衡方程$\sum M_A=0$，$\sum M_B=0$，可求得支座反力为

$$F_A=19\text{kN},\ F_B=17\text{kN}$$

2）绘剪力图。根据梁上的外力情况，把梁分成AC、CD和DB三段。在支座A处，作用支座反力$F_A=19\text{kN}$，A的右侧横截面上的剪力向上突变，突变值等于F_A的大小，即

$$F_{SA}^{R}=19\text{kN}$$

AC段上无荷载作用，剪力图为水平线，剪力值为 19kN。C横截面受向下的集中力作用，剪力图向下突变，突变值为集中力的大小 20kN。

CD段上无荷载作用，剪力图为水平线，剪力值为-1kN。

DB段受向下的均布荷载作用，剪力图为一条向右下倾斜的直线，根据D横截面上的剪力$F_{SD}=-1\text{kN}$，B的左侧横截面上的剪力$F_{SB}^{L}=-17\text{kN}$，就可绘出斜直线。支座B处作用支座反力$F_B=17\text{kN}$，剪力图向上突变，突变值等于支座反力F_B的大小。

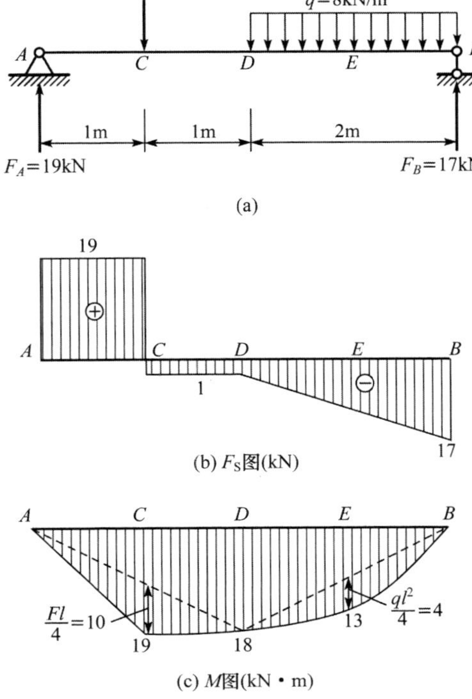

图 4.5

全梁的剪力图如图 4.5（b）所示。

3）绘弯矩图。同样把梁分成 AC、CD 和 DB 三段。选取 A、C、D、B 作为控制截面，由内力计算规律求出这些截面上的弯矩为

$$M_A = 0$$

$$M_C = F_A \times 1\text{m} = 19\text{kN} \cdot \text{m}$$

$$M_D = F_A \times 2\text{m} - 20\text{kN} \times 1\text{m} = 18\text{kN} \cdot \text{m}$$

$$M_B = 0$$

利用区段叠加法绘出梁的弯矩图如图 4.5（c）所示。本题在绘制 AD 段的弯矩图时，也可以不计算 C 横截面上的弯矩，而用虚直线连接两控制点，再叠加上相应简支梁在跨中横截面单独受集中力 $F=20\text{kN}$ 作用下的弯矩图。

思考题解答

思考题 4.1　什么是弯曲变形?

解　如果构件在变形后其轴线变为一条曲线，这样的变形称为弯曲变形。

思考题 4.2　什么是梁的纵向对称面？什么是梁的平面弯曲？

解　工程中常用梁的横截面都具有一个竖向对称轴，梁的轴线与梁的横截面的竖向对称轴构成的平面，称为梁的纵向对称面。

如果梁的外力和外力偶都作用于梁的纵向对称面内，则梁的轴线将在此对称面内弯成一条曲线，这样的弯曲变形称为平面弯曲。

思考题 4.3　梁弯曲时的内力有哪两种？它们的正负号是如何规定的?

解　梁的内力有剪力 F_S 和弯矩 M 两种。剪力和弯矩的正负号规定如下：

梁横截面上的剪力使所取微段梁产生顺时针方向转动趋势的为正，反之为负；梁横截面上的弯矩使所取微段梁产生上部受压、下部受拉的为正，反之为负。

思考题 4.4　剪力和弯矩的计算规律是怎样的?

解　梁任一横截面上的剪力，其数值等于该截面左边（或右边）梁上所有横向外力的代数和。当横向外力与该截面上正号剪力的方向相反时为正，相同时为负。应该注意，当梁上的外力与梁斜交时，应先将其分解成横向分力和轴向分力。

梁任一横截面上的弯矩，其数值等于该截面左边（或右边）梁上所有外力对该截面形心之矩的代数和。当力矩与该截面上正号弯矩的转向相反时为正，相同时为负。

思考题 4.5　绘制梁的内力图有哪些方法？这些方法各具有什么特点?

解　绘制梁的内力图的方法有内力方程法，微分关系法和区段叠加法。

内力方程法是绘制梁内力图的基本方法，但当梁上荷载复杂时绘制工作量较大。

微分关系法能较方便地绘制剪力图和弯矩图。区段叠加法能较方便地绘制弯矩图。

思考题 4.6　说明弯矩、剪力和分布荷载集度三者之间的微分关系和积分关系？如何利用这种关系绘制梁内力图?

解　1）微分关系和积分关系。若规定向下的分布荷载集度为负，则在直梁中普遍存在以下弯矩、剪力与分布荷载集度之间的微分关系：

$$\frac{dF_S(x)}{dx}=q(x)、\frac{dM(x)}{dx}=F_S(x)、\frac{dM^2(x)}{dx^2}=q(x)$$

积分关系：

① 任何两个横截面上的剪力之差，等于这两个横截面间梁段上的荷载图的面积。

② 任何两个横截面上的弯矩之差，等于这两个横截面间梁段上的剪力图的面积。

2）绘制梁的内力图。利用这种关系绘制剪力图和弯矩图的步骤：

① 分段定形。根据梁所受外力情况将梁分为若干段，并判断各梁段的剪力图和弯矩图的形状。

② 定点绘图。计算特殊截面上的剪力值和弯矩值，逐段绘制剪力图和弯矩图。

计算特殊截面上的剪力值和弯矩值时可利用内力计算规律，也可利用积分关系。

思考题 4.7 剪力图和弯矩图的图形有什么规律？

解 剪力图和弯矩图的图形有如下规律：

1）在无荷载作用的梁段，剪力图为水平线，弯矩图为斜直线。

2）在均布荷载作用的梁段，剪力图为斜直线，弯矩图为抛物线。

3）在集中力作用处，剪力图上有突变，弯矩图上有尖角。

4）在集中力偶作用处，剪力图上无反应，弯矩图上有突变。

思考题 4.8 如何理解在集中力作用处，剪力图有突变；在集中力偶作用处，弯矩图有突变？

解 所谓的集中力和集中力偶是理想化的力学模型，因为在实际构件中，任何一个力或力偶都是有一定作用面积的，即都是分布力。由于其作用面积相对很小，因此在力学中将其作用面积简化为一个点，即为集中力或集中力偶，其结果导致集中力或集中力偶的分布集度为无穷大。而在剪力图和弯矩图中，集中力和集中力偶作用处的斜率分别等于分布集度，即为无穷大，该处图线垂直于坐标轴，因此剪力图和弯矩图上会出现突变，其突变值分别等于集中力或集中力偶的值。

思考题 4.9 什么是叠加原理？叠加原理成立的条件是什么？

解 叠加原理是指在小变形的情况下由几个外力所引起的某一参数（内力、应力、位移等）值，等于每个外力单独作用时所引起的该参数值之总和。叠加原理成立的条件是参数与外力线性关系。

思考题 4.10 什么是区段叠加法？用区段叠加法绘制梁的弯矩图的步骤是怎样的？

解 根据梁上荷载，将梁分为若干段，在每个区段上利用叠加原理绘制弯矩图，这种方法称为区段叠加法。

用区段叠加法绘制梁的弯矩图的步骤如下：

1）选取梁上的外力不连续点（如集中力作用点、集中力偶作用点、分布荷载作用的起点和终点等）作为控制截面，并求出控制截面上的弯矩值，从而确定弯矩图的控制点。

2）如控制截面间无荷载作用时，用直线连接两控制点就绘出了该段的弯矩图。如控制截面间有均布荷载作用时，先用虚直线连接两控制点，然后以此虚直线为基线，叠加上该段在均布荷载单独作用下的相应简支梁的弯矩图，从而绘出该段的弯矩图。

习题解答

习题 4.1　梁指定横截面上的剪力和弯矩

习题 4.1　试求图示各梁中 $m—m$ 横截面上的剪力和弯矩。图中 $m—m$ 横截面与相应截面无限接近。

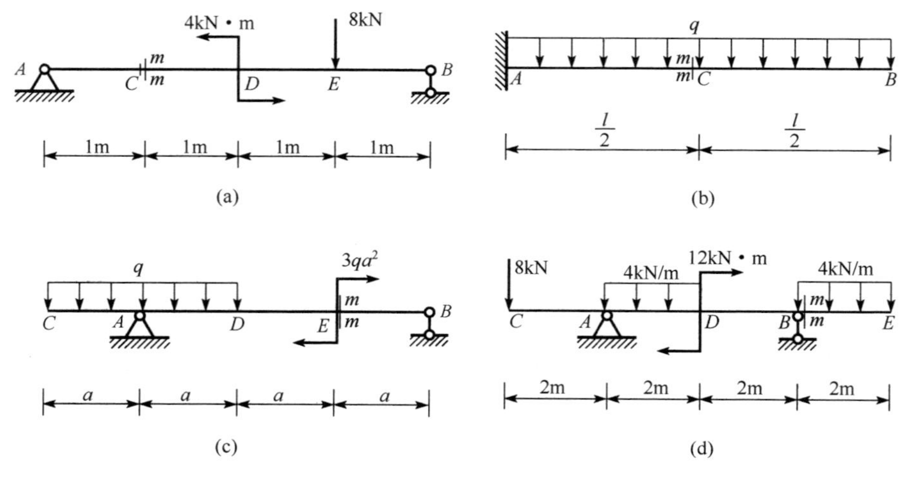

习题 4.1 图

解　(1) 题 (a) 解

1) 求支座反力。取梁整体为研究对象［习题 4.1 (a) 题解图 (a)］，由平衡方程可得

$$F_A = 3\text{kN},\ F_B = 5\text{kN}$$

2) 求 $m—m$ 横截面上的剪力和弯矩。应用截面法，取 $m—m$ 横截面左边部分为研究对象［习题 4.1 (a) 题解图 (b)］，列出平衡方程

$$\sum Y = 0,\ F_S - F_A = 0$$

得

$$F_S = F_A = 3\text{kN}$$

$$\sum M_C = 0,\ M - F_A \times 1\text{m} = 0$$

得

$$M = 3\text{kN} \cdot \text{m}$$

(2) 题 (b) 解

应用截面法，取 $m—m$ 横截面右边部分为研究对象［习题 4.1 (b) 题解图 (b)］，列出平衡方程

$$\sum Y = 0,\ F_S + ql/2 = 0$$

得

$$F_S = \frac{ql}{2}$$

$$\sum M_C = 0, M + 0.5q \times (0.5l)^2 = 0$$

得

$$M = -0.125ql^2$$

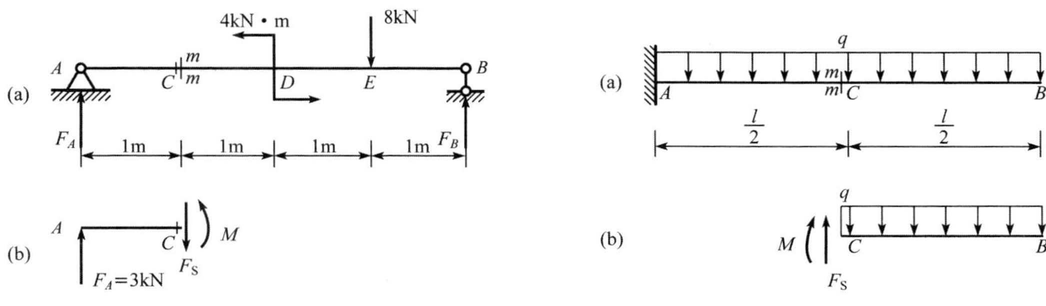

习题 4.1（a）题解图　　　　习题 4.1（b）题解图

（3）题（c）解

1）求支座反力。取梁整体为研究对象［习题 4.1（c）题解图（a）］，由平衡方程可得

$$F_A = F_B = qa$$

2）求 m—m 横截面的剪力和弯矩。应用截面法，取 m—m 横截面左边部分为研究对象［习题 4.1（c）题解图（b）］，列出平衡方程

$$\sum Y = 0, F_S + 2qa - qa = 0$$

得

$$F_S = -qa$$

$$\sum M_E = 0, M + 2qa \times 2a - qa \times 2a - 3qa^2 = 0$$

得

$$M = qa^2$$

（4）题（d）解

应用截面法，取 m—m 横截面右边部分为研究对象［习题 4.1（d）题解图（b）］，列出平衡方程

$$\sum Y = 0, F_S - 4\text{kN/m} \times 2\text{m} = 0$$

得

$$F_S = 8\text{kN}$$

$$\sum M_B = 0, M + 4\text{kN/m} \times 2\text{m} \times 1\text{m} = 0$$

得

$$M = -8\text{kN} \cdot \text{m}$$

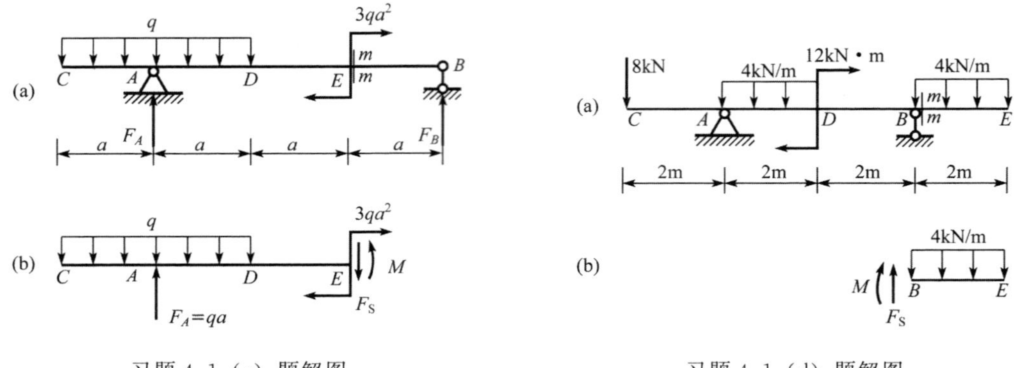

习题 4.1（c）题解图　　习题 4.1（d）题解图

习题 4.2～习题 4.7　梁的剪力图和弯矩图

习题 4.2　试用内力方程法绘制图示各梁的剪力图和弯矩图。

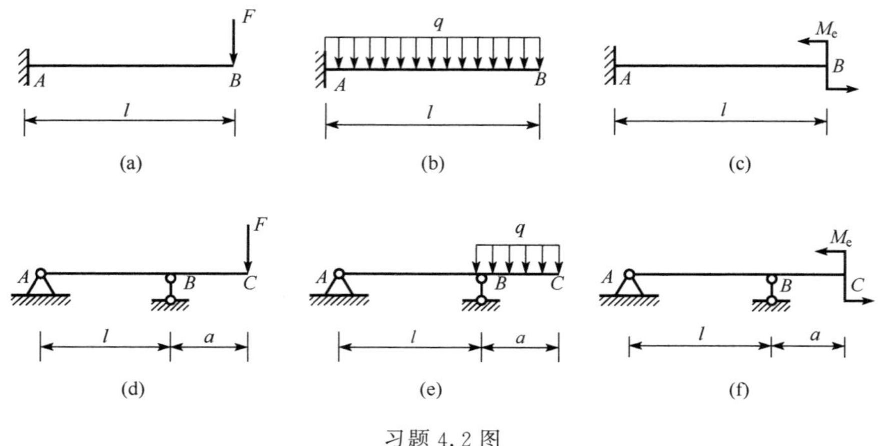

习题 4.2 图

解　（1）题（a）解

1）列内力方程。选 B 点为坐标原点，x 轴向左为正，取距右端为 x 的任意横截面［习题 4.2（a）题解图（a）］，利用内力计算规律，求得此横截面上的剪力和弯矩分别为

$$F_S(x) = F \quad (0 < x < l)$$

$$M(x) = -Fx \quad (0 \leqslant x < l)$$

2）绘内力图。根据以上方程式，可绘出剪力图和弯矩图分别如习题 4.2（a）题解图（b，c）所示。

（2）题（b）解

1）列内力方程。选 B 点为坐标原点，x 轴向左为正，取距右端为 x 的任意横截面［习题 4.2（b）题解图（a）］，利用内力计算规律，求得此横截面上的剪力和弯矩分别为

$$F_S(x) = qx \quad (0 \leqslant x < l)$$

$$M(x) = -qx^2/2 \quad (0 \leqslant x < l)$$

2）绘内力图。根据以上方程式，可绘出剪力图和弯矩图分别如习题 4.2（b）题解图（b，c）所示。

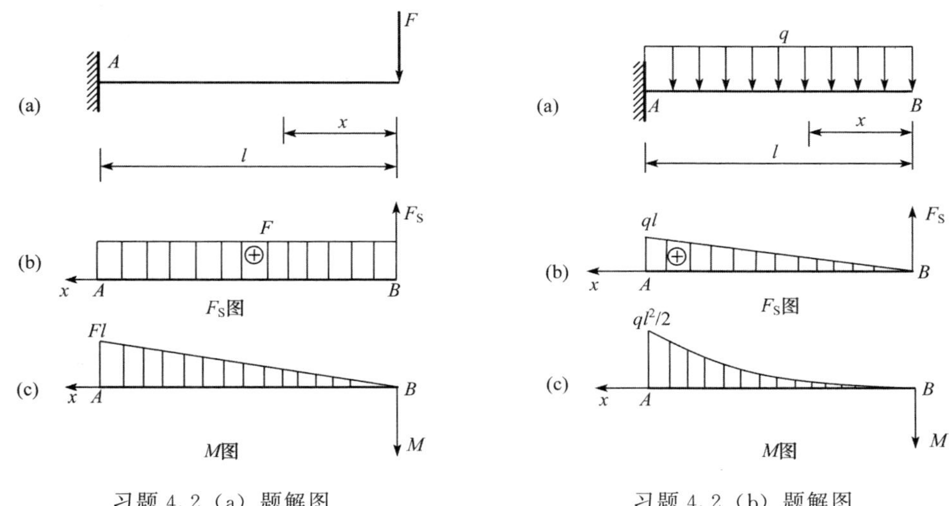

习题 4.2（a）题解图　　　　习题 4.2（b）题解图

（3）题（c）解

1）列内力方程。选 B 点为坐标原点，x 轴向左为正，取距右端为 x 的任意横截面［习题 4.2（c）题解图（a）］，利用内力计算规律，求得此横截面上的剪力和弯矩分别为

$$F_S(x) = 0 \quad (0 \leqslant x \leqslant l)$$

$$M(x) = M_e \quad (0 < x < l)$$

2）绘内力图。根据以上方程式，可绘出剪力图和弯矩图分别如习题 4.2（c）题解图（b，c）所示。

（4）题（d）解

1）求支座反力。由梁的平衡方程，求得支座反力为

$$F_A = -Fa/l,\ F_B = F(l+a)/l$$

2）列内力方程。选 A 点为坐标原点，x 轴向右为正，梁在 AB 和 BC 两段内的剪力或弯矩不能用同一方程来表示，应分段考虑。在 AB 段内取距左端为 x 的任意横截面［习题 4.2（d）题解图（a）］，求得此横截面上的剪力和弯矩分别为

$$F_S(x) = F_A = -Fa/l \quad (0 < x < l)$$

$$M(x) = F_A x = -Fax/l \quad (0 \leqslant x \leqslant l)$$

同样求得 BC 段内的剪力方程和弯矩方程分别为

$$F_S(x) = F \quad (l < x < l+a)$$

$$M(x) = -F(l+a-x) \quad (l \leqslant x \leqslant l+a)$$

3）绘内力图。根据以上方程式，可绘出剪力图和弯矩图分别如习题 4.2（d）题解图（b，c）所示。

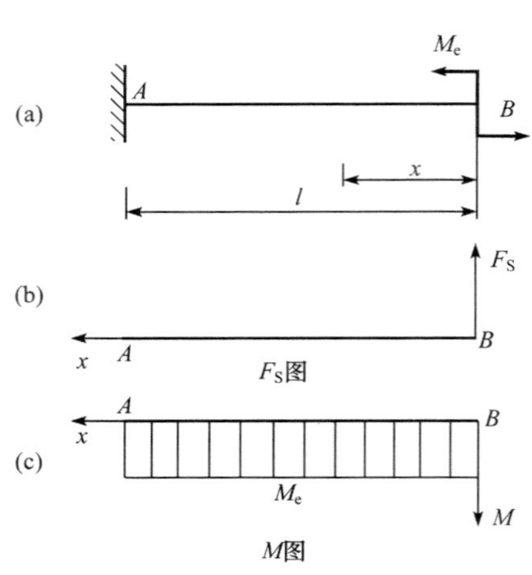

习题 4.2（c）题解图

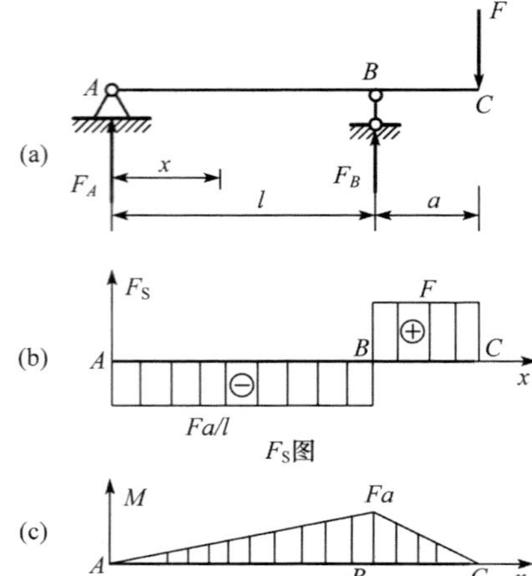

习题 4.2（d）题解图

（5）题（e）解

1）求支座反力。由梁的平衡方程，求得支座反力为

$$F_A = -qa^2/2l,\ F_B = qa + qa^2/2l$$

2）列内力方程。选 A 点为坐标原点，x 轴向右为正，梁在 AB 和 BC 两段内的剪力或弯矩不能用同一方程来表示，应分段考虑。在 AB 段内取距左端为 x 的任意横截面［习题 4.2（e）题解图（a）］，求得此横截面上的剪力和弯矩分别为

$$F_S(x) = F_A = -qa^2/2l \quad (0 < x < l)$$

$$M(x) = F_A x = -qa^2 x/2l \quad (0 \leqslant x \leqslant l)$$

同样求得 BC 段内的剪力方程和弯矩方程分别为

$$F_S(x) = q(l + a - x) \quad (l < x \leqslant l + a)$$

$$M(x) = -q(l + a - x)^2/2 \quad (l \leqslant x \leqslant l + a)$$

3）绘内力图。根据以上方程式，可绘出剪力图和弯矩图分别如习题 4.2（e）题解图（b，c）所示。

（6）题（f）解

1）求支座反力。由梁的平衡方程，求得支座反力为

$$F_A = M_e/l,\ F_B = -M_e/l$$

2）列内力方程。选 A 点为坐标原点，x 轴向右为正，梁在 AB 和 BC 两段内的剪力或弯矩不能用同一方程来表示，应分段考虑。在 AB 段内取距左端为 x 的任意横截面［习题 4.2（f）题解图（a）］，求得此横截面上的剪力和弯矩分别为

$$F_S(x) = F_A = M_e/l \quad (0 < x < l)$$

$$M(x) = F_A x = M_e x/l \quad (0 \leqslant x \leqslant l)$$

同样求得 BC 段内的剪力方程和弯矩方程分别为

$$F_S(x) = 0 \quad (l < x \leqslant l + a)$$

$$M(x) = M_e \quad (l \leqslant x < l + a)$$

3）绘内力图。根据以上方程式，可绘出剪力图和弯矩图分别如习题 4.2（f）题解图（b，c）所示。

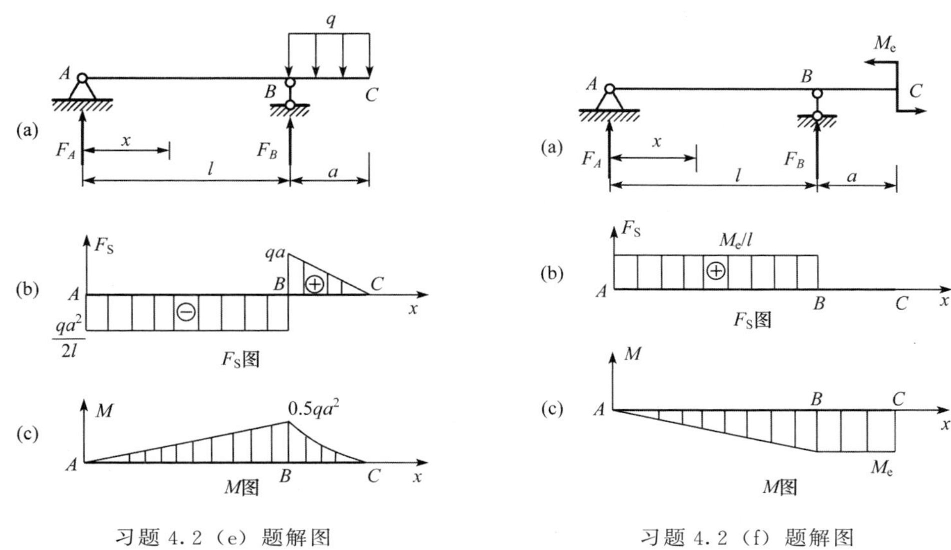

习题 4.2（e）题解图　　　　习题 4.2（f）题解图

习题 4.3　试用内力方程法或微分关系法绘制图示各梁的剪力图和弯矩图。

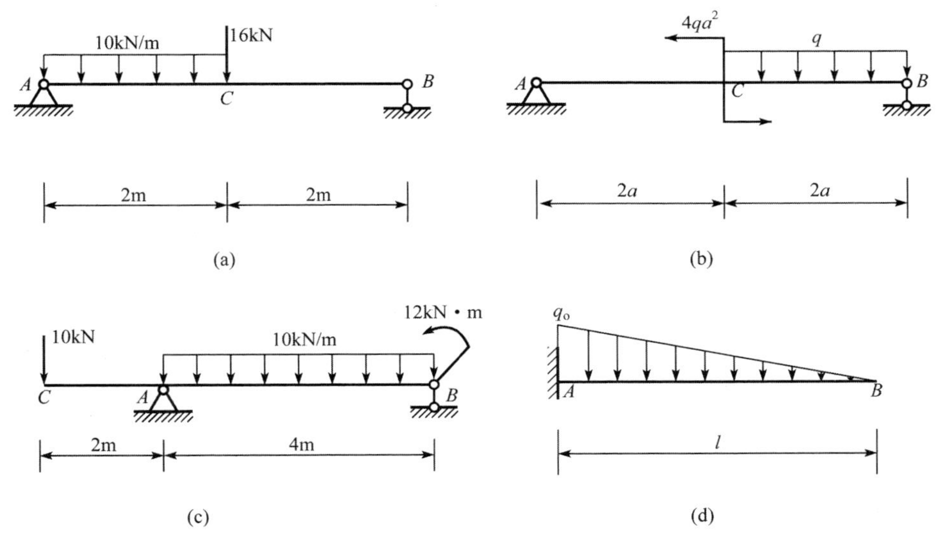

习题 4.3 图

解　解法一：内力方程法

（1）题（a）解

1）求支座反力。由梁的平衡方程，求得支座反力为

$$F_A = 23\text{kN}, F_B = 13\text{kN}$$

2）列内力方程。选 A 点为坐标原点，x 轴向右为正，梁在 AB 和 BC 两段内的剪力或

弯矩不能用同一方程来表示，应分段考虑。在 AB 段内取距左端为 x 的任意横截面［习题 4.3（a）题解图（a）］，求得此横截面上的剪力和弯矩分别为

$$F_S(x)=F_A-qx=23-10x \quad (0<x<2\text{m})$$

$$M(x)=F_Ax-0.5qx^2=23x-5x^2 \quad (0\leqslant x\leqslant 2\text{m})$$

同样求得 BC 段内的剪力方程和弯矩方程分别为

$$F_S(x)=-13\text{kN} \quad (2m<x<4\text{m})$$

$$M(x)=52-13x \quad (2m\leqslant x\leqslant 4\text{m})$$

3）绘内力图。根据以上方程式，可绘出剪力图和弯矩图分别如习题 4.3（a）题解图（b，c）所示。

（2）题（b）解

1）求支座反力。由梁的平衡方程，求得支座反力为

$$F_A=1.5qa\text{，}F_B=0.5qa$$

2）列内力方程。选 A 点为坐标原点，x 轴向右为正，梁在 AB 和 BC 两段内的剪力或弯矩不能用同一方程来表示，应分段考虑。在 AB 段内取距左端为 x 的任意横截面［习题 4.3（b）题解图（a）］，求得此横截面上的剪力和弯矩分别为

$$F_S(x)=F_A=1.5qa \quad (0<x\leqslant 2a)$$

$$M(x)=F_Ax=1.5qax \quad (0\leqslant x<2a)$$

同样求得 BC 段内的剪力方程和弯矩方程分别为

$$F_S(x)=1.5qa-q(x-2a)=3.5qa-qx \quad (2a\leqslant x<4a)$$

$$M(x)=1.5qax-4qa^2-\frac{(x-2a)^2}{2}q=3.5qax-0.5qx^2-6qa^2 \quad (2a<x\leqslant 4a)$$

3）绘内力图。根据以上方程式，可绘出剪力图和弯矩图分别如习题 4.3（c）题解图（b，c）所示。

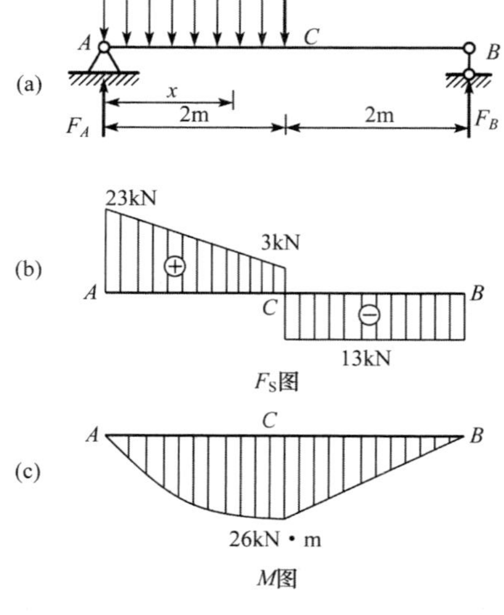

习题 4.3（a）题解图

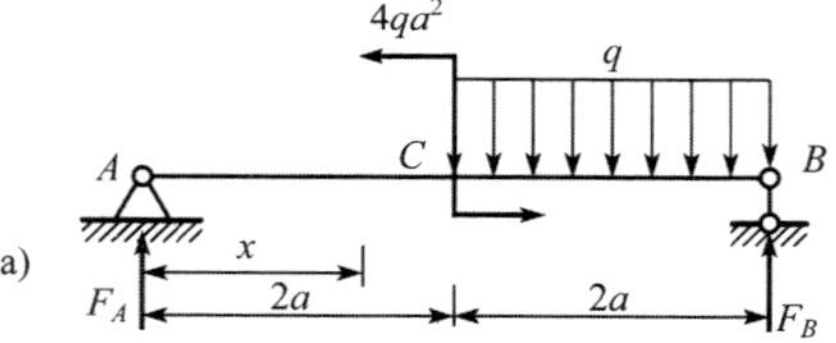

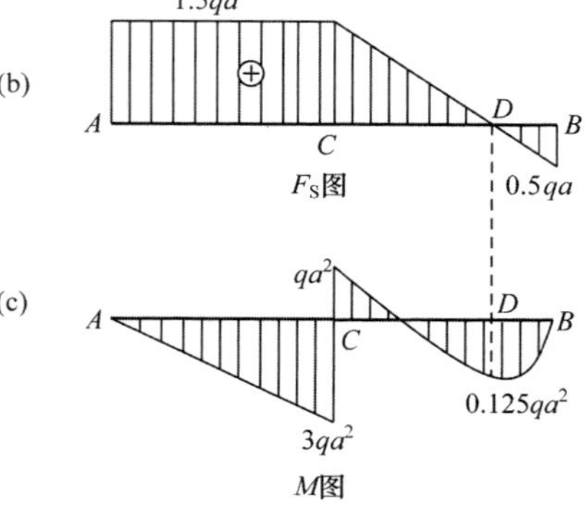

习题 4.3（b）题解图

（3）题（c）解

1）求支座反力。由梁的平衡方程，求得支座反力为

$$F_A = 38\text{kN},\ F_B = 12\text{kN}$$

2）列内力方程。选 A 点为坐标原点，x 轴向右为正，梁在 CA 和 AB 两段内的剪力或弯矩不能用同一方程来表示，应分段考虑。在 CA 段内取距左端为 x 的任意横截面［习题 4.3（c）题解图（a）］，求得此横截面上的剪力和弯矩分别为

$$F_S(x) = -10\text{kN} \quad (0 < x < 2\text{m})$$

$$M(x) = -10x \quad (0 \leqslant x \leqslant 2\text{m})$$

同样求得 BC 段内的剪力方程和弯矩方程分别为

$$F_S(x) = 48 - 10x \quad (2\text{m} < x < 6\text{m})$$

$$M(x) = -5x^2 + 48x - 96 \quad (2\text{m} \leqslant x < 6\text{m})$$

3）绘内力图。根据以上方程式，可绘出剪力图和弯矩图分别如习题 4.3（c）题解图（b，c）所示。

（4）题（d）解

1）列内力方程。选 B 点为坐标原点，x 水平向右为正，在 AB 段内取距左端为 x 的任意横截面［习题 4.3（d）题解图（a）］，求得此横截面上的剪力和弯矩分别为

$$F_S(x) = 0.5q_0x^2/l \quad (0 \leqslant x < l)$$

$$M(x) = -\frac{q_0x^3}{6l} \quad (0 \leqslant x < l)$$

2）绘内力图。根据以上方程式，可绘出剪力图和弯矩图分别如习题 4.3（d）题解图（b，c）所示。

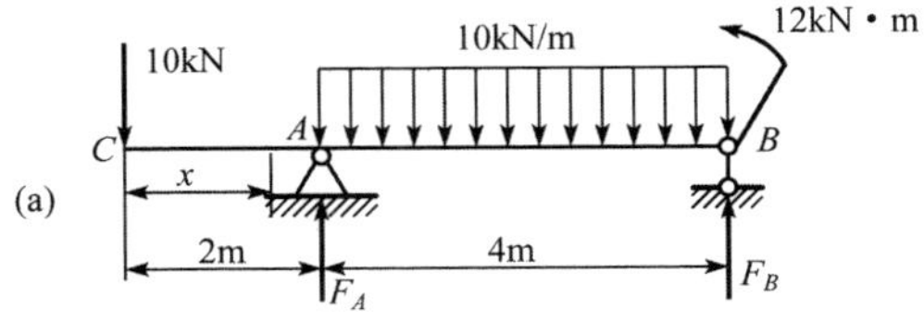

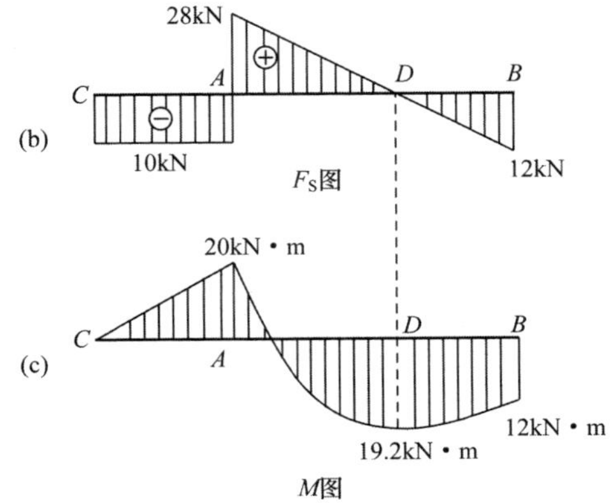

习题 4.3（c）题解图

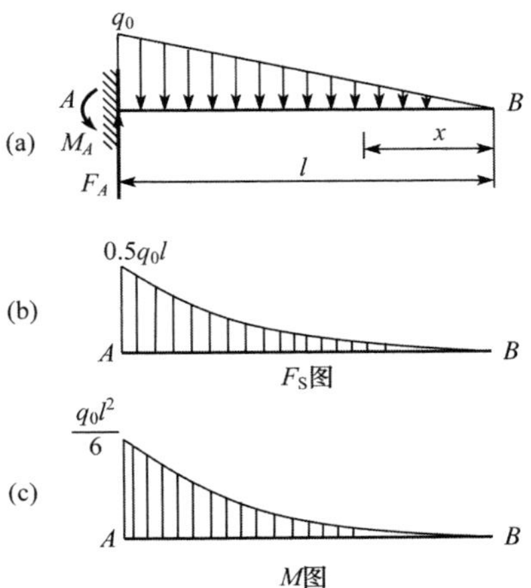

习题 4.3（d）题解图

解法二：微分关系法

（1）题（a）解

1）求支座反力。由梁的平衡方程，求得支座反力为

$$F_A = 23\text{kN},\ F_B = 13\text{kN}$$

2）求特殊横截面上的内力值。将梁分为 AC、CB 两段，各段特殊横截面上的内力值为

$$F_{SC}^{L} = 23\text{kN} - 10\text{kN/m} \times 2\text{m} = 3\text{kN}$$

$$M_A = M_B = 0$$

$$M_C = 13\text{kN} \times 2\text{m} = 26\text{kN} \cdot \text{m}$$

3）绘内力图。根据图形规律绘出剪力图和弯矩图分别如习题 4.3（a）题解图（b，c）所示。

（2）题（b）解

1）求支座反力。由梁的平衡方程，求得支座反力为

$$F_A = 1.5qa,\ F_B = 0.5qa$$

2）求特殊横截面上的内力值。将梁分为 AC、CB 两段，各段特殊横截面上的内力值为

$$M_A = M_B = 0$$

$$M_C^{L} = 1.5qa \times 2a = 3qa^2$$

$$M_D = 0.5qa \times 0.5a - 0.5qa \times 0.25a = 0.125qa^2$$

3）绘内力图。根据图形规律绘出剪力图和弯矩图分别如习题 4.3（b）题解图（b，c）所示。

（3）题（c）解

1）求支座反力。由梁的平衡方程，求得支座反力为

$$F_A = 38\text{kN},\ F_B = 12\text{kN}$$

2）求特殊横截面上的内力值。将梁分为 CA、AB 两段，各段特殊横截面上的内力值为

$$M_C = 0$$

$$M_A = -10\text{kN} \times 2\text{m} = -20\text{kN} \cdot \text{m}$$

$$M_D = 12\text{kN} \cdot \text{m} + 12\text{kN} \times 1.2\text{m} - 10\text{kN/m} \times 1.2\text{m} \times 0.6\text{m} = 19.2\text{kN} \cdot \text{m}$$

$$M_B^{L} = 12\text{kN} \cdot \text{m}$$

3）绘内力图。根据图形规律绘出剪力图和弯矩图分别如习题 4.3（c）题解图（b，c）所示。

（4）题（d）解

1）求支座反力。由梁的平衡方程，求得支座反力为

$$F_A = 0.5q_0 l,\ M_A = \frac{q_0 l^2}{6}$$

2）求特殊横截面上的内力值。梁 AB 特殊横截面上的内力值为

$$F_{SB} = 0,\ M_B = 0$$

3）绘内力图。当分布荷载的集度 $q(x)$ 为 x 的一次函数时，剪力 $F_S(x)$ 为 x 的二次函数，剪力图形为二次抛物线；弯矩 $M(x)$ 为 x 的三次函数，弯矩图形为三次抛物线。绘出剪力图和弯矩图分别如习题 4.3（d）题解图（b，c）所示。

习题 4.4　试用微分关系法绘制图示各梁的剪力图和弯矩图。

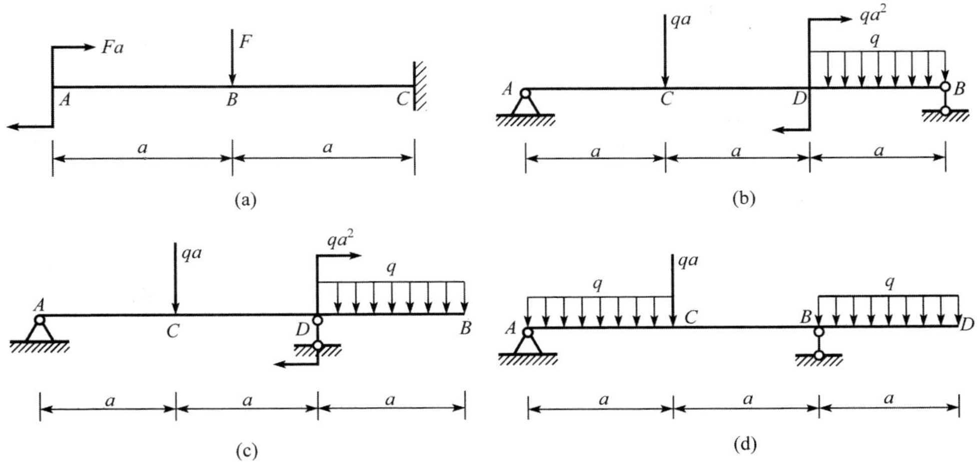

习题 4.4 图

解　(1) 题 (a) 解

1) 求特殊横截面上的内力值。将梁分为 AB、BC 两段，各段特殊横截面上的内力值为

$$F_{SA}^{R}=0,\ M_A^R=Fa,\ M_C=0$$

2) 绘内力图。根据图形规律绘出剪力图和弯矩图分别如习题 4.4 (a) 题解图 (b, c) 所示。

(2) 题 (b) 解

1) 求支座反力。由梁的平衡方程，求得支座反力为

$$F_A=0.5qa,\ F_B=1.5qa$$

2) 求特殊横截面上的内力值。将梁分为 AC、CD、DB 三段，各段特殊横截面上的内力值为

$$M_A=M_B=0$$

$$M_C=0.5qa\times a=0.5qa^2$$

$$M_D^L=0.5qa\times 2a-qa\times a=0$$

3) 绘内力图。根据图形规律绘出剪力图和弯矩图分别如习题 4.4 (b) 题解图 (b, c) 所示。

(3) 题 (c) 解

1) 求支座反力。由梁的平衡方程，求得支座反力为

$$F_A=-0.25qa,\ F_D=2.25qa$$

2) 求特殊横截面上的内力值。将梁分为 AC、CD、DB 三段，各段特殊横截面上的内力值为

$$F_{SB}=0$$

$$M_C=-0.25qa\times a=-0.25qa^2$$

$$M_D^L=-0.25qa\times 2a-qa\times a=-1.5qa^2$$

$$M_A = M_B = 0$$

3）绘内力图。根据图形规律绘出剪力图和弯矩图分别如习题 4.4（c）题解图（b，c）所示。

（4）题（d）解

1）求支座反力。由梁的平衡方程，求得支座反力为

$$F_A = qa,\ F_B = 2qa$$

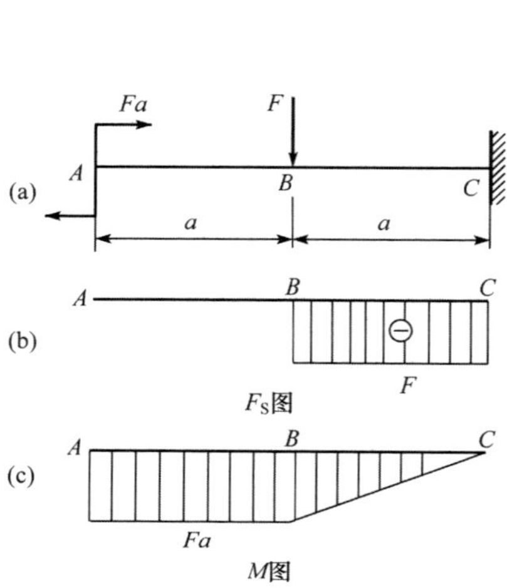

习题 4.4（a）题解图

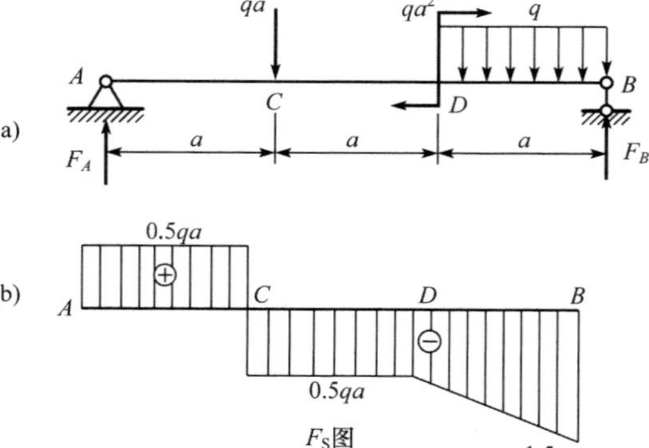

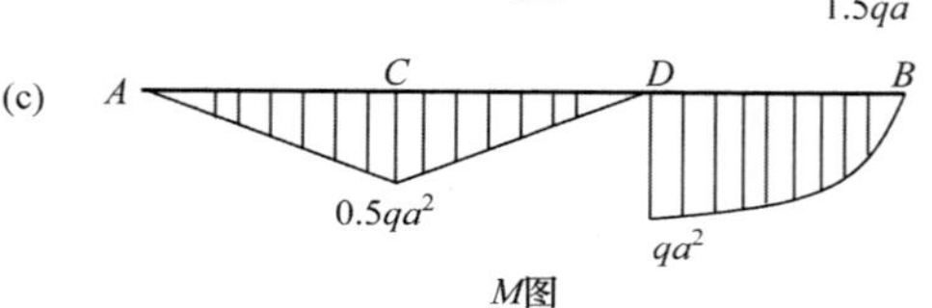

习题 4.4（b）题解图

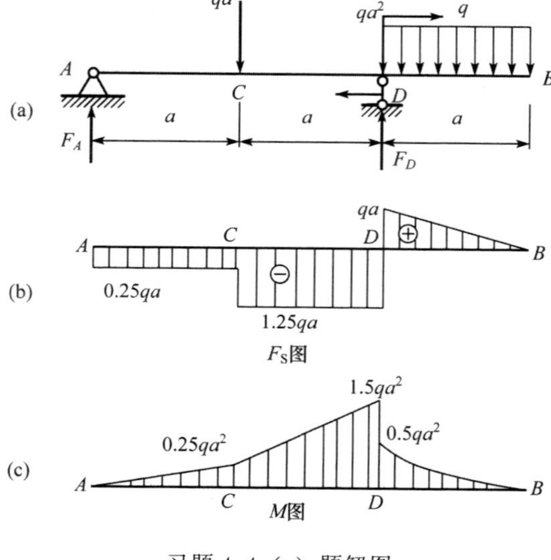

习题 4.4（c）题解图

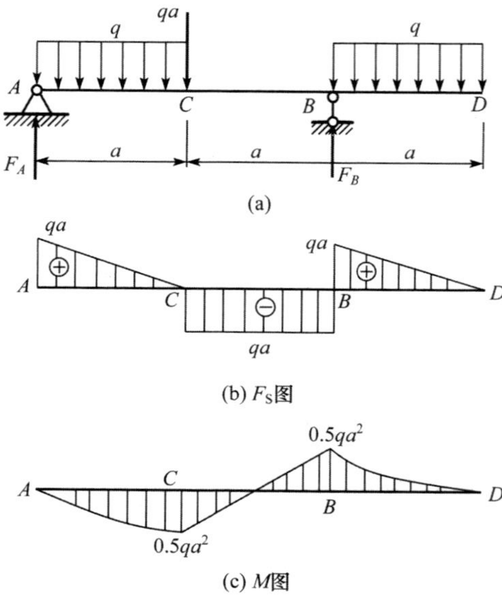

习题 4.4（d）题解图

2）求特殊横截面上的内力值。将梁分为 AC、CB、BD 三段，各段特殊横截面上的内力值为

$$F_{SC}^{L}=qa-q\times a=0$$
$$F_{SD}=0$$
$$M_C=qa\times a-q\times a\times 0.5a=0.5qa^2$$
$$M_B=-q\times a\times 0.5a=-0.5qa^2$$
$$M_A=M_D=0$$

3）绘内力图。根据图形规律绘出剪力图和弯矩图分别如习题 4.4（d）题解图（b，c）所示。

习题 4.5　已知简支梁的剪力图如图所示，梁上无外力偶作用。试绘制梁的弯矩图和荷载图。

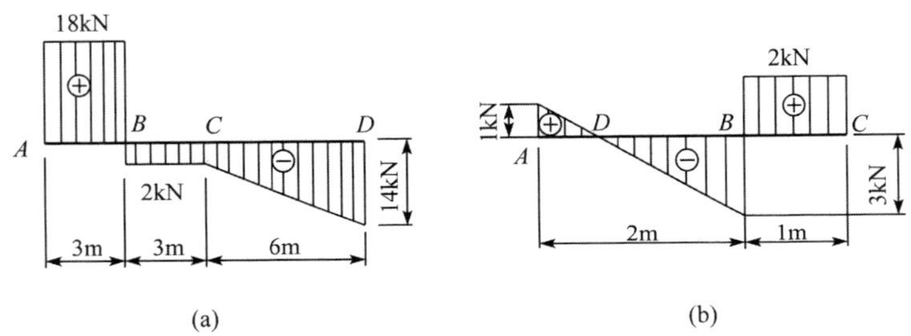

习题 4.5 图

解　（1）题（a）解

由于简支梁上无外力偶作用，故支座 A 处和 D 处的弯矩值为零。在 AB 梁段上剪力 $F_{SAB}=18\text{kN}$ 为常数，故弯矩图为向右下倾斜的直线，其斜率为 18kN，B 处弯矩为 $M_B=54\text{kN}\cdot\text{m}$。在 BC 梁段上剪力 $F_{SBC}=-2\text{kN}$ 为常数，故弯矩图为向右上倾斜的直线，其斜率为-2kN，C 处弯矩为 $M_C=48\text{kN}\cdot\text{m}$。在 CD 梁段上剪力图为向右下倾斜的直线，故弯矩图为下凸的抛物线。绘出梁的弯矩图如习题 4.5（a）题解图（b）所示。

在剪力图上 A、B、D 三处剪力值有突变，故此三处作用有集中力，集中力的值等于剪力的突变值，分别为

$$F_A=18\text{kN}\quad(\uparrow)$$
$$F_B=20\text{kN}\quad(\downarrow)$$
$$F_D=14\text{kN}\quad(\uparrow)$$

作用有集中力的 A、D 两处为支座。在 AB 和 BC 梁段上剪力为常数，故梁上无荷载作用。在 CD 梁段上剪力图为向右下倾斜的直线，斜率为 2kN/m，故梁上作用有向下的均布荷载，其集度为 $q=2\text{kN/m}$。绘出梁的荷载图如习题 4.5（a）题解图（c）所示。

（2）题（b）解

由于梁上无外力偶作用，故支座 A 处和 C 处的弯矩值为零。在 AB 梁段剪力图为向右下倾斜的直线，故弯矩图为下凸的抛物线；D 处剪力为零，故在 D 处产生弯矩的极值，其值为 AD 梁段上剪力图的面积，即 $M_D=0.25\text{kN}\cdot\text{m}$；$B$ 处弯矩值等于 AB 梁段上剪力图的

面积，即 $M_B=-2\text{kN}\cdot\text{m}$。在 BC 梁段上剪力 $F_{SBC}=2\text{kN}$ 为常数，故弯矩图为向右下倾斜的直线，其斜率为 2kN。绘出梁的弯矩图如习题 4.5（b）题解图（b）所示。

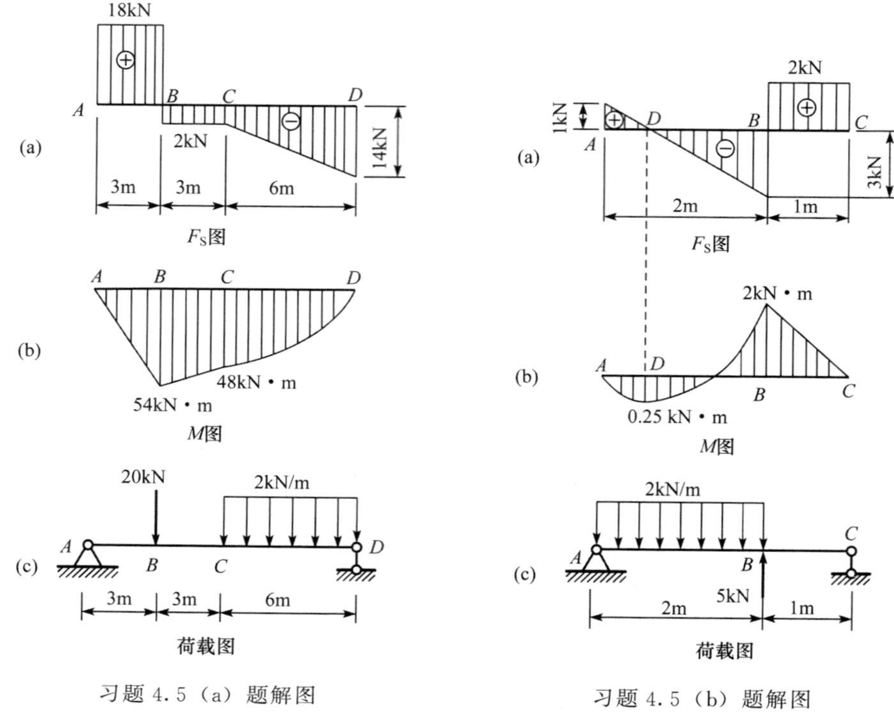

习题 4.5（a）题解图　　　　习题 4.5（b）题解图

在剪力图上 A、B、C 三处剪力值有突变，故此三处作用有集中力，集中力的值等于剪力的突变值，分别为

$$F_A = 1\text{kN} \quad (\uparrow)$$
$$F_B = 5\text{kN} \quad (\uparrow)$$
$$F_C = 2\text{kN} \quad (\downarrow)$$

作用有集中力的 A、C 两处为支座。AB 梁段的剪力图为向右下倾斜的直线，斜率为 2kN/m，故梁上作用有向下的均布荷载，其集度为 $q=2\text{kN/m}$。在 BC 梁段上剪力为常数，故梁上无荷载作用。绘出梁的荷载图如习题 4.5（b）题解图（c）所示。

习题 4.6　已知简支梁的弯矩图如图所示，试绘制梁的剪力图和荷载图。

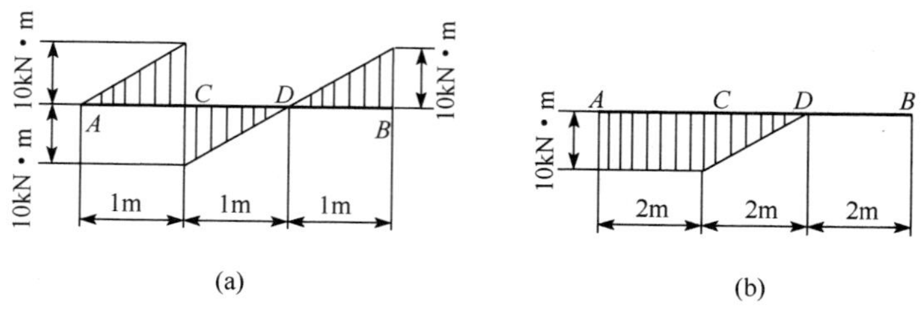

习题 4.6 图

解 （1）题（a）解

简支梁 AB 的弯矩图均为向右上倾斜的直线，斜率为 -10kN，故 AB 梁上剪力为 $F_S=-10\text{kN}$。绘出梁的剪力图如习题 4.6（a）题解图（b）所示。

在弯矩图上 C、B 两处弯矩值有向下的突变，故两处作用有顺时针方向的集中力偶，集中力偶的值等于弯矩的突变值，分别为

$$M_C = 20\text{kN}\cdot\text{m},\ M_B = 10\text{kN}\cdot\text{m}$$

绘出梁的荷载图如习题 4.6（a）题解图（c）所示。

（2）题（b）解

AC、DB 梁段的弯矩为常数，故剪力为零。CD 梁段的弯矩图为向右上倾斜的直线，斜率为 -5kN，故 CD 梁上剪力为 $F_S=-5\text{kN}$。绘出梁的剪力图如习题 4.6（b）题解图（b）所示。

在弯矩图上 A 处弯矩值有向下的突变，故 A 处作用有顺时针方向的集中力偶，集中力偶的值等于弯矩的突变值，即 $M_A=10\text{kN}\cdot\text{m}$；在 C、D 两处，剪力有突变，故在 C、D 两处梁上作用有集中力，其值为

$$F_C = 10\text{kN}\quad(\downarrow)$$

$$F_D = 10\text{kN}\quad(\uparrow)$$

绘出梁的荷载图如习题 4.6（b）题解图（c）所示。

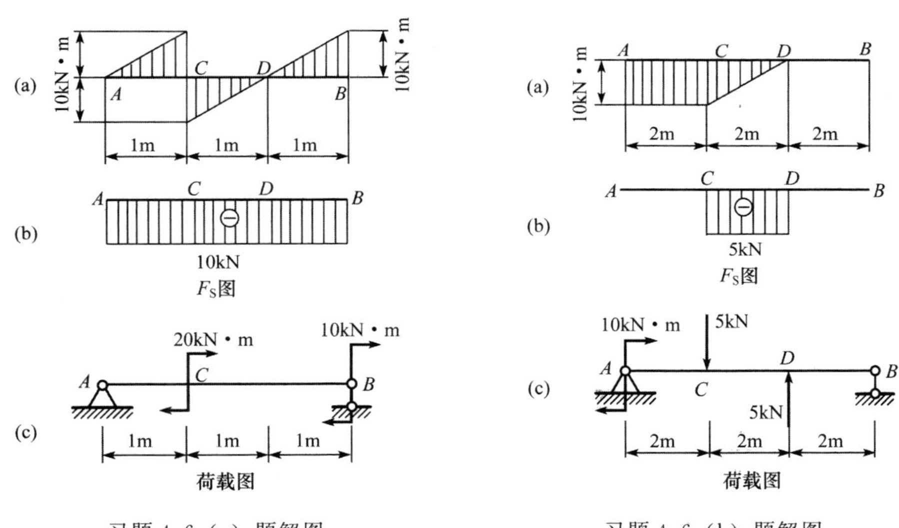

习题 4.6（a）题解图　　　　习题 4.6（b）题解图

习题 4.7 试用微分关系法和区段叠加法绘制图示各梁的剪力图和弯矩图。

解 （1）题（a）解

1）求支座反力。由梁的平衡方程，求得支座反力为

$$F_A = 8\text{kN},\ M_A = -6\text{kN}\cdot\text{m}$$

2）用微分关系法绘制剪力图和弯矩图。梁 AB 特殊横截面上的内力值为

$$F_{SB} = 0,\ M_A^R = -6\text{kN}\cdot\text{m},\ M_B^L = 10\text{kN}\cdot\text{m}$$

根据图形规律绘出剪力图和弯矩图分别如习题 4.7（a）题解图（b，c）所示。

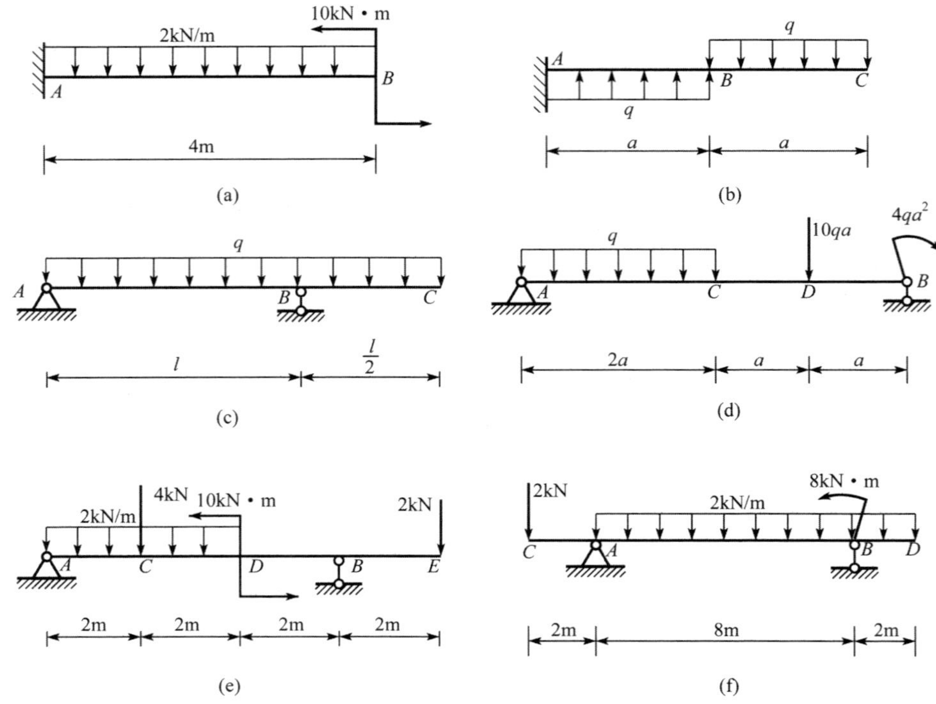

习题 4.7 图

3）用区段叠加法绘制弯矩图。梁 AB 控制截面 A、B 上的弯矩值已在上面求出，叠加过程及弯矩图如习题 4.7（a）题解图（d）所示。

（2）题（b）解

1）求支座反力。由梁的平衡方程，求得支座反力为

$$F_A = 0,\ M_A = -qa^2$$

2）用微分关系法绘制剪力图和弯矩图。将梁分为 AB、BC 两段，各段特殊横截面上的内力值为

$$F_{SA} = F_A = 0,\ F_{SB} = qa,\ F_{SC} = 0$$

$$M_A^R = -qa^2$$

$$M_B = -q \times a \times 0.5a = -0.5qa^2$$

$$M_C = 0$$

根据图形规律绘出剪力图和弯矩图分别如习题 4.7（b）题解图（b，c）所示。

3）用区段叠加法绘制弯矩图。仍将梁分为 AB、BC 两段，各段控制截面 A、B、C 上的内力值已在上面求出，叠加过程及弯矩图如习题 4.7（b）题解图（d）所示。

（3）题（c）解

1）求支座反力。由梁的平衡方程，求得支座反力为

$$F_A = 0.375ql,\ F_B = 1.125ql$$

2）用微分关系法绘制剪力图和弯矩图。将梁分为 AB、BC 两段，各段特殊横截面上的内力值为

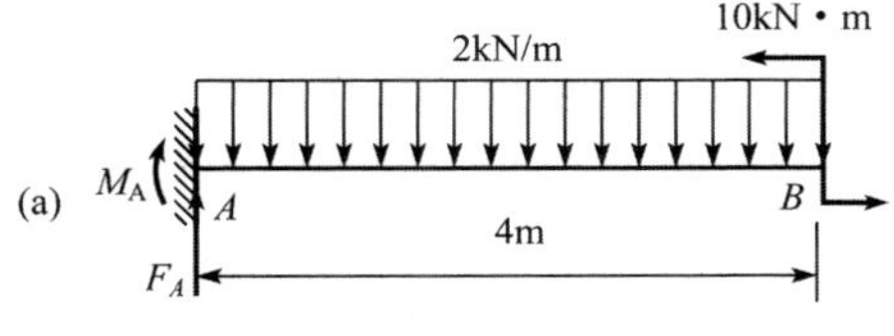

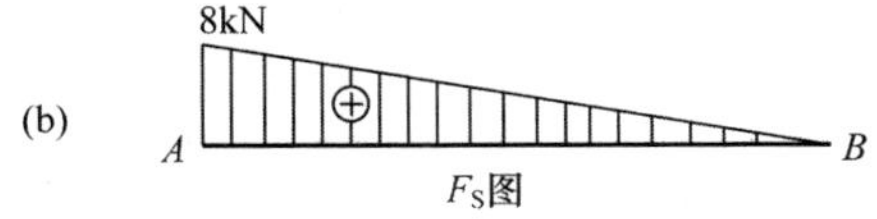

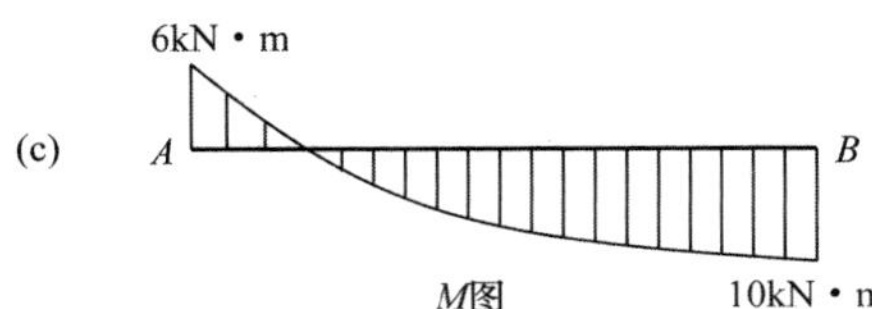

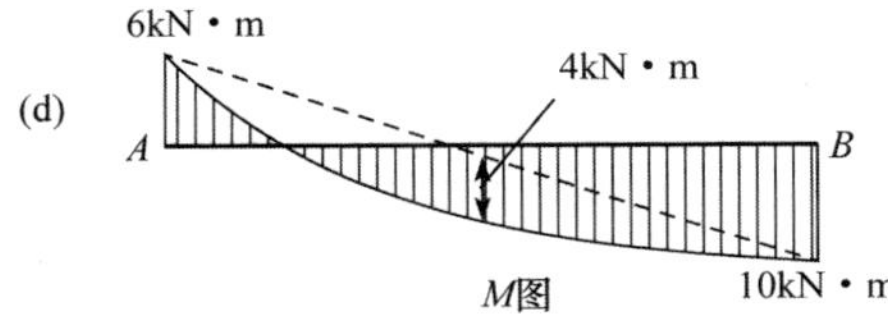

习题 4.7（a）题解图

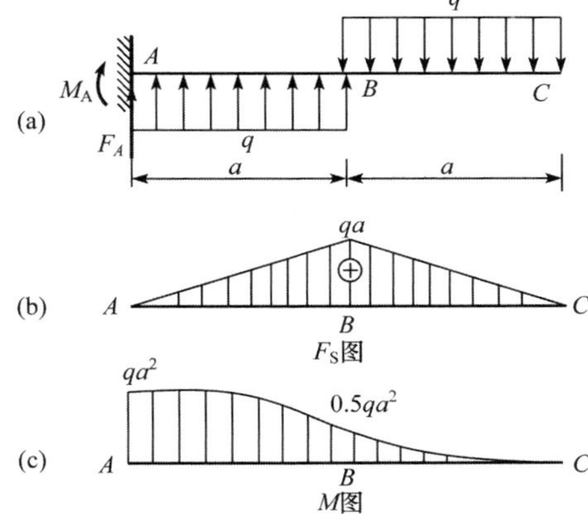

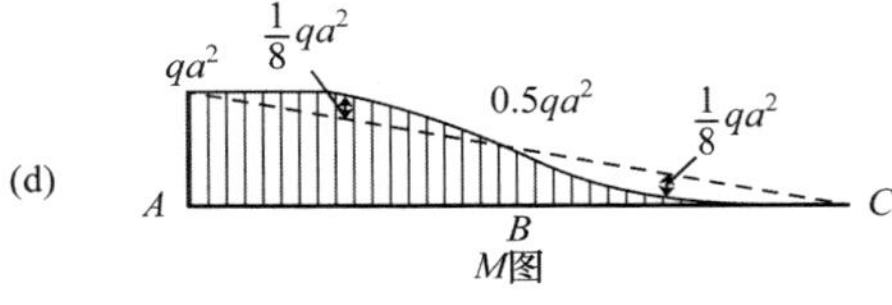

习题 4.7（b）题解图

$$F_{SB}^{L} = 0.375ql - ql = -\frac{5}{8}ql$$

$$F_{SC} = 0$$

$$M_A = M_C = 0$$

$$M_D = 0.375ql \times \frac{3}{8}l - q \times \frac{3}{8}l \times \frac{3}{16}l = \frac{9}{128}ql^2$$

$$M_B = -q \times \frac{1}{2}l \times \frac{1}{4}l = -\frac{1}{8}ql^2$$

根据图形规律绘出剪力图和弯矩图分别如习题 4.7（c）题解图（b，c）所示。

3）用区段叠加法绘制弯矩图。仍将梁分为 AB、BC 两段，各段控制截面 A、B、C 上的内力值已在上面求出，叠加过程及弯矩图如习题 4.7（c）题解图（d）所示。

（4）题（d）解

1）求支座反力。由梁的平衡方程，求得支座反力为

$$F_A = 3qa，F_B = 9qa$$

2）用微分关系法绘制剪力图和弯矩图。将梁分为 AC、CD、DB 三段，各段特殊横截面上的内力值为

$$F_{SC} = 3qa - q \times 2a = qa$$

$$M_A = 0$$

$$M_C = 3qa \times 2a - q \times 2a \times a = 4qa^2$$

$$M_D = 3qa \times 3a - q \times 2a \times 2a = 5qa^2$$

$$M_B^L = -4qa^2$$

根据图形规律绘出剪力图和弯矩图分别如习题 4.7（d）题解图（b，c）所示。

3）用区段叠加法绘制弯矩图。仍将梁分为 AC、CD、DB 三段，各段控制截面 A、C、D、B 上的内力值已在上面求出，叠加过程及弯矩图如习题 4.7（d）题解图（d）所示。

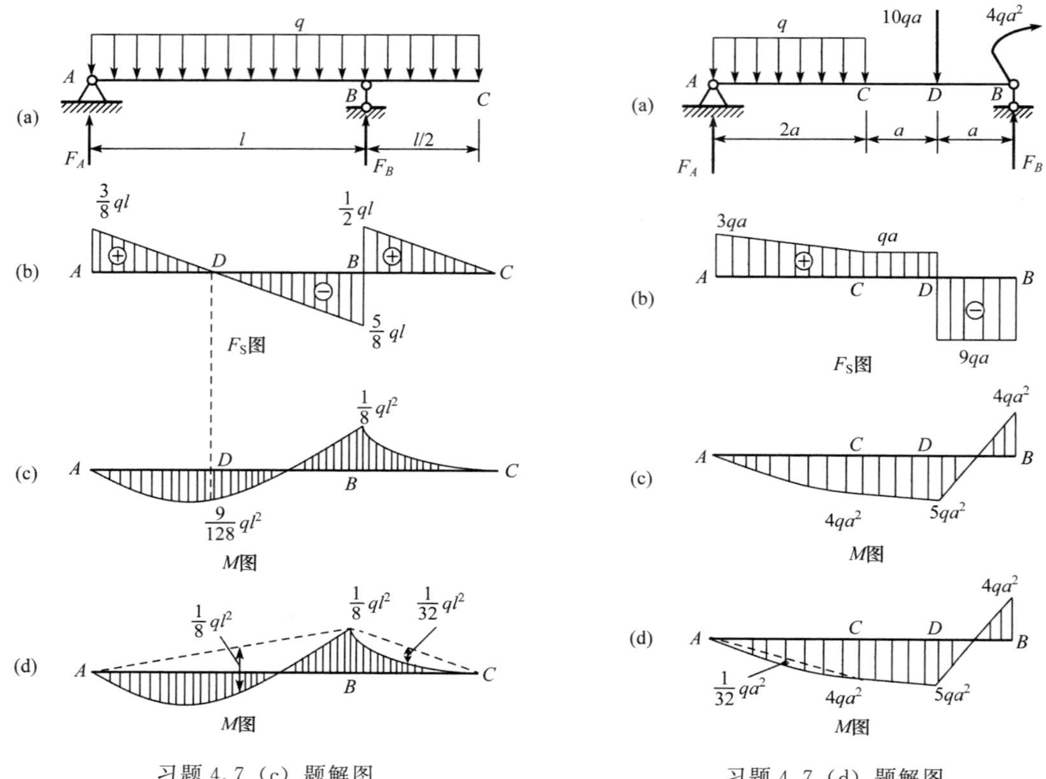

习题 4.7（c）题解图　　　　习题 4.7（d）题解图

（5）题（e）解

1）求支座反力。由梁的平衡方程，求得支座反力为

$$F_A = 9\text{kN},\ F_B = 5\text{kN}$$

2）用微分关系法绘制剪力图和弯矩图。将梁分为 AC、CD、DB、BE 四段，各段特殊横截面上的内力值为

$$F_{SC}^{L} = 9\text{kN} - 2\text{kN/m} \times 2\text{m} = 5\text{kN}$$

$$F_{SD} = 9\text{kN} - 2\text{kN/m} \times 4\text{m} - 4\text{kN} = -3\text{kN}$$

$$M_A = M_E = 0$$

$$M_C = 9\text{kN} \times 2\text{m} - 2\text{kN/m} \times 2\text{m} \times 1\text{m} = 14\text{kN}\cdot\text{m}$$

$$M_F = 9\text{kN} \times 2.5\text{m} - 2\text{kN/m} \times 2.5\text{m} \times 1.25\text{m} - 4\text{kN} \times 0.5\text{m} = 14.25\text{kN}\cdot\text{m}$$

$$M_D^{L} = 9\text{kN} \times 4\text{m} - 2\text{kN/m} \times 4\text{m} \times 2\text{m} - 4\text{kN} \times 2\text{m} = 12\text{kN}\cdot\text{m}$$

$$M_B = -2\text{kN} \times 2\text{m} = -4\text{kN}\cdot\text{m}$$

根据图形规律绘出剪力图和弯矩图分别如习题 4.7（e）题解图（b，c）所示。

3）用区段叠加法绘制弯矩图。仍将梁分为 AC、CD、DB、BE 四段，各段控制截面 A、C、D、B、E 上的内力值已在上面求出，叠加过程及弯矩图如习题 4.7（e）题解图

(d) 所示。

(6) 题 (f) 解

1) 求支座反力。由梁的平衡方程，求得支座反力为

$$F_A = F_B = 11\text{kN}$$

2) 用微分关系法绘制剪力图和弯矩图。将梁分为 CA、AB、BD 三段，各段特殊横截面上的内力值为

$$F_{SB}^{L} = -2\text{kN} + 11\text{kN} - 2\text{kN/m} \times 8\text{m} = -7\text{kN}$$

$$F_{SD} = 0$$

$$M_C = M_D = 0$$

$$M_A = -2\text{kN} \times 2\text{m} = -4\text{kN} \cdot \text{m}$$

$$M_E = -2\text{kN} \times 6.5\text{m} + 11\text{kN} \times 4.5\text{m} - 2\text{kN/m} \times 4.5\text{m} \times 2.25\text{m} = 16.25\text{kN} \cdot \text{m}$$

$$M_D^{L} = -2\text{kN} \times 10\text{m} + 11\text{kN} \times 8\text{m} - 2\text{kN/m} \times 8\text{m} \times 4\text{m} = 4\text{kN} \cdot \text{m}$$

根据图形规律绘出剪力图和弯矩图分别如习题 4.7 (f) 题解图 (b, c) 所示。

3) 用区段叠加法绘制弯矩图。仍将梁分为 CA、AB、BD 三段，各段控制截面 C、A、B、D 上的内力值已在上面求出，叠加过程及弯矩图如习题 4.7 (f) 题解图 (d) 所示。

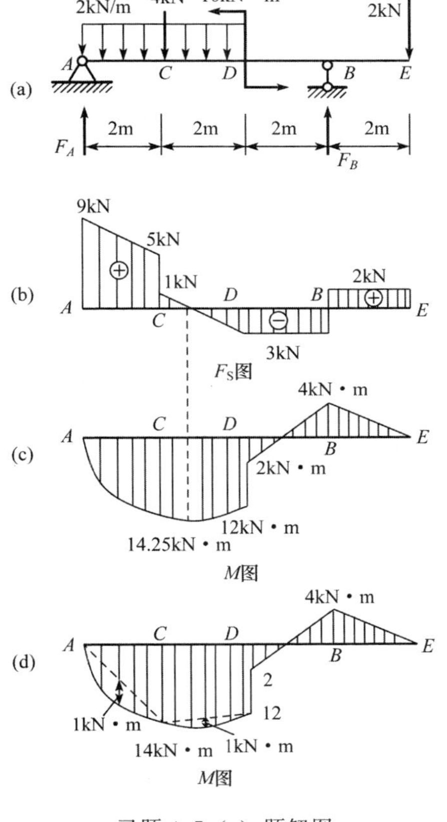

习题 4.7 (e) 题解图

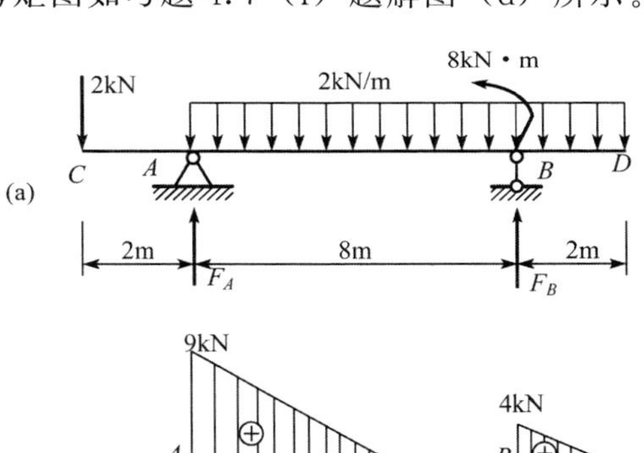

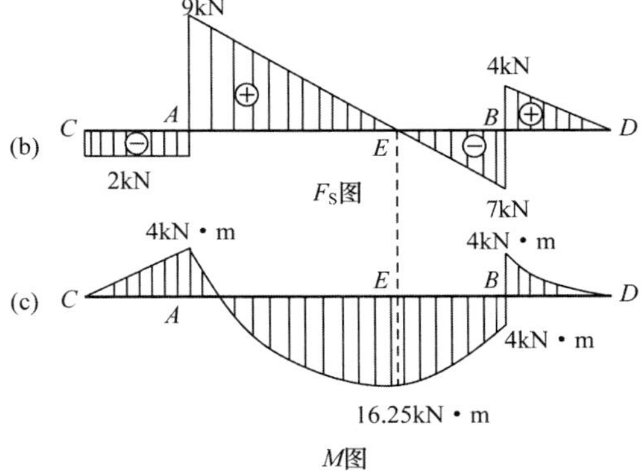

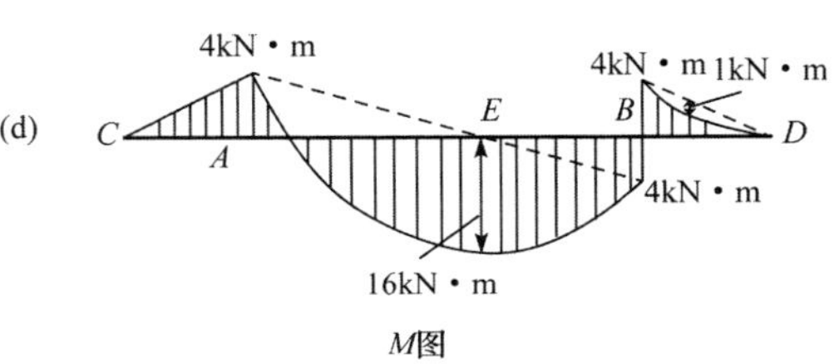

习题 4.7 (f) 题解图

第五章　弯曲应力

内容总结

1. 梁横截面上的正应力

（1）正应力计算公式

$$\sigma = \frac{My}{I_z}$$

式中：M——横截面上的弯矩；

y——横截面上待求应力点至中性轴的距离；

I_z——横截面对中性轴的惯性矩。

最大正应力发生在横截面的上、下边缘处，其值为

$$\sigma_{\max} = \frac{M}{W_z}$$

式中：W_z——横截面对中性轴的弯曲截面系数。

（2）常见简单截面的惯性矩和弯曲截面系数

截面	惯性矩	弯曲截面系数
矩形（宽 b，高 h，形心 O，轴 z、y）	$I_z = \frac{bh^3}{12}$ $I_y = \frac{hb^3}{12}$	$W_z = \frac{bh^2}{6}$ $W_y = \frac{hb^2}{6}$

续表

截面	惯性矩	弯曲截面系数
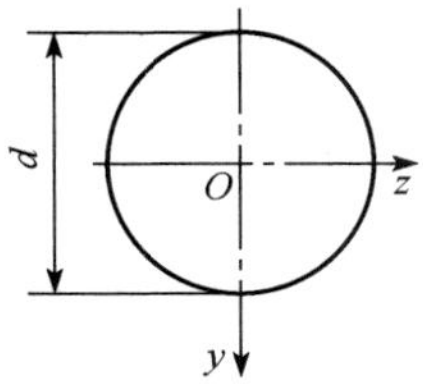 圆形	$I_z = I_y = \frac{\pi d^4}{64}$	$W_z = W_y = \frac{\pi d^3}{32}$
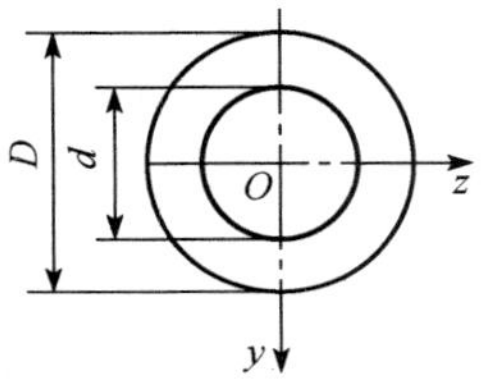 圆环形	$I_z = I_y = \frac{\pi D^4(1-\alpha^4)}{64}$ $\left(\alpha = \frac{d}{D}\right)$	$W_z = W_y = \frac{\pi D^3(1-\alpha^4)}{32}$ $\left(\alpha = \frac{d}{D}\right)$

2. 梁横截面上的切应力

（1）矩形截面梁

横截面上的切应力为

$$\tau = \frac{F_S S_z^*}{I_z b}$$

最大切应力发生在中性轴上，其值为

$$\tau_{max} = \frac{3}{2} \times \frac{F_S}{bh}$$

式中：F_S——横截面上的剪力；

S_z^*——横截面上欲求切应力处横线以外部分面积对中性轴的静矩；

I_z——横截面对中性轴的惯性矩；

b、h——横截面的宽度和高度。

（2）工字形截面梁

腹板上的切应力可按矩形截面梁横截面上的切应力公式计算。横截面上的最大切应力发生在中性轴上，其值为

$$\tau_{max} \approx \frac{F_S}{A_f}$$

式中：A_f——腹板的面积。

（3）圆形截面梁

横截面上的最大切应力发生在中性轴上，其值为

$$\tau_{\max} = \frac{4}{3} \times \frac{F_S}{A}$$

式中：A——横截面面积。

（4）薄壁圆环形截面梁

横截面上的最大切应力发生在中性轴上，其值为

$$\tau_{\max} = 2\frac{F_S}{A}$$

式中：A——横截面面积。

3. 梁的强度条件

（1）正应力强度条件

$$\sigma_{\max} = \frac{M_{\max}}{W_z} \leqslant [\sigma]$$

或

$$\left.\begin{aligned} \sigma_{\text{tmax}} \leqslant [\sigma_t] \\ \sigma_{\text{cmax}} \leqslant [\sigma_c] \end{aligned}\right\}$$

式中：$[\sigma]$、$[\sigma_t]$、$[\sigma_c]$——分别为材料的许用正应力、许用拉应力和许用压应力。

（2）切应力强度条件

$$\tau_{\max} = \frac{F_{\text{Smax}} S_{z\max}^{*}}{I_z b} \leqslant [\tau]$$

式中：$[\tau]$——材料的许用切应力。

4. 非对称截面梁的平面弯曲和弯曲中心

（1）非对称截面梁的平面弯曲和弯曲中心的概念

若梁横截面无对称轴，或虽有一个对称轴，但外力作用于与纵向对称面垂直的平面内。这种梁称为非对称截面梁。

非对称截面梁在纯弯曲情况下，若外力偶作用于梁的形心主惯性平面内，或作用于与其平行的平面内，则梁仍发生平面弯曲。在横力弯曲情况下，横向力必须作用于与梁的形心主惯性平面平行的某一特定平面内，梁才会发生平面弯曲。如果横向力不是作用于这一特定平面内，例如作用于形心主惯性平面内，则梁在发生弯曲的同时，还会发生扭转。上述特定平面通过的横截面上的特定点称为截面的弯曲中心。弯曲中心的位置与荷载无关，它是截面的一个几何性质。

（2）开口薄壁截面的弯曲中心

对于开口薄壁截面梁，因其扭转刚度较小，故应使荷载通过截面的弯曲中心，以免发生扭转变形而引起破坏。

常见开口薄壁截面的弯曲中心位置列于下表。

截面形状	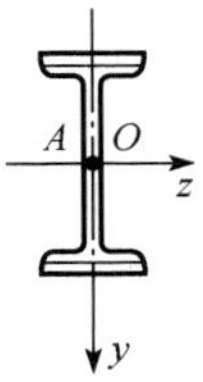	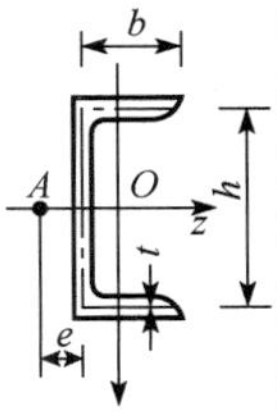	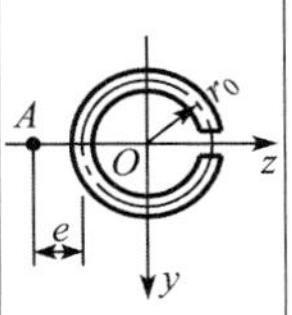	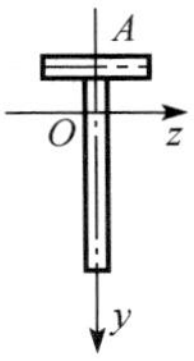	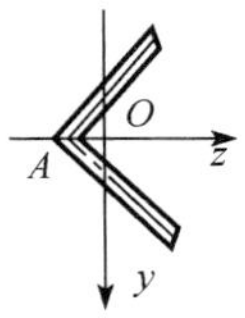	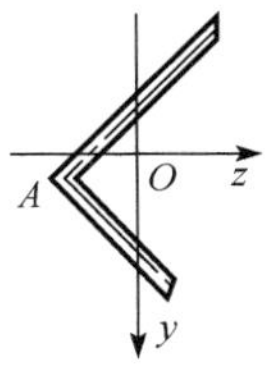	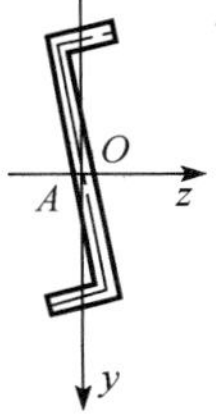
弯曲中心A的位置	与形心重合	$e=\frac{b^2h^2t}{4I_z}$	$e=r_0$	在两个狭长矩形中线的交点			与形心重合

5. 梁的极限弯矩

(1) 极限弯矩和塑性铰

横截面上的正应力全部达到材料的屈服极限 σ_s 时的弯矩 M_u 称为极限弯矩。

在弯矩达到极限弯矩时，整个横截面为塑性区域，此时即使弯矩不再增大，变形也将继续进行。梁将围绕该横截面的中性轴发生转动，如同在该横截面处出现了一个铰，通常把这种因横截面上的应力全部达到屈服极限时而产生的铰称为塑性铰。

由于塑性铰的存在，梁成为了几何形状可变的结构，不能再继续工作，该状态称为极限状态。

(2) 极限设计的强度条件

梁的极限设计的强度条件为

$$M_{umax} \leqslant [M_u] = W_s[\sigma]$$

式中：W_s——塑性弯曲截面系数。

$$W_s = S_t + S_c$$

式中：S_t、S_c——分别为横截面上受拉部分的面积 A_t 和受压部分的面积 A_c 对中性轴的静矩。

典型例题

例 5.1　将厚度 $d=2$mm 的弹簧钢片卷成为内径 $D=800$mm 的圆形（图 5.1），若此时弹簧钢片内的应力仍保持在弹性范围内，已知材料的弹性模量 $E=210$GPa，试求钢片内的最大正应力。

分析　将厚度 d 的弹簧钢片卷成为内径 D 的圆形后，则中性轴的曲率半径为 $\rho=\frac{D+d}{2}$，弹簧钢片的最大应变为 $\varepsilon_{max}=\frac{y}{\rho}=\frac{d}{2\rho}$，根据胡克定律即可求得片内的最大正应力。

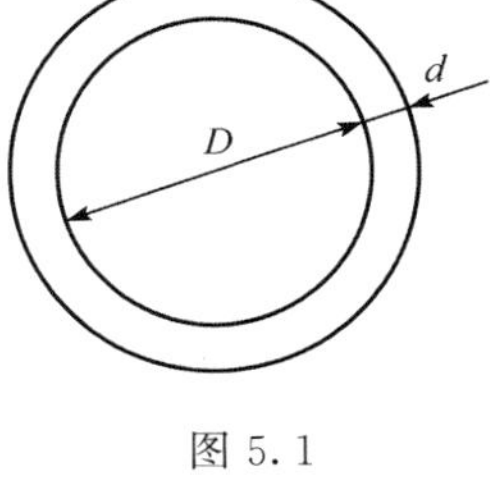

图 5.1

解　中性轴的曲率半径为

$$\rho = \frac{d+D}{2}$$

弹簧钢片的最大应变为

$$\varepsilon_{\max} = \frac{y}{\rho} = \frac{d}{2\rho}$$

钢片内的最大正应力为

$$\sigma_{\max} = E\varepsilon_{\max} = E\frac{d}{D+d} = 210 \times 10^9\,\text{Pa} \times \frac{2}{800+2} = 523.7 \times 10^6\,\text{Pa} = 523.7\text{MPa}$$

例 5.2 一厚度为 t，宽度为 b 的直薄钢条，夹在半径为 R 的刚性座上，钢条伸出夹子的长度为 $4a$，如图所示。假定 $a \ll R$ 和 $t \ll R$，现在钢条的外伸端 A 加力，试问钢条 BC（$BC=a$）段与刚性座接触时，加在 A 端的力 F 应为多大。设钢条的弹性模量为 E。

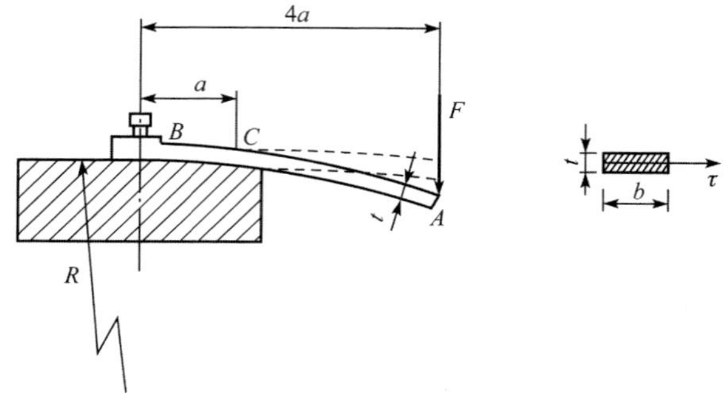

图 5.2

分析 若使钢条 BC 段与刚性底座接触，则应使钢条变形后的曲率半径与刚性座的半径相同，由钢条变形后的曲率半径可求出钢条的弯矩，由弯矩可求出作用于 A 端的力 F 的大小。

解 因 $a \ll R$，故钢条属于小变形，因而有

$$\frac{1}{\rho} = \frac{M}{EI_z} \tag{a}$$

由 $t \ll R$，钢条 BC 段的曲率半径为

$$\rho = R + \frac{t}{2} \approx R$$

C 截面上的弯矩为

$$M = F \times 3a$$

代入式（a），求得力 F 为

$$F = \frac{EI_z}{3a\rho} = \frac{E\dfrac{bt^3}{12}}{3aR} = \frac{Ebt^3}{36aR}$$

例 5.3 T 字形截面梁的截面尺寸如图 5.3 所示。若梁危险截面上的正弯矩 $M=30\text{kN}\cdot\text{m}$，试求：

1）截面上的最大拉应力和最大压应力；

2）证明截面上拉应力之和等于压应力之和，而其组成的合力矩等于截面上的弯矩。

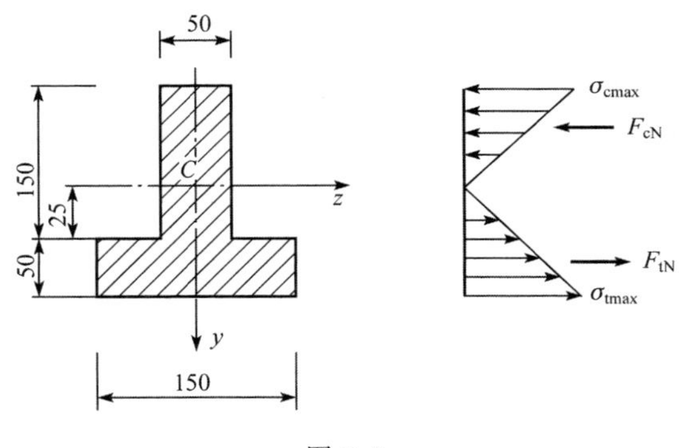

图 5.3

分析　根据梁横截面正应力计算公式和 T 字形截面尺寸可求出最大拉应力和最大压应力。根据梁横截面上应力分布规律可求出拉应力和压应力的合力，两个合力组成一力偶，该力偶的力偶矩与截面上的弯矩相等。

解　1）求最大拉应力和最大压应力。截面对中性轴的惯性矩为

$$I_z = \left[\frac{150 \times 50^3}{12} + 50 \times 150 \times (25+25)^2 + \frac{50 \times 150^3}{12} + 50 \times 150 \times 50^2\right] \times 10^{-12}\text{m}^4$$
$$= 53.13 \times 10^{-6}\text{m}^4$$

最大拉应力发生在截面下边缘处，其值为

$$\sigma_{tmax} = \frac{My_2}{I_z} = \frac{30 \times 10^3\text{N} \cdot \text{m} \times 0.075\text{m}}{53.13 \times 10^{-6}\text{m}^4} = 42.35 \times 10^6\text{Pa} = 42.35\text{MPa}$$

最大压应力发生在截面上边缘处，其值为

$$\sigma_{cmax} = \frac{My_1}{I_z} = \frac{30 \times 10^3\text{N} \cdot \text{m} \times 0.125\text{m}}{53.13 \times 10^{-6}\text{m}^4} = 70.58 \times 10^6\text{Pa} = 70.58\text{MPa}$$

2）应力合成。拉应力和压应力的合力分别为

$$F_{tN} = \frac{30 \times 10^3\text{N} \cdot \text{m}}{53.13 \times 10^{-6}\text{m}^4} \times \left[\left(\int_0^{0.025} 0.05y\text{d}y + \int_{0.025}^{0.075} 0.15y\text{d}y\right)\text{m}^3\right] = 220.6\text{kN}$$

$$F_{cN} = \frac{1}{2} \times 70.58 \times 10^6\text{Pa} \times 50 \times 10^{-3}\text{m} \times 125 \times 10^{-3}\text{m} = 220.6\text{kN}$$

合力矩为

$$M_z = \frac{30 \times 10^3\text{N} \cdot \text{m}}{53.13 \times 10^{-6}\text{m}^4} \times \left[\left(\int_{0.025}^{0.075} 0.15y^2\text{d}y + \int_{-0.125}^{0.025} 0.05y^2\text{d}y\right)\text{m}^4\right] = 30\text{kN} \cdot \text{m} = M$$

例 5.4　两个矩形截面的简支木梁，其跨度、荷载及截面面积都相同，一个是整体，另一个是由两根方木叠置而成（二方木之间不加任何联系）。试问此两个梁中横截面上正应力沿截面高度的分布规律有何不同？并分别计算两个梁中的最大正应力。

分析　当梁由两根方木叠置而成且二方木之间不加任何联系时，相当于两个相同的梁，每个梁承担的弯矩为全部弯矩的 1/2；在这种情况下由于减小了截面的高度，弯曲截面系数减小，因此应力的最大值会相应增大。

解　整体时正应力分布规律如图 5.4（b）所示。叠放时两方木单独承载，其正应力分布规律如图 5.4（c）所示。

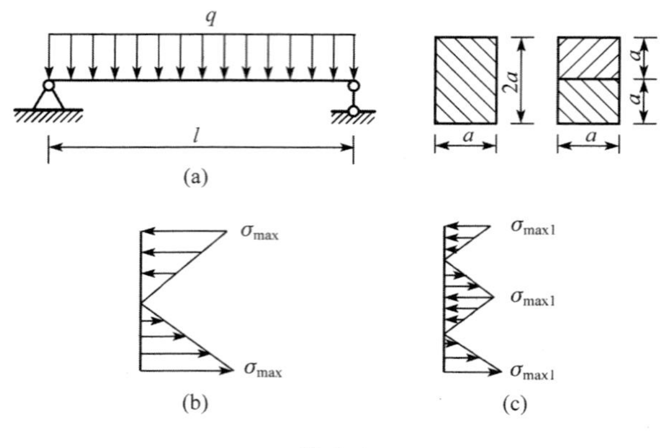

图 5.4

梁中最大弯矩为

$$M_{max} = \frac{1}{8}ql^2$$

弯曲截面系数为

整体时：

$$W_z = \frac{a}{6}(2a)^2 = \frac{2}{3}a^3$$

叠放时，每一部分：

$$W_{z1} = \frac{a^3}{6}$$

最大正应力为

整体时：

$$\sigma_{max} = \frac{M_{max}}{W_z} = \frac{\frac{1}{8}ql^2}{\frac{2}{3}a^3} = \frac{3ql^2}{16a^3}$$

叠放时：

$$\sigma_{max1} = \frac{\frac{M_{max}}{2}}{W_{z1}} = \frac{\frac{1}{16}ql^2}{\frac{a^3}{6}} = \frac{3ql^2}{8a^3}$$

例 5.5 图 5.5（a）为左端嵌固、右端用螺栓连接的悬臂梁（加螺栓后，上下两梁可近似地视为一整体），梁上作用有均布荷载。已知 $l=2\text{m}$，$a=80\text{mm}$，$b=100\text{mm}$，$q=2\text{kN/m}$，螺栓的许用切应力 $[\tau]=80\text{MPa}$，试求螺栓的直径 d（不考虑两梁间的摩擦）。

分析 两梁叠放不加螺栓时，在荷载作用下上下两梁要发生错动。加螺栓后，两梁作为一整体发生变形，螺栓限制了两梁的相对错动，两梁的接触面为中性层，中性层上要承受剪力作用，中性层上切应力的合力即为螺栓的受力。

解 1）求中性层上切应力的合力。梁任一横截面上的剪力为

$$F_S(x) = qx$$

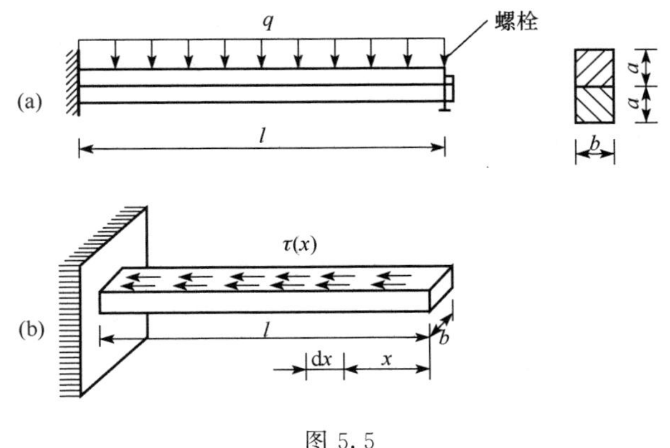

图 5.5

任一横截面上的最大切应力为

$$\tau(x)=\frac{3}{2}\frac{F_S(x)}{A}=\frac{3}{2}\frac{qx}{2ab}=\frac{3q}{4ab}x$$

由图 5.5（b），中性层上切应力的合力为

$$F_{SR}=\int_0^l \tau(x)b\,dx=\int_0^l \frac{3qb}{4ab}x\,dx=\frac{3ql^2}{8a}$$

2）求螺栓的直径。由螺栓的剪切强度条件

$$\tau=\frac{F_{SR}}{\frac{\pi d^2}{4}}\leqslant[\tau]$$

得

$$d\geqslant\sqrt{\frac{3ql^2}{2a\pi[\tau]}}=0.0244\text{m}$$

思考题解答

思考题 5.1　梁的横截面上一般存在哪两种应力？它们分别由哪种内力引起？

解　梁的横截面上一般存在着正应力 σ 和切应力 τ，它们分别由弯矩 M 和剪力 F_S 引起。

思考题 5.2　什么是中性层？什么是中性轴？如何确定中性轴的位置？

解　梁在发生弯曲变形时，梁中存在着一层既不受压缩、又不受拉伸的纤维，这一层纤维称为中性层。中性层与横截面的交线称为中性轴。过横截面形心且与横截面纵向对称轴垂直的直线即为中性轴。

思考题 5.3　梁的正应力在横截面上如何分布？

解　梁的正应力沿横截面宽度均匀分布，各点处的正应力与该点到中性轴的距离成正比；中性轴两侧，一侧受拉，另一侧受压，中性轴上各点处的正应力为零，横截面上、下边缘各点处的正应力最大。

思考题 5.4　在推导矩形截面梁的切应力时作了什么假设？切应力在横截面上的分布规

律是什么？

解 在推导矩形截面梁的切应力时作了如下的假设：横截面上各点处的切应力的方向都平行于横截面的侧边，并沿横截面宽度均匀分布。

矩形截面梁横截面上的切应力沿截面高度按抛物线规律变化。在上、下边缘处的切应力为零，在中性轴处的切应力最大。

思考题 5.5 工字形截面梁的切应力分布规律是什么？

解 工字形截面由上、下翼缘和中间腹板组成［思考题 5.5 题解图 (a)］。翼缘上的切应力的数值比腹板上切应力的数值小许多，一般忽略不计。腹板上的切应力可按矩形截面切应力计算公式进行计算，其切应力分布如思考题 5.5 题解图 (b) 所示。最大切应力仍然发生在中性轴上各点处。在腹板与翼缘交接处，由于翼缘面积对中性轴的静矩仍然有一定值，所以切应力较大。腹板上的切应力接近于均匀分布。

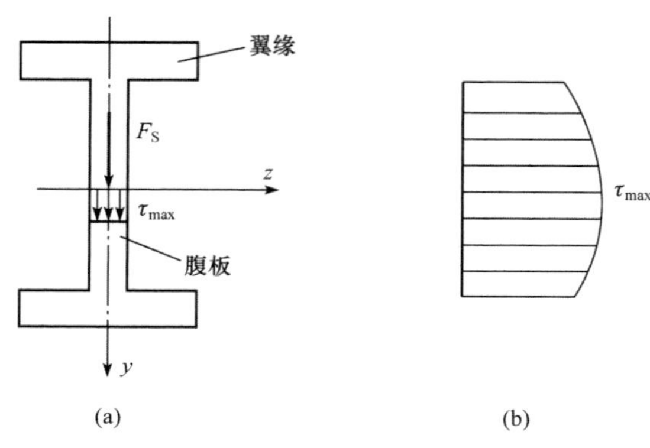

思考题 5.5 题解图

思考题 5.6 梁内的主要应力是什么？在什么情况下还要进行切应力强度计算？

解 因为一般梁的跨度远大于其截面的高度，所以梁内的主要应力是正应力。

以下三种情况还需进行切应力强度计算：

①对于薄壁截面梁，例如自行焊接的工字形截面梁等；

②对于最大弯矩较小而最大剪力却很大的梁，例如跨度与横截面高度比值较小的短粗梁、集中荷载作用在支座附近的梁等；

③对于木梁，由于木材顺纹的抗剪能力很差，当横截面上切应力很大时，木梁也可能沿中性层发生剪切破坏。

思考题 5.7 提高梁弯曲强度的主要措施有哪些？选取梁合理截面的原则是什么？

解 提高梁弯曲强度的主要措施有：

①合理布置梁的支座和荷载；

②采用合理的截面；

③采用变截面梁。

选取梁合理截面的原则是将材料配置于离中性轴较远处；对于脆性材料，采用不对称于中性轴的横截面。

思考题 5.8 若梁在 xy 平面（x 为杆轴线）内承受弯矩 $M(x)$，试问对于图示各种截

面（图中 C 为截面形心），哪些能用公式 $\sigma=\dfrac{M(x)y}{I_z}$ 计算正应力，哪些则不能，为什么？

解　图（a，d）所示截面能用公式 $\sigma=\dfrac{M(x)y}{I_z}$ 计算正应力，因为发生的是平面弯曲。图（b，c，e）所示截面不能用公式 $\sigma=\dfrac{M(x)y}{I_z}$ 计算正应力，因为力偶作用面不是梁的形心主惯性平面，发生的都不是平面弯曲。

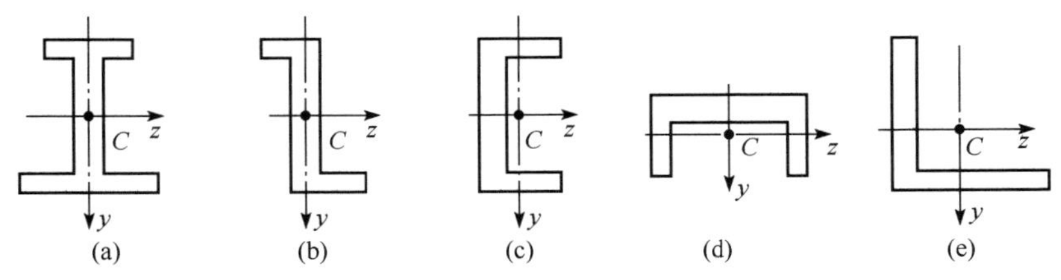

思考题 5.8 图

思考题 5.9　确定开口薄壁截面弯曲中心位置的几个简单规则是什么？

解　确定开口薄壁截面弯曲中心位置的几个简单规则如下：

1）若截面具有两个对称轴或反对称轴，则弯曲中心与形心重合。

2）若截面具有一个对称轴，则弯曲中心必在此对称轴上。

3）若截面是由中心线相交于一点的两个狭长矩形所组成，则此交点即是弯曲中心。

思考题 5.10　极限设计为什么可以提高承载能力？

解　在强度计算中，当梁的最大应力达到材料的许用应力时，即认为梁不能再继续承载。实际上梁横截面上的正应力是线性分布的，当边缘处的应力达到许用应力时，横截面内部各点处的应力都小于许用应力，对于塑性材料，该截面仍可继续承载，只有当横截面上各点处的应力都达到许用应力时，才达到不能继续承载的极限状态，因此极限设计法能提高梁的承载能力。

习题解答

习题 5.1～习题 5.5　梁横截面上的应力

习题 5.1　图示悬臂梁受集中力 $F=10\text{kN}$ 和均布荷载 $q=28\text{kN/m}$ 作用。试求根部横截面 A 上 a、b、c、d 四点处的正应力。

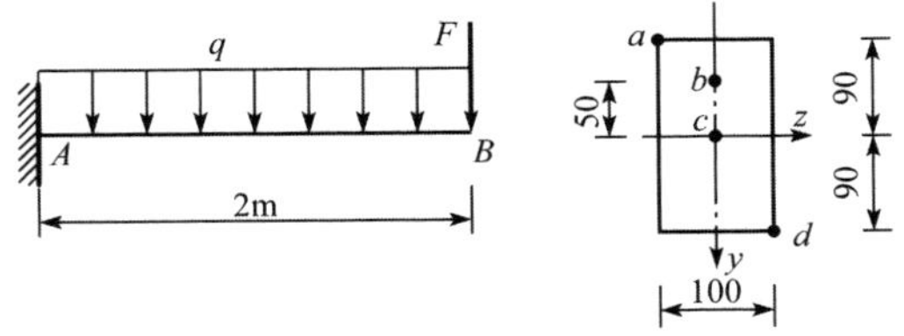

习题 5.1 图

解 梁根部横截面 A 上的弯矩为 $M=-76\text{kN}\cdot\text{m}$。由梁弯曲时横截面上的正应力计算公式得

$$\sigma_a=\frac{My_a}{I_z}=\frac{My_a}{\frac{bh^3}{12}}=\frac{76\times10^3\,\text{N}\cdot\text{m}\times90\times10^{-3}\,\text{m}}{\frac{1}{12}\times100\times180^3\times10^{-12}\,\text{m}^4}$$

$$=140.7\times10^6\,\text{Pa}=140.7\text{MPa}(拉)$$

$$\sigma_b=\frac{My_b}{I_z}=\frac{My_b}{\frac{bh^3}{12}}=\frac{76\times10^3\,\text{N}\cdot\text{m}\times50\times10^{-3}\,\text{m}}{\frac{1}{12}\times100\times180^3\times10^{-12}\,\text{m}^4}$$

$$=78.2\times10^6\,\text{Pa}=78.2\text{MPa}(拉)$$

$$\sigma_c=0$$

$$\sigma_d=\frac{My_d}{I_z}=\frac{My_d}{\frac{bh^3}{12}}=\frac{76\times10^3\,\text{N}\cdot\text{m}\times90\times10^{-3}\,\text{m}}{\frac{1}{12}\times100\times180^3\times10^{-12}\,\text{m}^4}$$

$$=140.7\times10^6\,\text{Pa}=140.7\text{MPa}(压)$$

习题 5.2 一外径为 250mm，壁厚为 10mm，长度为 $l=12\text{m}$ 的铸铁水管，两端搁置在支座上，管中充满着水，如图所示。已知铸铁的容重 $\gamma=76.5\text{kN/m}^3$。试求管内最大拉、压应力的值。

解 1）确定梁的计算简图。水管可简化为受均布荷载 q 作用的简支梁（习题 5.2 题解图），均布荷载 q 为水管和水的自重，其值为

$$q=\frac{\pi}{4}(D^2-d^2)\gamma+\frac{\pi}{4}d^2\gamma_{水}$$

$$=\frac{\pi}{4}\times[(0.25\text{m})^2-(0.23\text{m})^2]\times76.5\text{kN/m}^3+\frac{\pi}{4}\times(0.23\text{m})^2\times9.8\text{kN/m}^3$$

$$=0.98\text{kN/m}$$

2）求管内最大拉、压应力的值。管中最大弯矩为

$$M_{\max}=\frac{1}{8}ql^2=\frac{1}{8}\times0.98\text{kN/m}\times(12\text{m})^2=17.64\text{kN}\cdot\text{m}$$

管内最大拉、压应力的值为

$$\sigma_{\text{tmax}}=\sigma_{\text{cmax}}=\frac{M_{\max}}{W_z}=\frac{M_{\max}}{\frac{\pi D^3(1-\alpha^4)}{32}}=\frac{17.64\times10^3\,\text{N}\cdot\text{m}}{\frac{\pi}{32}\times(0.25\text{m})^3\times\left[1-\left(\frac{0.23}{0.25}\right)^4\right]}$$

$$=40.5\times10^6\,\text{Pa}=40.5\text{MPa}$$

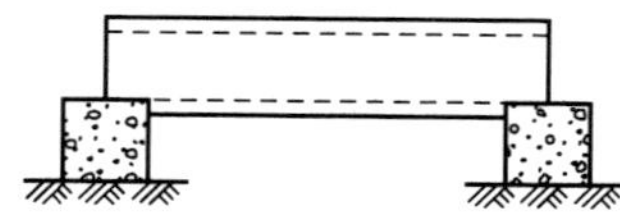

习题 5.2 图

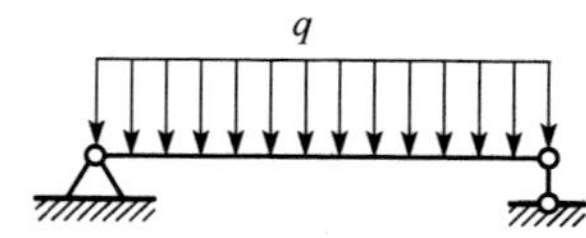

习题 5.2 题解图

习题 5.3 T 形截面外伸梁的受力情况及截面尺寸如图所示。试求梁的最大拉应力和最大压应力。

解 1）确定最大弯矩及其所在截面。绘制梁的内力图如习题 5.3 题解图（b，c）所

示。由图可知，梁的最大负弯矩发生在截面 B 上，其值为 $M_B=11.25\text{kN}\cdot\text{m}$；梁的最大正弯矩发生在截面 D 上，其值为 $M_D=25.88\text{kN}\cdot\text{m}$。

2）计算截面几何参数。

$$y_1=\frac{150\times50\times25\text{mm}^3+200\times50\times150\text{mm}^3}{150\times50\text{mm}^2+200\times50\text{mm}^2}=96.4\text{mm}$$

$$y_2=250\text{mm}-96.4\text{mm}=153.6\text{mm}$$

$$I_z=\frac{150\times50^3\text{mm}^4}{12}+150\times50\times71.4^2\text{mm}^4+\frac{50\times200^3\text{mm}^4}{12}+200\times50\times53.6^2\text{mm}^4$$
$$=101.86\times10^6\text{mm}^4$$

3）计算最大拉应力和最大压应力。

$$\sigma_{tB}=\frac{M_1y_1}{I_z}=\frac{11.25\times10^3\text{N}\cdot\text{m}\times96.4\times10^{-3}\text{m}}{101.86\times10^{-6}\text{m}^4}$$
$$=10.6\times10^6\text{Pa}=10.6\text{MPa}$$

$$\sigma_{cB}=\frac{M_1y_2}{I_z}=\frac{11.25\times10^3\text{N}\cdot\text{m}\times153.6\times10^{-3}\text{m}}{101.86\times10^{-6}\text{m}^4}$$
$$=17.0\times10^6\text{Pa}=17.0\text{MPa}$$

$$\sigma_{tD}=\frac{M_2y_2}{I_z}=\frac{25.88\times10^3\text{N}\cdot\text{m}\times153.6\times10^{-3}\text{m}}{101.86\times10^{-6}\text{m}^4}$$
$$=39.0\times10^6\text{Pa}=39.0\text{MPa}$$

$$\sigma_{cD}=\frac{M_2y_1}{I_z}=\frac{25.88\times10^3\text{N}\cdot\text{m}\times96.4\times10^{-3}\text{m}}{101.86\times10^{-6}\text{m}^4}$$
$$=24.5\times10^6\text{Pa}=24.5\text{MPa}$$

由以上计算结果可知，梁的最大拉应力和最大压应力分别为

$$\sigma_{\text{tmax}}=\sigma_{tD}=39.0\text{MPa},\ \sigma_{\text{cmax}}=\sigma_{cD}=24.5\text{MPa}$$

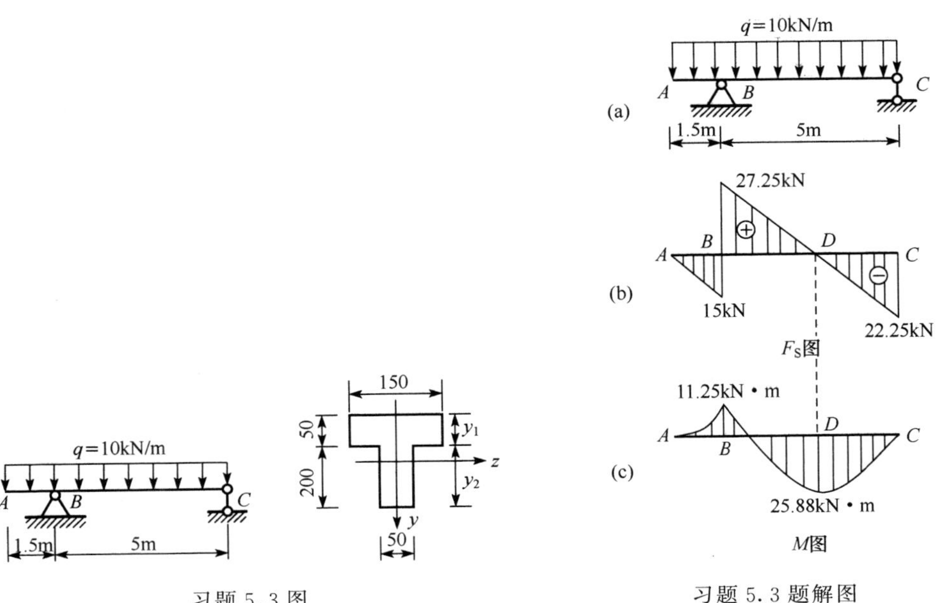

习题 5.3 图

习题 5.3 题解图

习题 5.4 图示简支梁受集中力作用。试求：

1）D 截面上 a 点处的切应力 τ_a；

2）全梁的最大切应力。

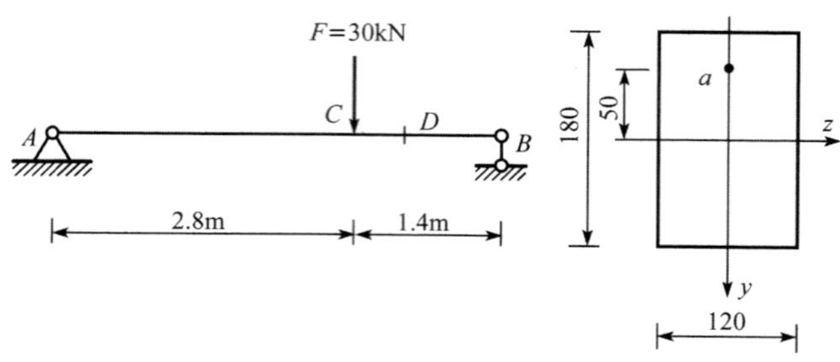

习题 5.4 图

解 1）计算 D 截面上的剪力。绘制梁的剪力图，由图可知 D 截面上的剪力为

$$F_{SD} = F_{S\max} = 20\text{kN}$$

2）计算 D 截面上 a 点处的切应力 τ_a。

$$\tau_a = \frac{F_{SD}S_{za}^*}{I_z b} = \frac{20\times10^3\text{N}\times0.04\text{m}\times0.12\text{m}\times0.07\text{m}}{\dfrac{0.12\text{m}\times(0.18\text{m})^3}{12}\times0.12\text{m}}$$

$$= 0.96\times10^6\text{Pa} = 0.96\text{MPa}$$

3）计算全梁的最大切应力 $\tau_{\max}$。

$$\tau_{\max} = \frac{3}{2}\times\frac{F_{SD}}{A} = \frac{3}{2}\times\frac{20\times10^3\text{N}}{0.12\text{m}\times0.18\text{m}}$$

$$= 1.39\times10^6\text{Pa} = 1.39\text{MPa}$$

习题 5.5 图示简支梁用 28a 号工字钢制成。在均布荷载 q 的作用下，已知梁内最大正应力 $\sigma_{\max}=120\text{MPa}$，试求梁内的最大切应力。

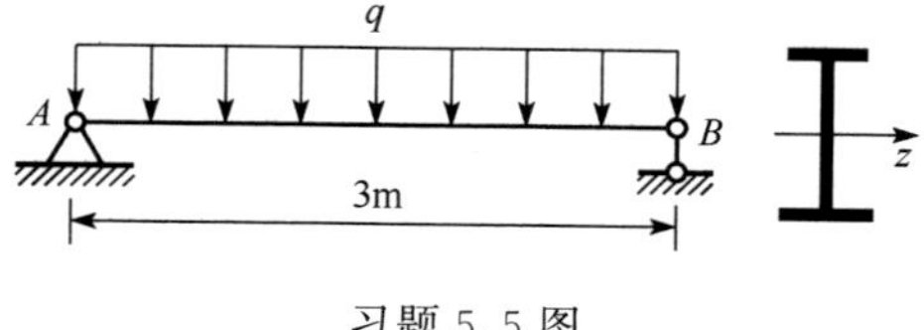

习题 5.5 图

解 1）求 28a 号工字钢的截面几何参数。查型钢规格表，得

$$W_z = 508.15\text{cm}^3,\ I_z:S_z = 24.62\text{cm},\ b = 8.5\text{mm}$$

2）求梁的均布荷载集度 q。由梁内最大正应力 $\sigma_{\max}$ 的计算公式

$$\sigma_{\max} = \frac{M_{\max}}{W_z} = \frac{ql^2}{8W_z}$$

得

$$q = \frac{8\sigma_{\max}W_z}{l^2} = \frac{8\times120\times10^6\text{Pa}\times508.15\times10^{-6}\text{m}^3}{(3\text{m})^2}$$

$$= 54.2\times10^3\text{N/m} = 54.2\text{kN/m}$$

3）求梁内的最大切应力。受均布荷载作用的简支梁，其最大剪力发生在两端支座的内侧截面上，其值为

$$F_{Smax} = \frac{1}{2}ql = \frac{1}{2} \times 54.2\text{kN/m} \times 3\text{m} = 81.3\text{kN}$$

故梁内的最大切应力为

$$\tau_{max} \approx \frac{F_{Smax}}{A_f} = \frac{81.3 \times 10^3\text{N}}{(280 - 2 \times 13.7) \times 8.5 \times 10^{-6}\text{m}^2}$$
$$= 37.9 \times 10^6\text{Pa} = 37.9\text{MPa}$$

习题 5.6～习题 5.18　梁的强度

习题 5.6　图示为槽形截面悬臂梁。已知材料的许用应力 $[\sigma_t] = 35\text{MPa}$，　$[\sigma_c] = 120\text{MPa}$，试校核梁的正应力强度。

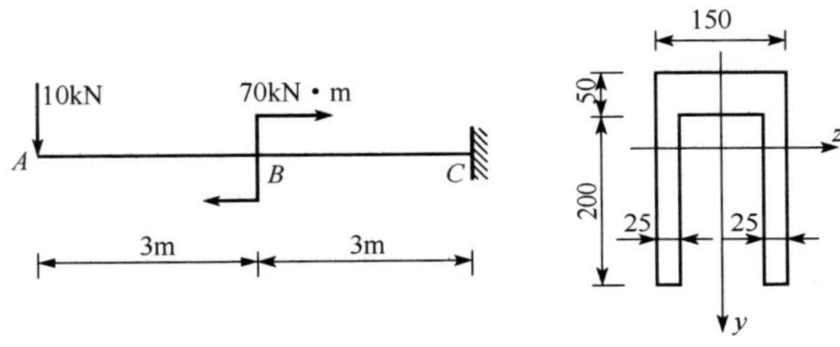

习题 5.6 图

解　1）计算梁的最大弯矩。绘制梁的弯矩图如习题 5.6 题解图（b）所示。由图可知，梁的最大负弯矩为 $M_1 = 30\text{kN} \cdot \text{m}$，梁的最大正弯矩为 $M_2 = 40\text{kN} \cdot \text{m}$。

2）计算截面的几何参数。上、下边缘到中性轴的距离分别为

$$y_1 = \frac{150 \times 250 \times 125\text{mm}^3 - 200 \times 100 \times 150\text{mm}^3}{150 \times 250\text{mm}^2 - 200 \times 100\text{mm}^2} = 96.4\text{mm}$$

$$y_2 = 250\text{mm} - 96.4\text{mm} = 153.6\text{mm}$$

惯性矩为

$$I_z = \frac{150 \times 250^3\text{mm}^4}{12} + 150 \times 250 \times 28.6^2\text{mm}^4 - \frac{100 \times 200^3\text{mm}^4}{12} - 200 \times 100 \times 53.6^2\text{mm}^4$$
$$= 101.86 \times 10^6\text{mm}^4$$

3）计算最大拉应力和最大压应力。

$$\sigma_{tmax1} = \frac{M_1 y_1}{I_z} = \frac{30 \times 10^3\text{N} \cdot \text{m} \times 96.4 \times 10^{-3}\text{m}}{101.86 \times 10^{-6}\text{m}^4} = 28.4 \times 10^6\text{Pa} = 28.4\text{MPa}$$

$$\sigma_{cmax1} = \frac{M_1 y_2}{I_z} = \frac{30 \times 10^3\text{N} \cdot \text{m} \times 153.6 \times 10^{-3}\text{m}}{101.86 \times 10^{-6}\text{m}^4} = 45.2 \times 10^6\text{Pa} = 45.2\text{MPa}$$

$$\sigma_{tmax2} = \frac{M_2 y_2}{I_z} = \frac{40 \times 10^3\text{N} \cdot \text{m} \times 153.6 \times 10^{-3}\text{m}}{101.86 \times 10^{-6}\text{m}^4} = 60.3 \times 10^6\text{Pa} = 60.3\text{MPa}$$

$$\sigma_{cmax2} = \frac{M_2 y_1}{I_z} = \frac{40 \times 10^3\text{N} \cdot \text{m} \times 96.4 \times 10^{-3}\text{m}}{101.86 \times 10^{-6}\text{m}^4} = 37.9 \times 10^6\text{Pa} = 37.9\text{MPa}$$

由以上计算可知，梁的最大拉应力和最大压应力分别为

$$\sigma_{tmax} = 60.3\text{MPa}，\sigma_{cmax} = 45.2\text{MPa}$$

4）强度校核。因

$$\sigma_{tmax} = 60.3\text{MPa} > [\sigma_t] = 35\text{MPa}，\sigma_{cmax} = 45.2\text{MPa} < [\sigma_c] = 120\text{MPa}$$

故该梁满足压应力强度条件，不满足拉应力强度条件。

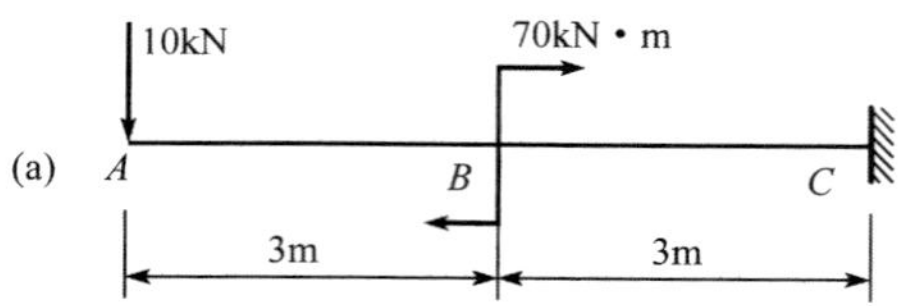

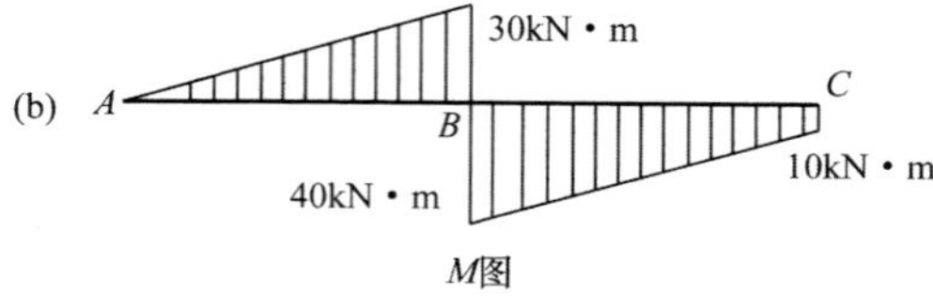

习题 5.6 题解图

习题 5.7 图示外伸梁受集中力作用。已知材料的许用应力 $[\sigma]=160\text{MPa}$，$[\tau]=85\text{MPa}$，试设计工字钢的型号。

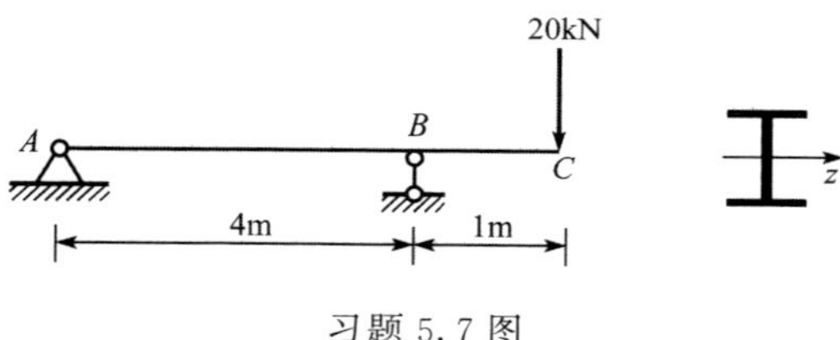

习题 5.7 图

解 1）计算梁的最大内力。绘制梁的内力图，梁的最大剪力为 $F_{Smax}=20\text{kN}$，梁的最大弯矩为 $M_{max}=20\text{kN}\cdot\text{m}$。

2）由正应力强度条件设计工字钢的型号。由

$$\sigma_{max} = \frac{M_{max}}{W_z} \leqslant [\sigma]$$

得

$$W_z \geqslant \frac{M_{max}}{[\sigma]} = \frac{20\times10^3\text{N}\cdot\text{m}}{160\times10^6\text{Pa}} = 125\times10^{-6}\text{m}^3$$

查型钢规格表，选用 16 号工字钢，其 $W_z=141\times10^{-6}\text{m}^3$，可满足要求。

3）校核切应力强度。16 号工字钢梁的最大切应力为

$$\tau_{max} \approx \frac{F_{Smax}}{A_f} = \frac{20\times10^3\text{N}}{(160-2\times9.9)\times6\times10^{-6}\text{m}^2}$$

$$= 23.8\times10^6\text{Pa} = 23.8\text{MPa} < [\tau] = 65\text{MPa}$$

满足切应力强度条件，故可选用 16 号工字钢。

习题 5.8　试为图示施工用的钢轨枕木设计矩形截面尺寸。已知矩形截面的宽高比为 $b:h=3:4$，枕木的许用应力 $[\sigma]=15.6\text{MPa}$，$[\tau]=1.7\text{MPa}$，钢轨传给枕木的压力 $F=49\text{kN}$。

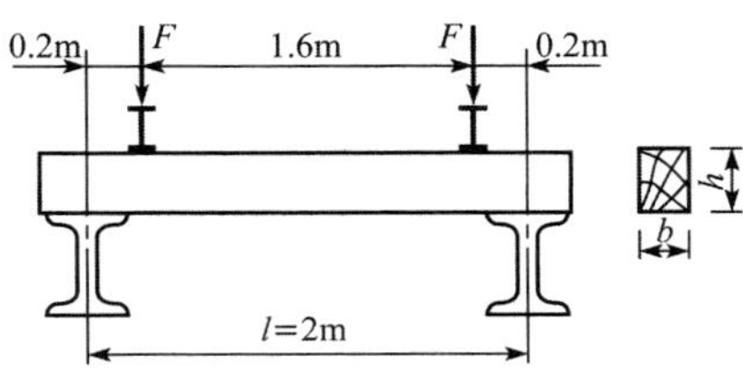

习题 5.8 图

解　1）计算梁的最大内力。绘制梁的内力图，梁的最大剪力为 $F_{\text{Smax}}=49\text{kN}$，梁的最大弯矩为 $M_{\max}=9.8\text{kN}\cdot\text{m}$。

2）由正应力强度条件设计枕木截面尺寸。由

$$\sigma_{\max}=\frac{M_{\max}}{W_z}=\frac{M_{\max}}{\frac{bh^2}{6}}=\frac{54M_{\max}}{16b^3}\leqslant[\sigma]$$

得

$$b\geqslant\sqrt[3]{\frac{54M_{\max}}{16[\sigma]}}=\sqrt[3]{\frac{54\times9.8\times10^3\text{N}\cdot\text{m}}{16\times15.6\times10^6\text{Pa}}}=128\times10^{-3}\text{m}=128\text{mm}$$

取 $b=128\text{mm}$，则 $h=170\text{mm}$。

3）校核切应力强度。因

$$\tau_{\max}=\frac{3}{2}\times\frac{F_{\text{Smax}}}{A}=\frac{3}{2}\times\frac{49\times10^3\text{N}}{0.128\text{m}\times0.170\text{m}}$$

$$=3.4\times10^6\text{Pa}=3.4\text{MPa}>[\tau]=1.7\text{MPa}$$

故不满足切应力强度条件。需由切应力强度条件重新设计枕木截面尺寸。

4）由切应力强度条件设计枕木截面尺寸。由

$$\tau_{\max}=\frac{3}{2}\times\frac{F_{\text{Smax}}}{A}=\frac{3}{2}\times\frac{F_{\text{Smax}}}{bh}=\frac{9F_{\text{Smax}}}{8b^2}<[\tau]$$

得

$$b\geqslant\sqrt{\frac{2F_{\text{Smax}}}{[\tau]}}=\sqrt{\frac{9\times49\times10^3\text{N}}{8\times1.7\times10^6\text{Pa}}}=0.18\text{m}=180\text{mm}$$

取 $b=180\text{mm}$，则 $h=240\text{mm}$。

习题 5.9　由工字钢制成的简支梁受力如图所示。已知材料的许用应力 $[\sigma]=170\text{MPa}$，$[\tau]=100\text{MPa}$，试设计工字钢的型号。

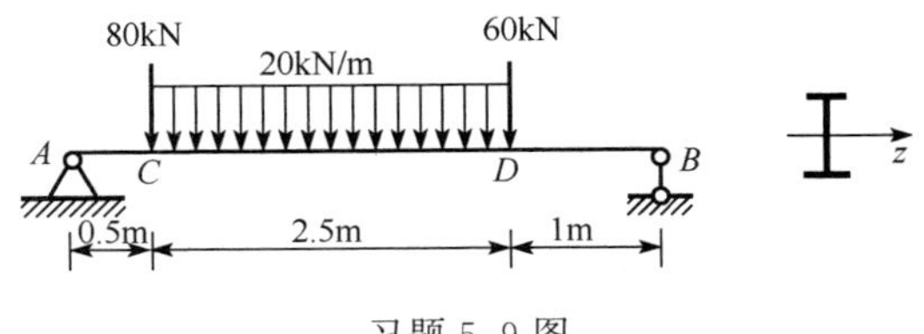

习题 5.9 图

解 1）计算梁的最大内力。绘制梁的内力图［习题 5.9 题解图（b，c）］，由图可知梁的最大剪力和最大弯矩分别为

$$F_{\max} = 113.1\text{kN}, M_{\max} = 84.0\text{kN} \cdot \text{m}$$

2）由正应力强度条件设计工字钢型号。由

$$\sigma_{\max} = \frac{M_{\max}}{W_z} \leqslant [\sigma]$$

得

$$W_z \geqslant \frac{M_{\max}}{[\sigma]} = \frac{84.0 \times 10^3 \text{kN} \cdot \text{m}}{170 \times 10^6 \text{Pa}} = 494.12 \times 10^{-6} \text{m}^3 = 494.12\text{cm}$$

查型钢规格表，选用 28a 号工字钢，其 $W_z = 508.15\text{cm}^3$，可满足要求。

3）校核切应力强度。因

$$\tau_{\max} \approx \frac{F_{\text{Smax}}}{A_f} = \frac{113.1 \times 10^3 \text{N}}{(280 - 2 \times 13.7) \times 8.5 \times 10^{-6} \text{m}^2}$$

$$= 52.7 \times 10^6 \text{Pa} = 52.7\text{MPa} < [\tau] = 100\text{MPa}$$

满足切应力强度条件，故可选用 28a 号工字钢。

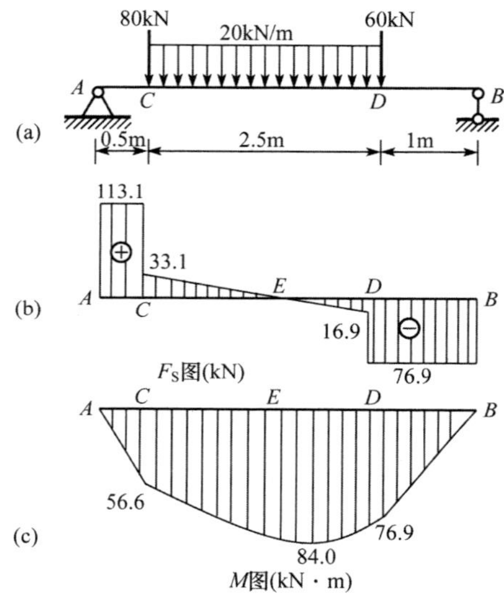

习题 5.9 题解图

习题 5.10 一正方形截面的悬臂木梁，其尺寸及所受荷载如图所示。木料的许用应力 $[\sigma]=10\text{MPa}$。现需要在梁的横截面 C 上中性轴处钻一直径为 d 的圆孔，问在保证梁强度的条件下，圆孔的最大直径 d（不考虑圆孔处应力集中的影响）可达多少？

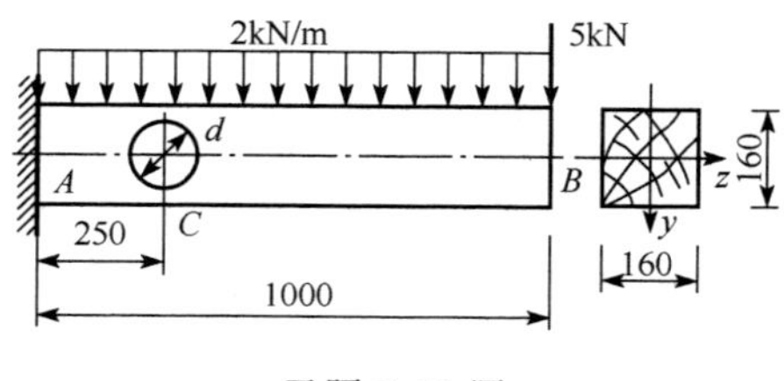

习题 5.10 图

解 横截面 C 上的弯矩为

$$M_C = 5 \times 0.75 + \frac{1}{2} \times 2 \times 0.75^2 = 4.31\text{kN} \cdot \text{m}$$

横截面 C 的弯曲截面系数为

$$W_z = \frac{I_z}{y_{\max}} = \frac{0.16^4 - 0.16d^3}{12 \times 0.8} = \frac{0.16^3 - d^3}{6}$$

由正应力强度条件

$$\sigma_{\max} = \frac{M_C}{W_z} = \frac{6M_C}{0.16^3 - d^3} \leqslant [\sigma]$$

得

$$d \leqslant \sqrt[3]{(0.16\text{m})^3 - \frac{6 \times 4.31 \times 10^3 \text{N} \cdot \text{m}}{10 \times 10^6 \text{Pa}}} = 0.1147 \times 10^{-3}\text{m} = 114.7\text{mm}$$

取 $d=114$mm。

习题 5.11 一悬臂钢梁如图所示。已知钢的许用应力 $[\sigma]=170$MPa，试按正应力强度条件设计下述截面的尺寸，并比较所耗费的材料：

1）圆形截面；

2）正方形截面；

3）宽高之比为 $b:h=1:2$ 的矩形截面；

4）工字钢截面。

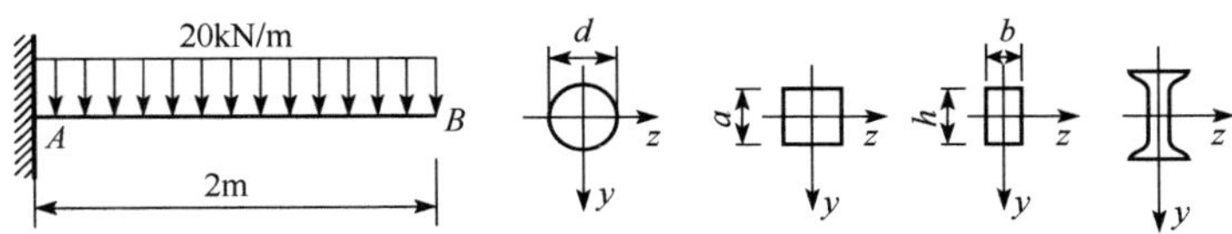

习题 5.11 图

解 1）计算梁的最大弯矩。梁的最大弯矩发生在固定端截面上，其值为 $M_{\max}=40\text{kN} \cdot \text{m}$。

2）由强度条件设计截面尺寸。

① 圆截面。由

$$\sigma_{\max} = \frac{M_{\max}}{W_z} = \frac{M_{\max}}{\frac{\pi d^3}{32}} \leqslant [\sigma]$$

得

$$d \geqslant \sqrt[3]{\frac{32M_{\max}}{\pi[\sigma]}} = \sqrt[3]{\frac{32 \times 40 \times 10^3 \text{N} \cdot \text{m}}{\pi \times 170 \times 10^6 \text{Pa}}} = 133.8 \times 10^{-3}\text{m} = 133.8\text{mm}$$

取 $d=133.8$mm。

② 正方形截面。由

$$\sigma_{\max} = \frac{M_{\max}}{W_z} = \frac{M_{\max}}{\frac{a^3}{6}} \leqslant [\sigma]$$

得

$$a \geqslant \sqrt[3]{\frac{6M_{\max}}{[\sigma]}} = \sqrt[3]{\frac{6 \times 40 \times 10^3 \text{N} \cdot \text{m}}{170 \times 10^6 \text{Pa}}} = 112.2 \times 10^{-3} \text{m} = 112.2\text{mm}$$

取 $a=112.2\text{mm}$。

③ 矩形截面。由

$$\sigma_{\max} = \frac{M_{\max}}{W_z} = \frac{M_{\max}}{\frac{bh^2}{6}} = \frac{3M_{\max}}{2b^3} \leqslant [\sigma]$$

得

$$b \geqslant \sqrt[3]{\frac{3M_{\max}}{2[\sigma]}} = \sqrt[3]{\frac{3 \times 40 \times 10^3 \text{N} \cdot \text{m}}{2 \times 170 \times 10^6 \text{Pa}}} = 70.7 \times 10^{-3} \text{m} = 70.7\text{mm}$$

取 $b=70.7\text{mm}$，则 $h=141.4\text{mm}$。

④ 工字钢截面。由

$$\sigma_{\max} = \frac{M_{\max}}{W_z} \leqslant [\sigma]$$

得

$$W_z \geqslant \frac{M_{\max}}{[\sigma]} = \frac{40 \times 10^3 \text{N} \cdot \text{m}}{170 \times 10^6 \text{Pa}} = 235.3 \times 10^{-6} \text{m}^3 = 235.3\text{cm}^3$$

查型钢规格表，选用 20a 号工字钢，其 $W_z=237\text{cm}^3$，$A=35.5\text{cm}^2$。

3）计算耗费材料之比。耗费材料之比等于梁的横截面面积之比。

$$A_1 : A_2 : A_3 : A_4 = \frac{\pi \times 133.8^2}{4}\text{mm}^2 : 112.2^2\text{mm}^2 : 70.7 \times 141.4\text{mm}^2 : 3550\text{mm}^2$$

$$= 1 : 0.895 : 0.711 : 0.252$$

习题 5.12 图示悬臂梁由 40a 号工字钢制成，在自由端作用一集中荷载 F。已知钢的许用应力 $[\sigma]$ =150MPa，若考虑梁的自重，试问 F 的最大许可值是多少？

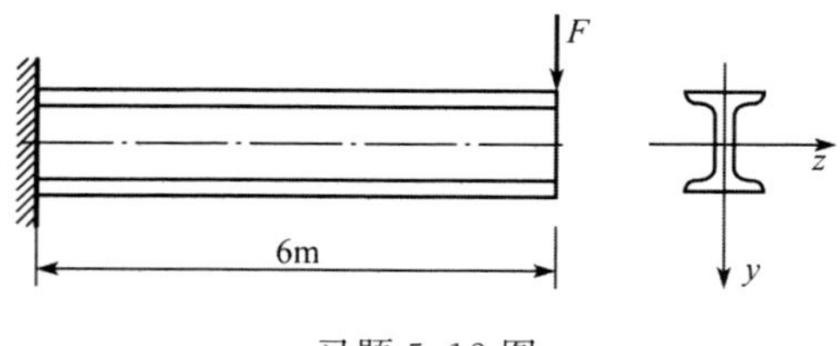

习题 5.12 图

解 1）计算梁的最大弯矩。梁的最大弯矩发生在固定端截面上，其值为

$$M_{\max} = 6F + 0.5 \times 67.6\text{kg/m} \times 9.8\text{m/s}^2 \times (6\text{m})^2 = 6F + 11.92\text{kN} \cdot \text{m}$$

2）由强度条件确定许用荷载的值 $[F]$。查型钢规格表，40a 号工字钢的 $W_z=1090\text{cm}^3$，由

$$\sigma_{\max} = \frac{M_{\max}}{W_z} = \frac{6F + 11.92 \times 10^3 \text{N} \cdot \text{m}}{1090 \times 10^{-6} \text{m}^3} \leqslant [\sigma] = 150\text{MPa}$$

得

$$[F] = \frac{1090 \times 10^{-6}\text{m}^3 \times 150 \times 10^6 \text{Pa} - 11.92 \times 10^3 \text{N} \cdot \text{m}}{6\text{m}} = 25.3 \times 10^3 \text{N} = 25.3\text{kN}$$

习题 5.13　T 形截面铸铁悬臂梁的尺寸及荷载如图所示。已知材料的许用拉应力 $[\sigma_t]=40\text{MPa}$，许用压应力 $[\sigma_c]=80\text{MPa}$，截面对形心轴的惯性矩 $I_z=101.8\times10^6\text{mm}^4$，$h_1=96.4\text{mm}$，试求此梁的许用荷载 F 的值。

解　1）计算梁的最大弯矩。绘制梁的弯矩图如习题 5.13 题解图（b）所示。由图可知，梁的最大正弯矩发生在截面 A 上，其值为 $M_A=0.8F$，梁的最大负弯矩发生在截面 C 上，其值为 $M_C=0.6F$。

2）由强度条件确定许用荷载的值 $[F]$。横截面 A 的上、下边缘处的应力分别为

$$\sigma_{cA}=\frac{M_A h_2}{I_z}=\frac{0.8F\times153.6\times10^{-3}\text{m}}{101.86\times10^{-6}\text{m}^4}$$

$$\sigma_{tA}=\frac{M_A h_1}{I_z}=\frac{0.8F\times96.4\times10^{-3}\text{m}}{101.86\times10^{-6}\text{m}^4}$$

横截面 C 的上、下边缘处的应力分别为

$$\sigma_{tC}=\frac{M_C h_2}{I_z}=\frac{0.6F\times153.6\times10^{-3}\text{m}}{101.86\times10^{-6}\text{m}^4}$$

$$\sigma_{cC}=\frac{M_C h_1}{I_z}=\frac{0.6F\times96.4\times10^{-3}\text{m}}{101.86\times10^{-6}\text{m}^4}$$

比较后知，因

$$\frac{M_A h_1}{M_C h_2}=\frac{0.8\times96.4}{0.6\times153.6}<1$$

故全梁的最大的拉应力发生在横截面 C 的上边缘。同理，全梁的最大的压应力发生在横截面 A 的上边缘。

由强度条件

$$\sigma_{tmax}=\sigma_{tC}=\frac{M_C h_2}{I_z}=\frac{0.6F\times153.6\times10^{-3}\text{m}}{101.8\times10^{-6}\text{m}^4}\leqslant[\sigma_t]=40\text{MPa}$$

得

$$[F]=\frac{101.8\times10^{-6}\text{m}^4\times40\times10^6\text{Pa}}{0.6\text{m}\times153.6\times10^{-3}\text{m}}=44.2\times10^3\text{N}=44.2\text{kN}$$

$$\sigma_{cmax}=\sigma_{cA}=\frac{M_A h_2}{I_z}=\frac{0.8F\times153.6\times10^{-3}\text{m}}{101.8\times10^{-6}\text{m}^4}\leqslant[\sigma_c]=80\text{MPa}$$

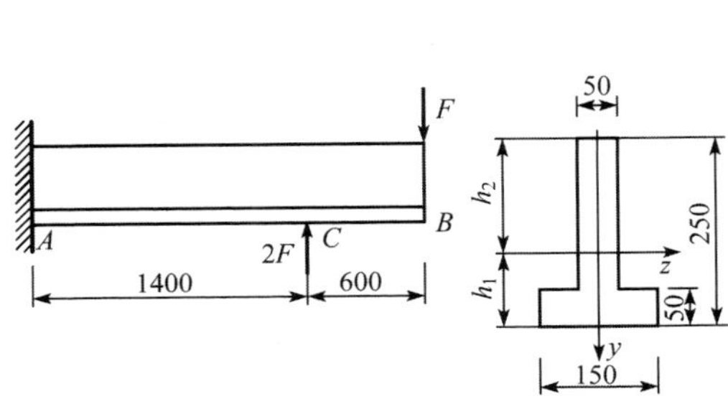

习题 5.13 图

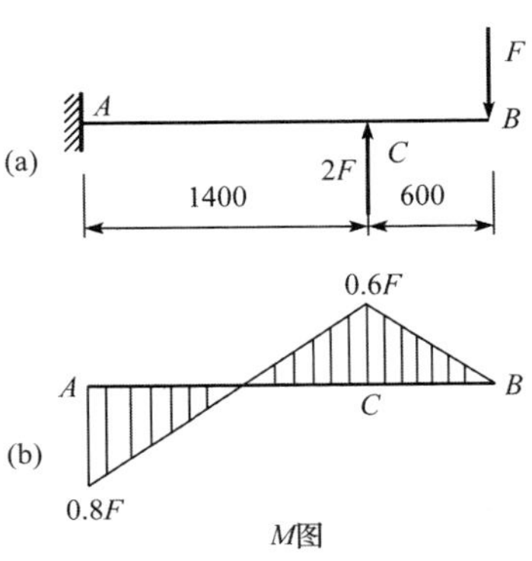

习题 5.13 题解图

得

$$[F]=\frac{101.8\times10^{-6}\text{m}^4\times80\times10^6\text{Pa}}{0.8\text{m}\times153.6\times10^{-3}\text{m}}=66.3\times10^3\text{N}=66.3\text{kN}$$

因此，梁的许用荷载 F 的值为

$$[F]=44.2\text{kN}$$

习题 5.14 一悬臂梁长为 900mm，在自由端受一集中力 F 的作用。此梁由三块 50mm×100mm 的木板胶合而成，如图所示。胶合缝的许用切应力 $[\tau]=0.35\text{MPa}$。试按胶合缝的切应力强度求许可荷载 F，并求在此荷载作用下梁的最大正应力。

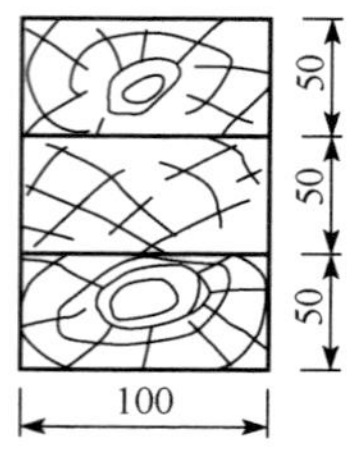

习题 5.14 图

解 1）由胶合缝的切应力强度条件计算许可荷载 F。梁的剪力为 $F_S=F$，胶合缝处的静矩为

$$S_z=50\text{mm}\times100\text{mm}\times50\text{mm}=250000\text{mm}^3$$

梁的惯性矩为

$$I_z=\frac{0.1\text{m}\times(0.15\text{m})^3}{12}=2812.5\times10^{-8}\text{m}^4$$

由切应力强度条件得

$$F\leqslant\frac{I_z b[\tau]}{S_z}=\frac{2812.5\times10^{-8}\text{m}^4\times0.1\text{m}\times0.35\times10^6\text{Pa}}{250000\times10^{-9}\text{m}^3}=3.94\times10^3\text{N}=3.94\text{kN}$$

2）求梁的最大正应力。梁的最大弯矩为

$$M_{\max}=Fl=3.94\text{kN}\times0.9\text{m}=3.54\text{kN}\cdot\text{m}$$

梁的最大正应力为

$$\sigma_{\max}=\frac{M_{\max}}{W_z}=\frac{6M_{\max}}{bh^2}=\frac{6\times3.54\times10^3\text{N}\cdot\text{m}}{0.1\text{m}\times(0.15\text{m})^2}=9.45\times10^6\text{Pa}=9.45\text{MPa}$$

习题 5.15 图示为承受纯弯曲的 T 形截面梁，已知材料的许用拉、压应力的关系为 $[\sigma_c]=4[\sigma_t]$，试从正应力强度观点考虑，b 为何值合适。

解 合理截面尺寸应是使截面的最大拉应力与最大压应力之比，等于许用拉应力与许用压应力之比，即

$$\frac{\sigma_{t\max}}{\sigma_{c\max}}=\frac{y_1}{y_2}=\frac{[\sigma_t]}{[\sigma_c]}=\frac{1}{4}$$

因 $y_1+y_2=400\text{mm}$，由上式可解得

$$y_1=80\text{mm}$$

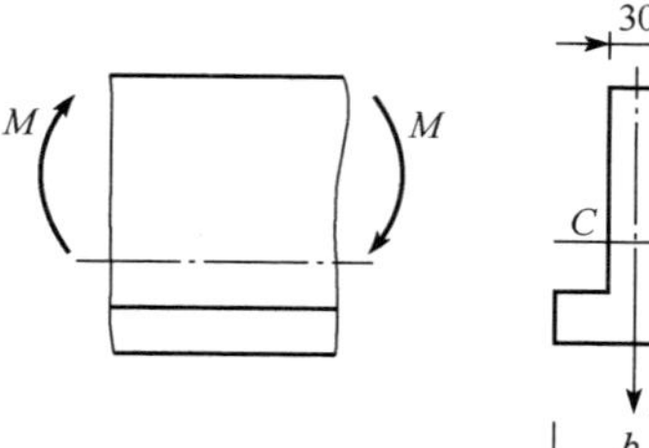

习题 5.15 图

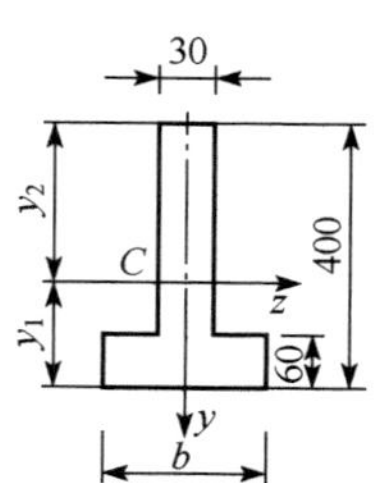

习题 5.15 题解图

由截面形心公式得

$$y_1 = \frac{(60b \times 30 + 30 \times 340 \times 230)\text{mm}^3}{(60b + 30 \times 340)\text{mm}^2} = 80\text{mm}$$

解方程可得

$$b = 510\text{mm}$$

习题 5.16　一矩形截面简支梁由圆柱形木料锯成。已知 $F=5\text{kN}$，$a=1.5\text{m}$，$[\sigma]=10\text{MPa}$，试确定弯曲截面系数为最大时矩形截面的高宽比 h/b，以及锯成此梁所需木料的最小直径 d。

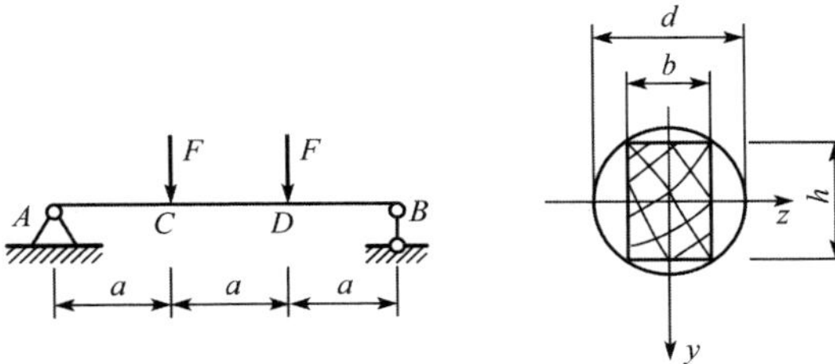

习题 5.16 图

解　1）求$\frac{h}{b}$的值。矩形截面的弯曲截面系数为

$$W_z = \frac{bh^2}{6} = \frac{b(d^2 - b^2)}{6}$$

由$\frac{\text{d}W_z}{\text{d}b}=0$，得

$$b = \frac{\sqrt{3}}{3}d,\ h = \sqrt{d^2 - b^2} = \frac{\sqrt{6}}{3}d$$

故

$$\frac{h}{b} = \sqrt{2}$$

2）求最小直径 d。梁的最大弯矩为

$$M_{\max} = Fa = 5 \times 10^3\text{N} \times 1.5\text{m} = 7.5 \times 10^3\text{N} \cdot \text{m}$$

由梁的强度条件

$$\sigma = \frac{M_{\max}}{W_z} = \frac{6M_{\max}}{bh^2} = \frac{6M_{\max}}{\frac{\sqrt{3}}{9}d^3} = \frac{9\sqrt{3}M_{\max}}{d^3} \leqslant [\sigma]$$

得

$$d \geqslant \sqrt[3]{\frac{9\sqrt{3}M_{\max}}{[\sigma]}} = \sqrt[3]{\frac{9\sqrt{3} \times 7.5 \times 10^3\text{N} \cdot \text{m}}{10 \times 10^6\text{Pa}}} = 0.227\text{m} = 227\text{mm}$$

习题 5.17　用起重机匀速起吊一钢管，如图所示。钢管长 $l=6\text{m}$，外径 $D=325\text{mm}$，内径 $d=309\text{mm}$，单位长度重 $q=625\text{N/m}$。已知材料的屈服极限 $\sigma_s=240\text{MPa}$，规定的安全因数 $n=2$，试求吊索的合理位置 x，并校核在吊装时钢管的强度。

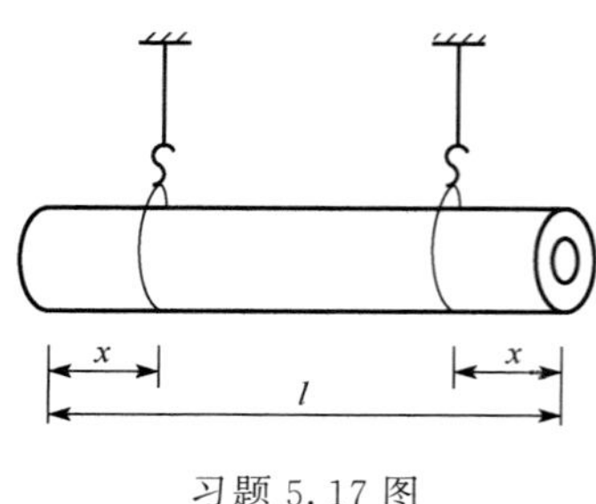

习题 5.17 图

解 1) 计算吊索的合理位置 x。起吊钢管时，在吊点处产生最大负弯矩，其值为 $0.5qx^2$；在钢管中点处产生最大正弯矩，其值为 $0.125q(l-2x)^2-0.5qx^2$。当两处弯矩值相等时，吊索位置最为合理，即

$$0.125q(l-2x)^2-0.5qx^2=0.5qx^2$$

解方程得

$$x=\frac{l}{2(\sqrt{2}+1)}=0.207l$$

2) 校核钢管起吊时的强度。钢管内的最大正应力为

$$\sigma_{\max}=\frac{M_{\max}}{W_z}=\frac{0.5qx^2}{\dfrac{\pi D^3}{32}\left[1-\left(\dfrac{d}{D}\right)^4\right]}=\frac{0.5\times 625\text{N/m}\times(0.207\times 6\text{m})^2}{\dfrac{\pi\times(325\times 10^{-3}\text{m})^3}{32}\times\left(1-\dfrac{309^4}{325^4}\right)}$$

$$=0.782\times 10^6\text{Pa}=0.782\text{MPa}<[\sigma]=\frac{\sigma_s}{n}=\frac{240\text{MPa}}{2}=120\text{MPa}$$

故吊装时钢管满足强度要求。

习题 5.18 当荷载 F 直接作用在跨长 $l=6\text{m}$ 的简支梁 AB 的中点时，梁的最大正应力超过许用值 30%。为了消除此过载现象，配置了如图所示的辅梁 CD，试求此辅梁的最小跨长 a。

解 当荷载 F 直接作用在跨长 $l=6\text{m}$ 的简支梁 AB 的中点时，梁的最大弯矩值为 $M_{\max1}=0.25Fl$，梁内最大正应力为

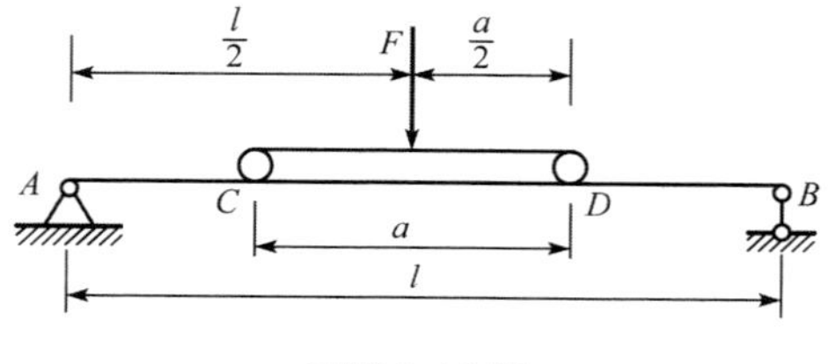

习题 5.18 图

$$\sigma_{\max}=\frac{M_{\max1}}{W_z}=\frac{0.25Fl}{W_z}=1.3[\sigma]$$

配置了长度为 a 的辅梁后，梁的最大弯矩为 $M_{\max2}=0.25F(l-a)$，梁内最大正应力为

$$\sigma_{\max}=\frac{M_{\max2}}{W_z}=\frac{0.25F(l-a)}{W_z}\leqslant[\sigma]$$

由此可得

$$0.25Fl=1.3\times 0.25F(l-a_{\min})$$

解得

$$a_{\min}=\frac{0.3l}{1.3}=\frac{0.3\times 6\text{m}}{1.3}=1.38\text{m}$$

习题 5.19 和习题 5.20 梁的极限弯矩

习题 5.19 T 形截面钢梁如图所示。若材料的屈服极限 $\sigma_s=240\text{MPa}$，试求此梁的极限弯矩。

解 在极限状态时，中性轴将横截面分成两个面积相等的部分，此题中性轴为翼缘与腹板的交线。因此，梁的极限弯矩为

$$M_u=\sigma_S W_S=240\times 10^6\text{Pa}\times(0.05\text{m}\times 0.15\text{m}\times 0.025\text{m}+0.05\text{m}\times 0.15\text{m}\times 0.075\text{m})$$

$$=180\times 10^3\text{N}\cdot\text{m}=180\text{kN}\cdot\text{m}$$

习题 5.20　已知材料的屈服极限 $\sigma_s = 240\text{MPa}$，安全因数 $n = 1.5$，试用极限设计法设计图示梁的矩形截面。设 $h = 2b$。

解　梁的最大弯矩为

$$M_{\max} = \frac{1}{2} \times 20\text{kN/m} \times (1\text{m})^2 = 10\text{kN} \cdot \text{m}$$

由梁的极限设计的强度条件

$$M_{\text{umax}} \leqslant [M_u] = W_s[\sigma] = \frac{bh^2}{4} \times \frac{\sigma_S}{n} = \frac{b^3 \sigma_S}{n}$$

得

$$b \geqslant \sqrt[3]{\frac{nM_{\max}}{\sigma_S}} = \sqrt[3]{\frac{1.5 \times 10 \times 10^3 \text{N} \cdot \text{m}}{240 \times 10^6 \text{Pa}}} = 0.0397\text{m} = 39.7\text{mm}$$

取 $b = 40\text{mm}$，$h = 2b = 80\text{mm}$。

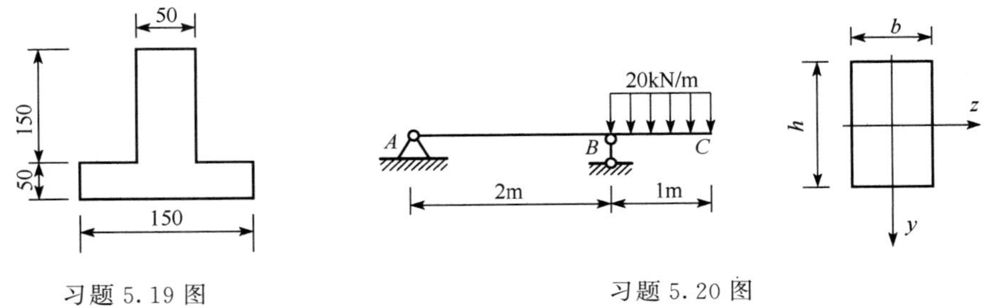

习题 5.19 图　　　　习题 5.20 图

第六章　弯曲变形

内容总结

1. 挠度和转角

梁的变形用挠度 w 和转角 φ 两个位移量表示。

梁任一横截面的形心在垂直于轴线方向的线位移，称为该横截面的挠度。规定挠度向下时为正。

梁任一横截面绕其中性轴转过的角度，称为该横截面的转角。规定转角顺时针转向为正。

2. 梁挠曲线的近似微分方程

梁的挠度和转角都是横截面位置 x 的函数，即

$$\left.\begin{aligned} w &= w(x) \\ \varphi &= \varphi(x) \end{aligned}\right\}$$

上两式分别称为梁的挠曲线方程和转角方程。

梁的挠曲线近似微分方程为

$$\frac{\mathrm{d}^2 w}{\mathrm{d}x^2} = -\frac{M(x)}{EI}$$

式中：$M(x)$ ——梁的弯矩方程；

E——材料的弹性模量；

I——横截面对中性轴的惯性矩。

3. 梁的变形计算

（1）用积分法求梁的变形

如果是等直梁，弯曲刚度 EI 为常数，则对挠曲线近似微分方程积分两次，便可得到转角方程和挠曲线方程，分别为

$$\varphi = \frac{\mathrm{d}w}{\mathrm{d}x} = -\frac{1}{EI}\int M(x)\mathrm{d}x + C$$

$$w=-\frac{1}{EI}\int\left(\int\frac{M(x)}{EI}\mathrm{d}x\right)\mathrm{d}x+Cx+D$$

式中：C、D——积分常数。

积分常数可利用边界条件（梁上某些横截面的已知位移）来确定。

当梁的弯矩方程必须分段建立时，挠曲线近似微分方程也必须分段进行积分。此时，积分常数增多，用边界条件已不能完全确定，必须进一步利用挠曲线光滑连续的条件（即分段处有相同挠度和相同转角）来确定积分常数。

（2）用叠加法求梁的变形

根据叠加原理，在小变形线弹性范围内，几个荷载共同作用下梁的的变形，等于每个荷载单独作用下梁的变形的代数和。

梁在简单荷载作用下的挠度和转角可查阅有关表格。

4. 梁的刚度条件

$$\left.\begin{aligned}w_{\max}&=[w]\\\varphi_{\max}&=[\varphi]\end{aligned}\right\}$$

式中：$w_{\max}$、$\varphi_{\max}$——分别为梁的最大挠度和最大转角；

$[w]$、$[\varphi]$——分别为梁的许用挠度和许用转角。

在建筑工程中，通常只对梁的挠度加以限制。刚度条件表示为最大挠度 $w_{\max}$ 与跨度 l 之比，即最大挠跨比限制在许用的挠跨比范围内，即

$$\frac{w_{\max}}{l}\leqslant\left[\frac{w}{l}\right]$$

典型例题

例 6.1　已知直梁的挠曲线方程 $w(x)=\dfrac{q_0x}{360EIl}(3x^4-10l^2x^2+7l^4)$，试求：

1）梁跨中截面上的弯矩；

2）最大弯矩；

3）分布荷载的变化规律；

4）梁的支承情况。

分析　求梁的挠曲线方程的二次导数可得到梁的挠曲线近似微分方程，根据挠曲线近似微分方程与梁弯矩方程的关系，可得到梁的弯矩方程，由弯矩方程可求得梁跨中截面上的弯矩和最大弯矩。根据弯矩方程与荷载之间的微分关系，求弯矩方程的二次导数即为梁的荷载函数。最后根据梁在边界上的转角和挠度值，即可确定梁的支承情况。

解　1）求梁跨中截面上的弯矩。将梁的挠曲线方程微分二次后得

$$EIw'(x)=EI\varphi(x)=\frac{15q_0x^4}{360l}-\frac{30q_0lx^2}{360}+\frac{7q_0l^3}{360}$$

$$EIw''(x)=\frac{q_0x^3}{6l}-\frac{q_0lx}{6}$$

因此梁的弯矩方程为

$$M(x)=-EIw''(x)=-\frac{q_0x^3}{6l}+\frac{q_0lx}{6}$$

将 $x=\frac{l}{2}$ 代入上式，得梁跨中截面上的弯矩为

$$M_{l/2}=-\frac{q_0}{6}\left[\frac{(l/2)^3}{l}-l\times\frac{l}{2}\right]=\frac{q_0l^2}{16}$$

2）求最大弯矩 $M_{\max}$。根据数学上求函数极值的方法，弯矩的最大值应发生在其函数的导数值为零的点或端点处，而由弯矩方程知在 $x=0$ 和 $x=l$ 时，$M=0$，故弯矩最大值一定在其函数的导数值为零的点处。

令

$$\frac{\mathrm{d}M(x)}{\mathrm{d}x}=-\frac{q_0x^2}{2l}+\frac{q_0l}{6}=0$$

得

$$x=\frac{l}{\sqrt{3}}=0.577l$$

代入弯矩方程得梁的最大弯矩为

$$M_{\max}=0.064q_0l^2$$

3）求分布荷载的变化规律。将弯矩方程微分二次后得

$$\frac{\mathrm{d}^2M(x)}{\mathrm{d}x^2}=q(x)=-\frac{q_0x}{l}$$

可知荷载按直线规律变化，负号表示分布荷载方向向下，其最大值为 q_0，如图 6.1 所示。

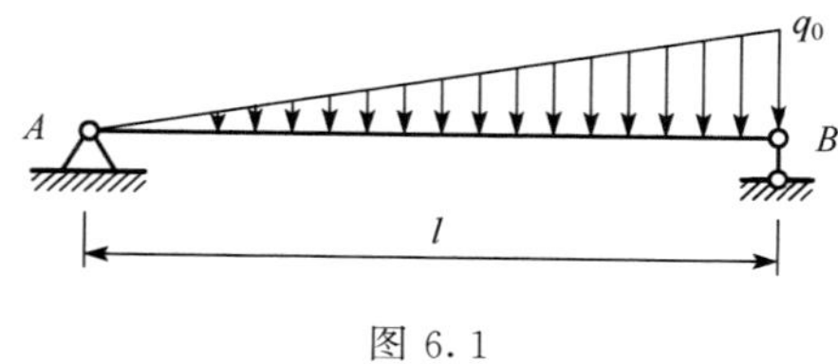

图 6.1

4）确定梁的支承情况。由梁的挠曲线方程和转角方程，有

当 $x=0$ 时：$w=0$，$\varphi\neq0$

当 $x=l$ 时：$w=0$，$\varphi\neq0$

可知该梁为简支梁，支承情况如图 6.1 所示。

例 6.2 图 6.2 所示为等强度悬臂梁，材料的弹性模量为 E，试用积分法求其最大挠度，并与相同材料横截面为 $b\times h_0$ 的矩形等截面悬臂梁的最大挠度比较。

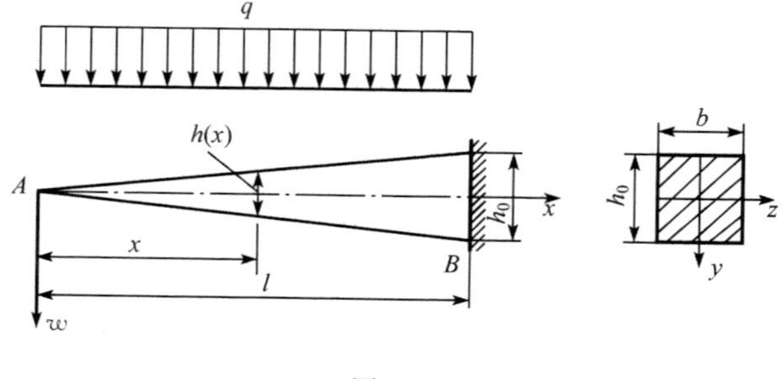

图 6.2

分析 首先根据等强度梁的截面性质和荷载写出截面的惯性矩和弯矩函数，代入挠曲线近似微分方程，积分即可得到挠曲线方程，从而求得梁自由端处的挠度，即为最大挠度。

解　由相似关系有

$$h(x)=\frac{h_0}{l}x$$

截面的惯性矩为

$$I(x)=\frac{bh^3(x)}{12}=\frac{bh_0^3}{12}\times\frac{x^3}{l^3}=I_z\frac{x^3}{l^3}$$

梁的弯矩方程为

$$M(x)=-\frac{qx^2}{2}\quad(0\leqslant x<l)$$

梁的挠曲线近似微分方程为

$$\frac{\mathrm{d}^2w(x)}{\mathrm{d}x^2}=-\frac{M(x)}{EI(x)}=\frac{ql^3}{2EI_z}\times\frac{1}{x}$$

积分二次后得

$$\varphi(x)=\frac{\mathrm{d}w(x)}{\mathrm{d}x}=\frac{ql^3}{2EI_z}\ln x+C$$

$$w(x)=\frac{ql^3}{EI_z}(x\ln x-x)+Cx+D$$

利用 B 处的边界条件，$x=l$ 时，$\varphi=0$、$w=0$，得积分常数为

$$C=-\frac{ql^3}{2EI_z}\ln l,D=\frac{ql^4}{2EI_z}$$

梁的挠曲线方程为

$$w(x)=\frac{ql^3}{EI_z}(x\ln x-x)-\frac{ql^3x}{2EI_z}\ln l+\frac{ql^4}{2EI_z}$$

令 $x=0$，得梁自由端处的挠度即梁的最大挠度为

$$w_{\max}=w_A=\frac{ql^4}{2EI_z}\quad(\downarrow)$$

查表可得相同材料矩形等截面悬臂梁的最大挠度为

$$w'_{\max}=w'_A=\frac{ql^4}{8EI_z}\quad(\downarrow)$$

可知等强度梁的挠度大于等截面梁的挠度。

例 6.3　试用叠加法求图 6.3（a）所示悬臂梁 B 截面的挠度和转角。已知弯曲刚度 EI 为常数。

分析　将图 6.3（a）所示梁看作是图 6.3（b，c，d）三种情况的叠加。在图 6.3（b，c）两种情况中，可以查表求得 C 截面的转角和挠度，梁端 B 截面的转角与 C 截面转角相等，梁端 B 截面的挠度等于 C 截面的挠度与 C 截面转角和 CB 长度乘积之和。图 6.3（d）情况可直接查表求得 B 截面的挠度和转角。图 6.3（b，c，d）三种情况下 B 截面的挠度和转角之和即为图 6.3（a）所示悬臂梁 B 截面的挠度和转角。

解　将图 6.3（a）所示梁看作是图 6.3（b，c，d）三种情况的叠加。

在图 6.3（b）情况中，有

$$\varphi_{B1}=\varphi_{C1}=\frac{qa^3}{6EI}\quad(\circlearrowright)$$

$$w_{B1}=w_{C1}+a\varphi_{C1}=\frac{qa^4}{8EI}+\frac{qa^4}{6EI}=\frac{7qa^4}{24EI}\quad(\downarrow)$$

在图 6.3（c）情况中，有

$$\varphi_{B2}=\varphi_{C2}=\frac{Fa^2}{2EI}=\frac{qa^3}{2EI}\quad(\circlearrowright)$$

$$w_{B2}=w_{C2}+a\varphi_{B2}=\frac{Fa^3}{3EI}+\frac{Fa^3}{2EI}=\frac{5Fa^3}{6EI}=\frac{5qa^4}{6EI}\quad(\downarrow)$$

在图 6.3（d）情况中，有

$$w_{B3}=\frac{M_e(2a)^2}{2EI}=-\frac{2qa^4}{EI}\quad(\uparrow)$$

$$\varphi_{B3}=-\frac{M_e 2a}{EI}=-\frac{2qa^3}{EI}\quad(\circlearrowleft)$$

B 截面的挠度和转角分别为

$$w_B=w_{B1}+w_{B2}+w_{B3}=\frac{7qa^4}{24EI}+\frac{5qa^4}{6EI}-\frac{2qa^4}{EI}=-\frac{7qa^4}{8EI}\quad(\uparrow)$$

$$\varphi_B=\varphi_{B1}+\varphi_{B2}+\varphi_{B3}=\frac{qa^3}{6EI}+\frac{qa^3}{2EI}-\frac{2qa^3}{EI}=-\frac{4qa^3}{3EI}\quad(\circlearrowleft)$$

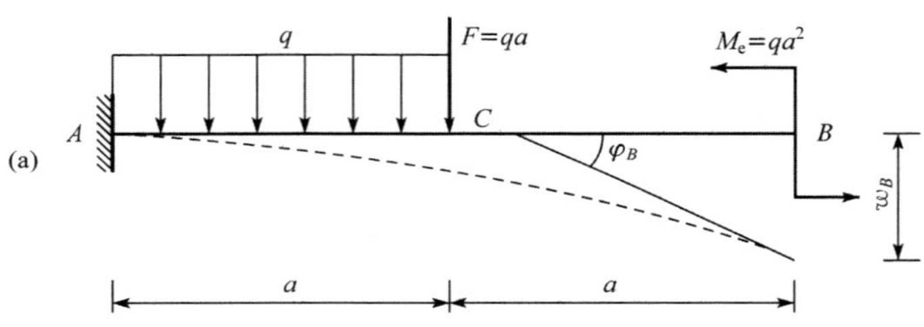

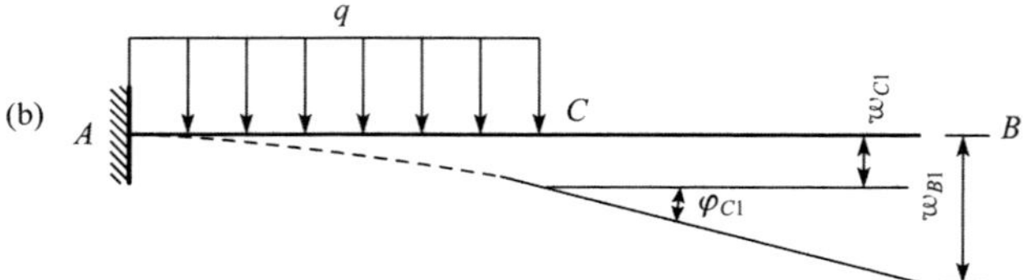

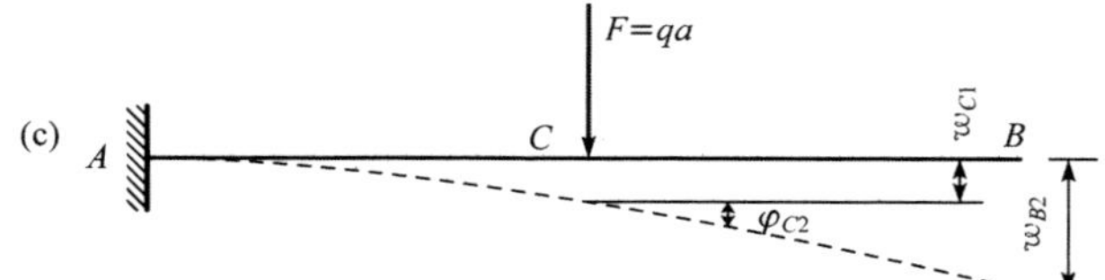

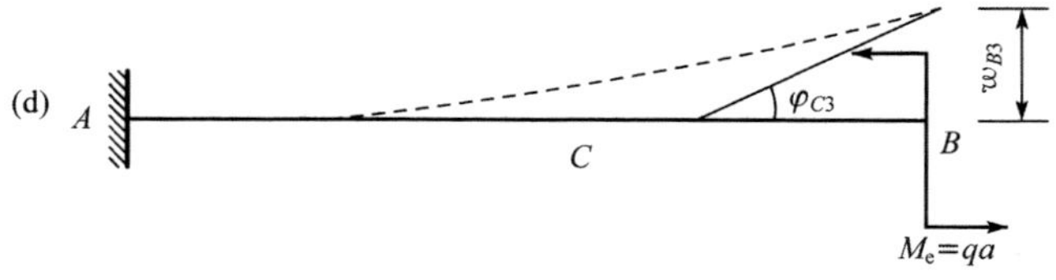

图 6.3

例 6.4　矩形截面悬臂梁如图 6.4 所示。已知 $q=10\text{kN/m}$，$l=3\text{m}$。若许用挠跨比 $\left[\dfrac{w}{l}\right]=\dfrac{1}{250}$，材料的许用应力 $[\sigma]=120\text{MPa}$，弹性模量 $E=200\text{GPa}$，$h=2b$，试设计截面的尺寸。

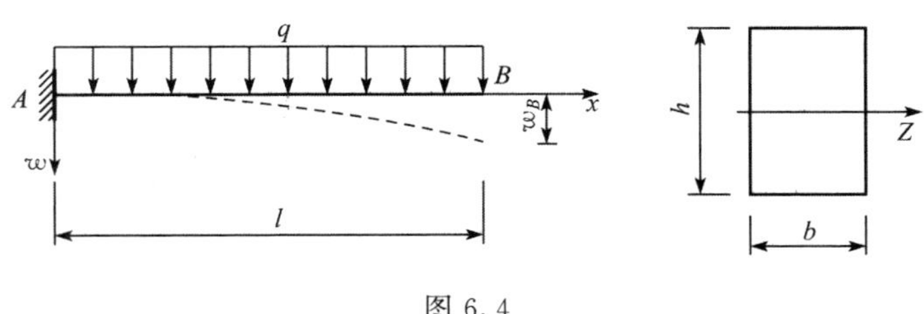

图 6.4

分析　梁必须同时满足强度条件和刚度条件。对截面设计问题，一般先按强度条件设计截面尺寸，再进行刚度校核。

解　1）由强度条件设计截面尺寸。截面对 z 轴的惯性矩为

$$I_z=\frac{bh^3}{12}=\frac{b(2b)^3}{12}=\frac{2}{3}b^4$$

截面对 z 轴的弯曲截面系数为

$$W_z=\frac{bh^2}{6}=\frac{2}{3}b^3$$

梁的最大弯矩为

$$M_{\max}=\frac{q}{2}l^2=\frac{1}{2}\times 10\times 10^3\text{N/m}\times 3^2\text{m}^2=45\times 10^3\text{N}\cdot\text{m}$$

由正应力强度条件得

$$b\geqslant\sqrt[3]{\frac{M_{\max}}{\frac{2}{3}[\sigma]}}=\sqrt[3]{\frac{45\times 10^3\text{N}\cdot\text{m}}{\frac{2}{3}\times 120\times 10^6\text{Pa}}}=0.0825\text{m}=82.5\text{mm}$$

取 $b=90\text{mm}$，$h=2b=180\text{mm}$

2）刚度校核。查表得梁的最大挠度为

$$w_{\max}=\frac{ql^4}{8EI_z}=\frac{3ql^4}{16Eb^4}$$

因为

$$\frac{w_{\max}}{l}=\frac{3ql^3}{16Eb^4}=\frac{3\times 10\times 10^3\text{N/m}\times 3^3\text{m}^3}{16\times 200\times 10^9\text{Pa}\times 0.09^4\text{m}^4}=0.0039\leqslant\left[\frac{w}{l}\right]=\frac{1}{250}$$

所以满足刚度条件。故截面的尺寸选为 $b=90\text{mm}$，$h=2b=180\text{mm}$。

思考题解答

思考题 6.1　挠度和转角是如何定义的？它们的正负号是如何规定的？

解　梁受力变形后，其横截面形心在梁轴线垂直方向的线位移称为该截面的挠度，用 w 表示，规定 w 以向下为正。横截面绕其中性轴转过的角度称为该截面的转角，用 φ 表示，

φ 规定以顺时针转向为正。

思考题 6.2 什么是挠曲线方程？什么是转角方程？它们之间有什么关系？

解 梁横截面的挠度 w 和转角 φ 都随着截面的位置 x 而变化，是 x 的连续函数，即 $w=w(x)$ 和 $\varphi=\varphi(x)$，分别称为梁的挠曲线方程和转角方程。在小变形的条件下，挠度 w 和转角 φ 之间存在关系 $\varphi=\tan\varphi=\frac{\mathrm{d}w}{\mathrm{d}x}$，即挠曲线上任一点处切线的斜率等于该处横截面的转角。

思考题 6.3 挠曲线的近似微分方程是如何建立的？它对梁的变形的求解有何意义？

解 利用函数的曲率与其导数之间的关系

$$\frac{1}{\rho(x)}=\pm\frac{\frac{\mathrm{d}^2w}{\mathrm{d}x^2}}{\left[1+\left(\frac{\mathrm{d}w}{\mathrm{d}x}\right)^2\right]^{\frac{3}{2}}}$$

和梁的曲率与弯矩之间的关系

$$\frac{1}{\rho(x)}=\frac{M(x)}{EI}$$

略去二次方微量并考虑到弯矩 M 和挠度 w 的正负符号规定，得到梁挠曲线近似微分方程为

$$\frac{\mathrm{d}^2w}{\mathrm{d}x^2}=-\frac{M(x)}{EI}$$

对梁挠曲线近似微分方程进行积分，便可得到转角方程和挠曲线方程，进而得到梁任一横截面的挠度 w 和转角 φ。

思考题 6.4 如何用积分法计算梁的挠度和转角？

解 用积分法计算梁的挠度和转角的基本思路和主要步骤如下。

1）根据梁所受荷载写出梁的弯矩方程；

2）将梁的弯矩方程代入梁挠曲线微分方程；

3）积分得到梁的转角方程；

4）再次积分得到梁的挠曲线方程；

5）由边界条件和连续性条件确定积分常数；

6）由梁的转角和挠曲线方程分别求出指定截面的挠度和转角。

思考题 6.5 什么是边界条件和连续条件？如何利用它们确定积分常数？

解 梁某些截面处的转角和挠度所应满足的条件即为边界条件。例如，在固定端处的边界条件为在该处梁的挠度和转角均为零。

在某些情况下，弯矩方程要分段写出，这样在梁的不同部分转角和挠度方程是不同的，但梁的挠曲线是连续光滑曲线，因此，在梁的分段处由该截面两侧不同的转角和挠度方程求出的转角和挠度应为同一值，该条件即为连续条件。

在边界条件处令梁的挠度或转角等于边界条件的值；在连续条件处令该截面两侧的转角和挠度方程求出的转角和挠度相等，得到相应的关于积分常数的方程，联立求解这些方程即可求出积分常数的值。

思考题 6.6 如何用叠加法求梁的挠度和转角？

解 首先分别求出每个荷载单独作用下梁横截面的挠度和转角，然后进行叠加，求出

全部荷载共同作用下的挠度和转角。

思考题 6.7　如何求梁的最大挠度和最大转角？

解　由挠度、转角和弯矩之间的关系可知，在弯矩为零、弯矩方程不连续处或梁端，会产生转角的极值；在转角为零、转角方程不连续处梁端，会产生挠度的极值。求出这些极值后，极值中的最大值即为梁的最大挠度和最大转角。

一般地，根据梁的受力、边界条件以及弯矩的正负就能绘出挠曲线的大致形状，可以确定最大转角和最大挠度发生的位置，从而求出最大转角和最大挠度。

习题解答

习题 6.1 和习题 6.2　积分法求梁的变形

习题 6.1　试用积分法求图示各梁的最大挠度和最大转角。设弯曲刚度 EI 均为常数。

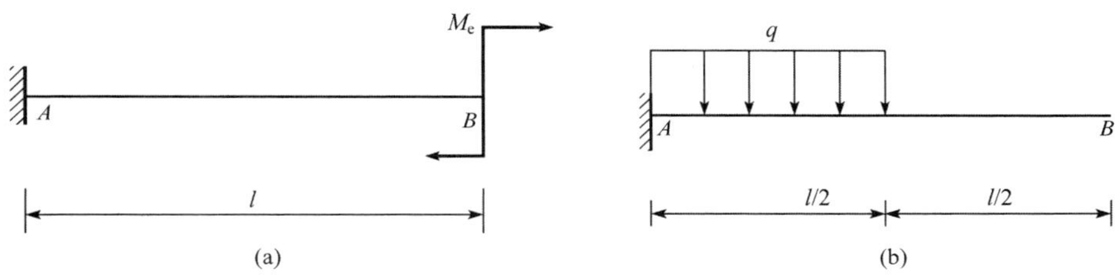

习题 6.1 图

解　(1) 题 (a) 解

梁的弯矩方程为

$$M(x) = -M_e \quad (0 < x < l)$$

梁的挠曲线近似微分方程为

$$\frac{d^2 w(x)}{dx^2} = \frac{M_e}{EI}$$

对挠曲线近似微分方程进行积分得

$$\varphi(x) = \frac{M_e}{EI}x + C \tag{a}$$

$$w(x) = \frac{M_e}{2EI}x^2 + Cx + D \tag{b}$$

边界条件为

$$x = 0, \varphi = 0, w = 0$$

将边界条件代入式 (a) 和式 (b)，求得积分常数为

$$C = 0, D = 0$$

将积分常数的值代入式 (a) 和式 (b)，得到梁的转角方程和挠曲线方程为

$$\varphi(x) = \frac{M_e}{EI}x$$

$$w(x)=\frac{M_e}{2EI}x^2$$

梁的最大挠度和转角分别为

$$w_{\max}=w_B=\frac{M_e l^2}{2EI}\quad(\downarrow)$$

$$\varphi_{\max}=\varphi_B=\frac{M_e l}{EI}\quad(\circlearrowright)$$

（2）题（b）解

梁的弯矩方程为

AC 段：$$M_1(x)=-\frac{q}{2}x^2+\frac{1}{2}qlx-\frac{1}{8}ql^2\quad\left(0<x\leqslant\frac{l}{2}\right)$$

CB 段：$$M_2(x)=0\quad\left(\frac{l}{2}\leqslant x\leqslant l\right)$$

梁的挠曲线近似微分方程为

AC 段：$$\frac{\mathrm{d}^2w_1(x)}{\mathrm{d}x^2}=\frac{1}{EI}\left(\frac{q}{2}x^2-\frac{1}{2}qlx+\frac{1}{8}ql^2\right)$$

CB 段：$$\frac{\mathrm{d}^2w_2(x)}{\mathrm{d}x^2}=0$$

对挠曲线近似微分方程进行积分得

AC 段：$$\varphi_1(x)=\frac{1}{EI}\left(\frac{q}{6}x^3-\frac{ql}{4}x^2+\frac{ql^2}{8}x\right)+C_1\tag{a}$$

$$w_1(x)=\frac{1}{EI}\left(\frac{q}{24}x^4-\frac{ql}{12}x^3+\frac{ql^2}{16}x^2\right)+C_1x+D_1\tag{b}$$

CB 段：$$\varphi_2(x)=\frac{C_2}{EI}\tag{c}$$

$$w_2(x)=\frac{1}{EI}(C_2x+D_2)\tag{d}$$

边界条件和连续性条件分别为

$$x=0,\ w_1=0,\ \varphi_1=0$$

$$x=\frac{l}{2},\ w_1=w_2,\ \varphi_1=\varphi_2$$

将边界条件和连续条件代入式（a～d），求得积分常数为

$$C_1=0,\ D_1=0,\ C_2=\frac{1}{48}ql^3,\ D_2=-\frac{1}{384}ql^4$$

将积分常数的值代入式（a～d），得到梁的转角方程和挠曲线方程为

AC 段：$$\varphi_1(x)=\frac{1}{EI}\left(\frac{q}{6}x^3-\frac{ql}{4}x^2+\frac{ql^2}{8}x\right)$$

$$w_1(x)=\frac{1}{EI}\left(\frac{q}{24}x^4-\frac{ql}{12}x^3+\frac{ql^2}{16}x^2\right)$$

CB 段：$$\varphi_2(x)=\frac{1}{48EI}ql^3$$

$$w_2(x)=\frac{1}{EI}\left(\frac{1}{48}ql^3x-\frac{1}{384}ql^4\right)$$

梁的最大挠度和转角分别为

$$w_{\max}=w_B=\frac{7ql^4}{384EI}\quad(\downarrow)$$

$$\varphi_{\max}=\varphi_B=\frac{ql^3}{48EI}\quad(\circlearrowright)$$

习题 6.2 试用积分法求图示各梁的转角方程和挠曲线方程。设弯曲刚度 EI 均为常数。

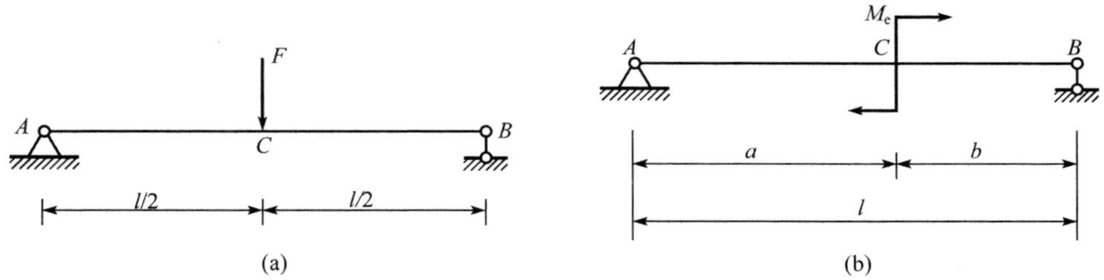

习题 6.2 图

解　(1) 题 (a) 解

梁的弯矩方程为

AC 段：$$M_1(x)=\frac{1}{2}Fx\quad\left(0\leqslant x\leqslant\frac{l}{2}\right)$$

CB 段：$$M_2(x)=\frac{1}{2}Fx-F\left(x-\frac{l}{2}\right)\quad\left(\frac{l}{2}\leqslant x\leqslant l\right)$$

梁的挠曲线近似微分方程为

AC 段：$$\frac{\mathrm{d}^2w_1(x)}{\mathrm{d}x^2}=-\frac{1}{2EI}Fx$$

CB 段：$$\frac{\mathrm{d}^2w_2(x)}{\mathrm{d}x^2}=-\frac{1}{2EI}Fx+\frac{F}{EI}\left(x-\frac{l}{2}\right)$$

对挠曲线近似微分方程进行积分得

AC 段：$$\varphi_1(x)=-\frac{1}{4EI}Fx^2+C_1\tag{a}$$

$$w_1(x)=-\frac{1}{12EI}Fx^3+C_1x+D_1\tag{b}$$

CB 段：$$\varphi_2(x)=-\frac{1}{4EI}Fx^2+\frac{F}{2EI}\left(x-\frac{l}{2}\right)^2+C_2\tag{c}$$

$$w_2(x)=-\frac{1}{12EI}Fx^3+\frac{F}{6EI}\left(x-\frac{l}{2}\right)^3+C_2x+D_2\tag{d}$$

边界条件和连续条件分别为

$$x=0,\ w_1=0;\ x=l,\ w_2=0$$

$$x=\frac{l}{2},\ \varphi_1=\varphi_2,\ w_1=w_2$$

将边界条件和连续条件代入式 (a～d)，求得积分常数为

$$C_1 = C_2 = \frac{Fl^2}{16EI}, \ D_1 = D_2 = 0$$

将积分常数的值代入式（a～d），得到梁的转角方程和挠曲线方程为

AC 段：

$$\varphi_1(x) = \frac{F}{16EI}(l^2 - 4x^2)$$

$$w_1(x) = \frac{F}{48EI}(3l^2 x - 4x^3)$$

CB 段：

$$\varphi_2(x) = \frac{F}{16EI}(4x^2 - 8xl + 3l^2)$$

$$w_2(x) = \frac{F}{48EI}(4x^3 - 12lx^2 + 9l^2 x - l^3)$$

（2）题（b）解

梁的弯矩方程为

AC 段：

$$M_1(x) = -\frac{M_e}{l}x \quad (0 \leqslant x < a)$$

CB 段：

$$M_2(x) = \frac{M_e}{l}(l - x) \quad (a < x \leqslant l)$$

梁的挠曲线近似微分方程为

AC 段：

$$\frac{d^2 w_1(x)}{dx^2} = \frac{M_e}{EIl}x$$

CB 段：

$$\frac{d^2 w_2(x)}{dx^2} = \frac{M_e}{EIl}(x - l)$$

对挠曲线近似微分方程进行积分得

AC 段：

$$\varphi_1(x) = \frac{M_e}{2EIl}x^2 + C_1 \tag{a}$$

$$w_1(x) = \frac{M_e}{6EIl}x^3 + C_1 x + D_1 \tag{b}$$

CB 段：

$$\varphi_2(x) = \frac{M_e}{2EIl}(x - l)^2 + C_2 \tag{c}$$

$$w_2(x) = \frac{M_e}{6EIl}(x - l)^3 + C_2(x - l) + D_2 \tag{d}$$

边界条件和连续条件分别为

$$x = 0, \ w_1 = 0; \ x = l, \ w_2 = 0$$

$$x = a, \ \varphi_1 = \varphi_2, \ w_1 = w_2$$

将边界条件和连续条件代入式（a～d），求得积分常数为

$$C_1 = \frac{M_e}{6EIl}(2l^2 - 6al + 3a^2), \ C_2 = \frac{M_e}{6EIl}(3a^2 - l^2), D_1 = D_2 = 0$$

将积分常数的值代入式（a～d），得到梁的转角方程和挠曲线方程为

AC 段：

$$\varphi_1(x) = \frac{M_e}{EI}\left(\frac{x^2}{2l} - a + \frac{l}{3} + \frac{a^2}{2l}\right)$$

$$w_1(x) = \frac{M_e}{EI}\left(\frac{x^3}{6l} - ax + \frac{l}{3}x + \frac{a^2}{2l}x\right)$$

CB 段：

$$\varphi_2(x)=\frac{M_e}{EI}\left(\frac{x^2}{2l}-x+\frac{l}{3}+\frac{a^2}{2l}\right)$$

$$w_2(x)=\frac{M_e}{EI}\left(\frac{x^3}{6l}-\frac{x^2}{2}+\frac{l}{3}x+\frac{a^2}{2l}x-\frac{a^2}{2}\right)$$

习题 6.3 叠加法求梁的变形

习题 6.3 试用叠加法求图示各梁指定截面的挠度和转角。设弯曲刚度 EI 均为常数。

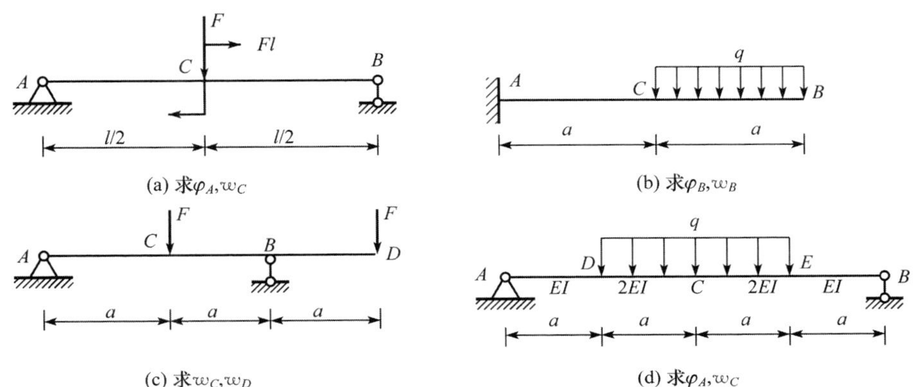

习题 6.3 图

解 (1) 题 (a) 解

习题 6.3 (a) 题解图 (a) 可以看作是习题 6.3 (a) 题解图 (b，c) 两种情况的叠加。

查表可得梁在荷载 F 单独作用下 [习题 6.3 (a) 题解图 (b)] C 截面的挠度和 A 截面的转角分别为

$$w_{CF}=\frac{Fl^3}{48EI}\quad(\downarrow)$$

$$\varphi_{AF}=\frac{Fl^2}{16EI}\quad(\curvearrowright)$$

梁在荷载 $M_e=Fl$ 单独作用下 [习题 6.3 (a) 题解图 (c)] C 截面的挠度和 B 截面的转角分别为

$$w_{CM_e}=0$$

$$\varphi_{AM_e}=-\frac{Fl^2}{24EI}(\curvearrowleft)$$

梁在两种荷载共同作用下 C 截面的挠度和 B 截面的转角分别为

$$w_C=w_{CF}+w_{CM_e}=\frac{Fl^3}{48EI}\quad(\downarrow)$$

$$\varphi_A=\varphi_{AF}+\varphi_{AM_e}=\frac{Fl^2}{48EI}\quad(\curvearrowright)$$

(2) 题 (b) 解

解法 1 习题 6.3 (b) 题解图 (a) 可以看作是习题 6.3 (b) 题解图 (b) 中两种情况的叠加。

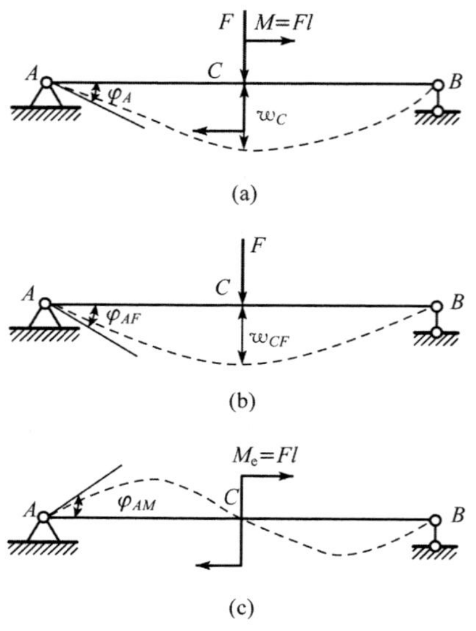

习题 6.3（a）题解图

查表可得跨度为 a 的悬臂梁自由端（即 AB 梁的 C 截面）在集中力 qa 和集中力偶$\frac{qa^2}{2}$作用下的挠度和转角分别为

$$w_C = \frac{qa}{3EI}a^3 + \frac{\frac{qa^2}{2}}{2EI}a^2 = \frac{7qa^4}{12EI} \quad (\downarrow)$$

$$\varphi_C = \frac{qa}{2EI}a^2 + \frac{\frac{qa^2}{2}}{EI}a = \frac{qa^3}{EI} \quad (\circlearrowright)$$

跨度为 a 的悬臂梁自由端在均布力 q 作用下的挠度和转角分别为

$$w_{qB} = \frac{qa^4}{8EI} \quad (\downarrow)$$

$$\varphi_{qB} = \frac{qa^3}{6EI} \quad (\circlearrowright)$$

B 截面的挠度和转角分别为

$$w_B = w_C + a\varphi_C + w_{qB} = \frac{7qa^4}{12EI} + \frac{qa^3}{EI}a + \frac{qa^4}{8EI} = \frac{41qa^4}{24EI} \quad (\downarrow)$$

$$\varphi_B = \frac{qa^3}{EI} + \frac{qa^3}{6EI} = \frac{7qa^3}{6EI} \quad (\circlearrowright)$$

解法 2　习题 6.3（b）题解图（a）可以看作是习题 6.3（b）题解图（c，d）两种情况的叠加。

在习题 6.3（b）题解图（c）情况中，查表可得

$$w_{B1} = \frac{2qa^4}{EI} \quad (\downarrow)$$

$$\varphi_{B1} = \frac{4qa^3}{3EI} \quad (\circlearrowright)$$

在习题 6.3（b）题解图（d）情况中，查表可得

$$w_{B2}=w_C+a\varphi_{C2}=-\left[\frac{qa^4}{8EI}+\frac{qa^3}{6EI}a\right]=-\frac{7qa^4}{24EI}\quad(\uparrow)$$

$$\theta_{B2}=\varphi_{C2}=-\frac{qa^3}{6EI}\quad(\circlearrowleft)$$

B 截面的挠度和转角分别为

$$w_B=w_{B1}+w_{B2}=\frac{2qa^4}{EI}-\frac{7qa^4}{24EI}=\frac{41qa^4}{24EI}\quad(\downarrow)$$

$$\varphi_B=\varphi_{B1}+\varphi_{B2}=\frac{4qa^3}{3EI}-\frac{qa^3}{6EI}=\frac{7qa^3}{6EI}\quad(\circlearrowright)$$

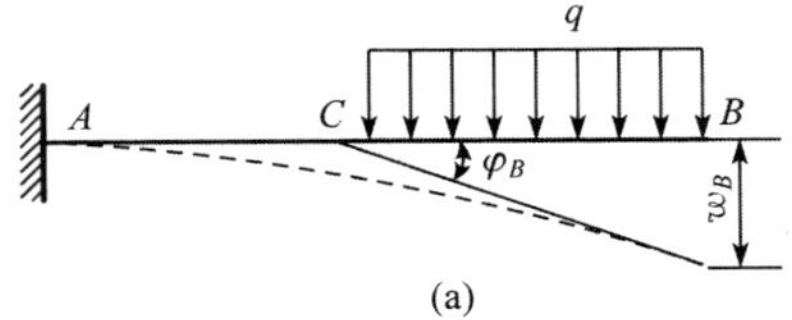

(a)

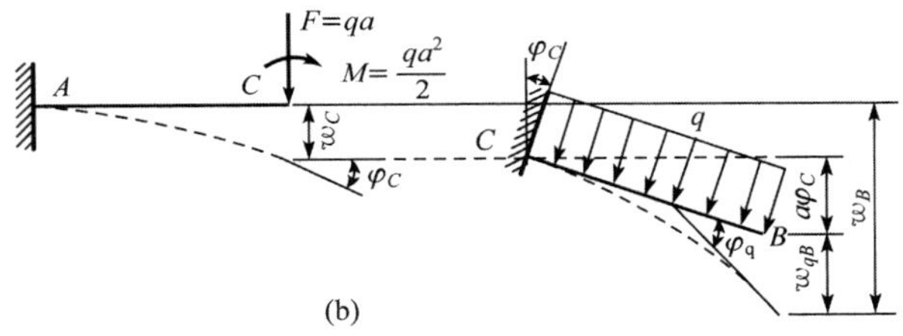

(b)

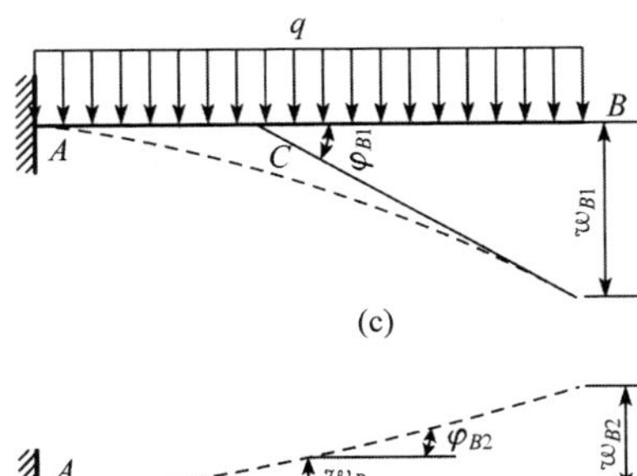

(c)

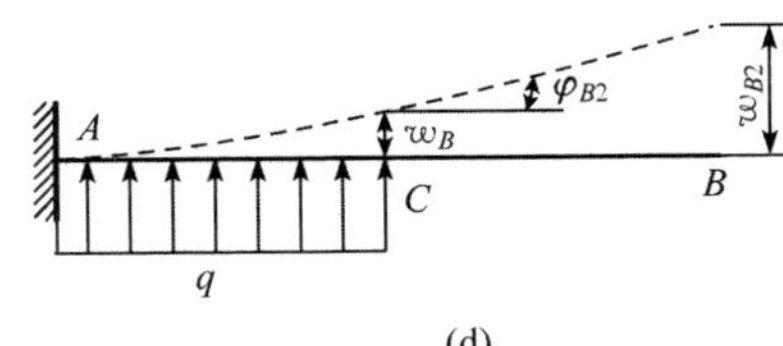

(d)

习题 6.3（b）题解图

（3）题（c）解

习题 6.3（c）题解图（a）可以看作是习题 6.3（c）题解图（b）中两种情况的叠加。在图（b）情况中，查表可得截面 C、D 的挠度分别为

$$w_C=-\frac{Fa\,(2a)^2}{16EI}+\frac{F\,(2a)^3}{48EI}=-\frac{Fa^3}{12EI}\quad(\uparrow)$$

$$\varphi_B=\frac{Fa\times 2a}{3EI}-\frac{F\,(2a)^2}{16EI}=\frac{5Fa^2}{12EI}\quad(\circlearrowright)$$

$$w_D = w_{DF} + a\varphi_B = \frac{Fa^3}{3EI} + \frac{5Fa^2}{12EI}a = \frac{3Fa^3}{4EI} \quad (\downarrow)$$

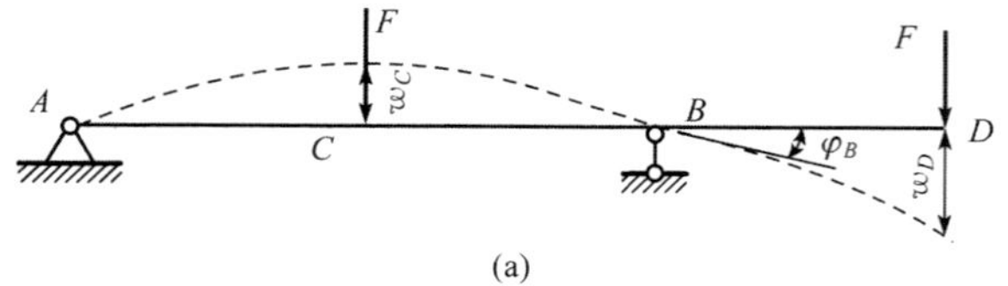

(a)

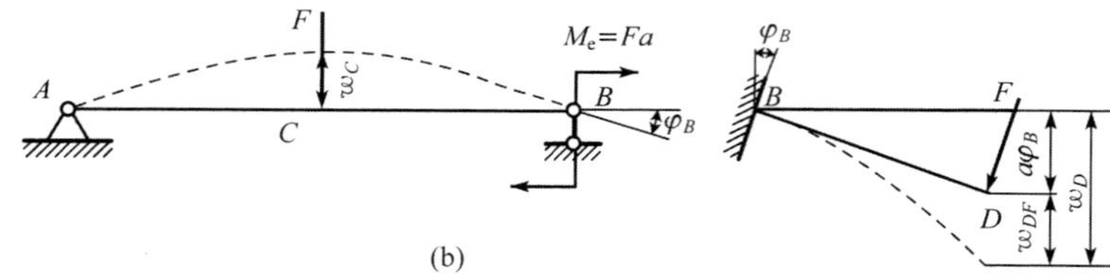

(b)

习题 6.3（c）题解图

（4）题（d）解

由结构的对称性可知，C 截面转角 $\theta_C=0$，因此可取结构的一半 AC 梁［习题 6.3（d）题解图（b）］为研究对象，将 C 端看作固定端，悬臂梁自由端 A 截面的转角即为所求的梁 AE 的 A 截面转角，悬臂梁自由端 A 截面的挠度与梁 AE 的 C 截面挠度大小相等，符号相反。

习题 6.3（d）题解图（b）可看作是习题 6.3（d）题解图（c，d）两种情况的叠加。在习题 6.3（d）题解图（c）情况中，查表可得

$$\varphi_{A1} = \varphi_{Bq} = -\frac{qa^3}{6\times 2EI} = -\frac{qa^3}{12EI} \quad (\circlearrowleft)$$

$$w_{A1} = w_{Bq} + a\varphi_{Bq} = \frac{qa^4}{8\times 2EI} + \frac{qa^3}{6\times 2EI}a = \frac{7qa^4}{48EI} \quad (\downarrow)$$

习题 6.3（d）题解图（d）又可看作是习题 6.3（d）题解图（e）中两种情况的叠加。在习题 6.3（d）题解图（e）情况中，查表可得

$$\varphi_{A2} = \varphi_B + \varphi_{AF} = \frac{qa\times a^2}{2\times 2EI} + \frac{qa^2\times a}{2EI} + \frac{qa\times a^2}{2EI} = \frac{5qa^3}{4EI} \quad (\circlearrowright)$$

$$w_{A2} = w_B + a\varphi_B + w_{AF}$$

$$= -\left(\frac{qa\times a^3}{3\times 2EI} + \frac{qa^2\times a^2}{2\times 2EI}\right) - \left(\frac{qa\times a^2}{2\times 2EI} + \frac{qa^2\times a}{2EI}\right)a - \frac{qa\times a^3}{3EI} = -\frac{3qa^4}{2EI} \quad (\uparrow)$$

将习题 6.3（d）题解图（c，d）两种情况的叠加得

$$\varphi_A = \varphi_{A1} + \varphi_{A2} = -\frac{qa^3}{12EI} + \frac{5qa^3}{4EI} = \frac{7qa^3}{6EI} \quad (\circlearrowright)$$

$$w_C = -w_A = -(w_{A1} + w_{A2}) = -\left(-\frac{3qa^4}{2EI} + \frac{7qa^4}{48EI}\right) = \frac{65qa^4}{48EI} \quad (\downarrow)$$

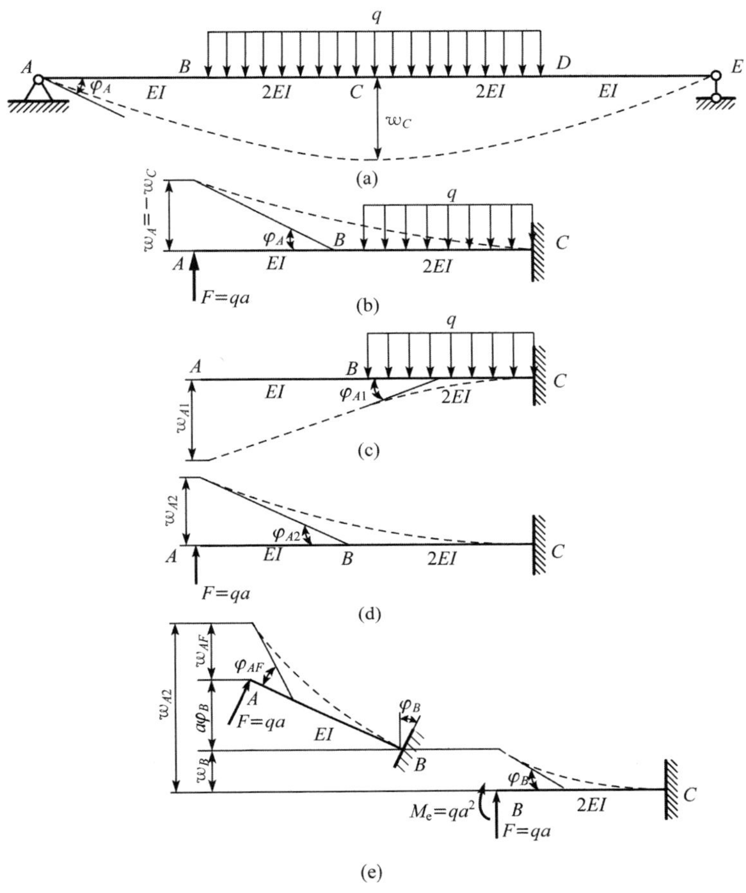

习题 6.3（d）题解图

习题 6.4 和习题 6.5　梁的刚度

习题 6.4　图示简支梁的弯曲刚度 $EI=5\times10^5\,\text{kN}\cdot\text{m}$，梁的许用挠跨比 $\left[\frac{w}{l}\right]=\frac{1}{200}$。试对该梁进行刚度校核。

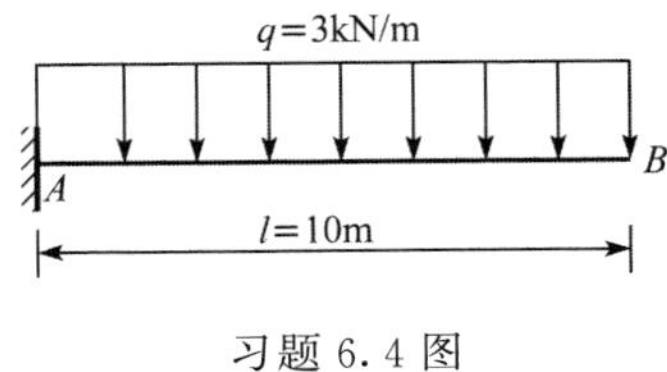

习题 6.4 图

解　梁的最大挠跨度为

$$\frac{w_{\max}}{l}=\frac{ql^3}{8EI}=\frac{3\text{kN/m}\times(10\text{m})^3}{8\times5\times10^5\,\text{kN}\cdot\text{m}^2}=0.00075<\left[\frac{w}{l}\right]=\frac{1}{200}$$

故该梁满足刚度要求。

习题 6.5 图示两简支梁用工字钢制成。材料的许用应力 $[\sigma]=170MPa$，弹性模量 $E=2.1\times10^5\text{MPa}$；梁的许用挠跨比 $\left[\frac{w}{l}\right]=\frac{1}{500}$。试按正应力强度条件和刚度条件设计工字钢的型号。

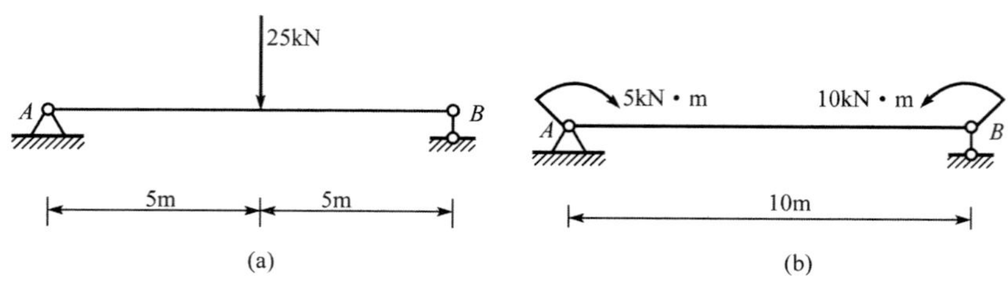

习题 6.5 图

解 (1) 题 (a) 解

1) 由正应力强度条件设计工字钢的型号。梁的最大弯矩为

$$M_{\max}=\frac{1}{4}Fl=\frac{1}{4}\times25\text{kN}\times10\text{m}=62.5\text{kN}\cdot\text{m}$$

由正应力强度条件得

$$W_z\geqslant\frac{M_{\max}}{W_z}=\frac{62.5\times10^3\text{N}\cdot\text{m}}{170\times10^6\text{Pa}}=367.65\times10^{-6}\text{m}^3=367.65\text{cm}^3$$

查型钢规格表可选 25a 号工字钢，其 $W_z=401.88\text{cm}^3$，$I_z=5023.54\text{cm}^4$。

2) 刚度校核。查表得梁的最大挠度为

$$w_{\max}=\frac{Fl^3}{48EI_z}$$

因为

$$\frac{w_{\max}}{l}=\frac{Fl^2}{48EI_z}=\frac{25\times10^3\text{N}\times(10\text{m})^2}{48\times2.1\times10^{11}\text{Pa}\times5023.54\times10^{-8}\text{m}^4}=0.0049>\left[\frac{w}{l}\right]=\frac{1}{500}$$

所以不满足刚度条件。

3) 由刚度条件设计工字钢型号。由刚度条件

$$\frac{w_{\max}}{l}=\frac{Fl^2}{48EI_z}\leqslant\left[\frac{w}{l}\right]=\frac{1}{500}$$

得

$$I_z\geqslant\frac{500Fl^2}{48E}=\frac{500\times25\times10^3\text{N}\times(10\text{m})^2}{48\times2.1\times10^{11}\text{Pa}}=12400.79\times10^8\text{m}^4=12400.79\text{cm}^4$$

查型钢规格表可选 36a 号工字钢，其 $I_z=15760\text{cm}^4$。

(2) 题 (b) 解

1) 由正应力强度条件设计工字钢型号。梁的最大弯矩为

$$M_{\max}=10\text{kN}\cdot\text{m}$$

由正应力强度条件得

$$W_z\geqslant\frac{M_{\max}}{W_z}=\frac{10\times10^3\text{N}\cdot\text{m}}{170\times10^6\text{Pa}}=58.82\times10^{-6}\text{m}^3=58.82\text{cm}^3$$

查型钢规格表可选 12.6 号工字钢，其 $W_z=77.529\text{cm}^3$，$I_z=488.43\text{cm}^4$。

2）刚度校核。查表得梁的最大挠度为

$$w_{\max}=\frac{(M_A+M_B)l^2}{16EI_z}$$

因为

$$\frac{w_{\max}}{l}=\frac{(M_A+M_B)l}{16EI_z}=\frac{15\times10^3\text{N}\times10\text{m}}{16\times2.1\times10^{11}\text{Pa}\times488.43\times10^{-8}\text{m}^4}=0.0049>\left[\frac{w}{l}\right]=\frac{1}{500}$$

所以不满足刚度条件。

3）由刚度条件设计工字钢型号。由刚度条件

$$\frac{w_{\max}}{l}=\frac{(M_A+M_B)l}{16EI_z}<\left[\frac{w}{l}\right]=\frac{1}{500}$$

得

$$I_z\geqslant\frac{500(M_A+M_B)l}{16E}=\frac{500\times15\times10^3\text{N}\times10\text{m}}{16\times2.1\times10^{11}\text{Pa}}=2232.14\times10^8\text{m}^4=2232.14\text{cm}^4$$

查型钢规格表可选 20a 号工字钢，其 $I_z=2370\text{cm}^4$。

第七章　应力状态和强度理论

内容总结

1. 应力状态的概念

受力构件内一点处不同方位的截面上应力的集合，称为一点处的应力状态。

2. 应力状态的分类

1）单向应力状态——单元体的三个主应力中只有一个不等于零。
2）两向（平面）应力状态——单元体的三个主应力中有两个不等于零。
3）三向（空间）应力状态——单元体的三个主应力全不为零。

3. 平面应力状态分析

（1）分析方法
解析法和图解法。
（2）主要结论
1）任意斜截面上的应力。任意 α 斜截面上的正应力和切应力分别为

$$\sigma_\alpha = \frac{\sigma_x + \sigma_y}{2} + \frac{\sigma_x - \sigma_y}{2} - \tau_x \sin 2\alpha$$

$$\tau_\alpha = \frac{\sigma_x - \sigma_y}{2}\sin 2\alpha + \tau_x \cos 2\alpha$$

计算时应注意式中各量的正负号。

2）主平面的方位和主应力的数值。对于受力构件内任一点，总可以找到三对互相垂直的平面，在这些面上只有正应力而没有切应力，这些切应力为零的平面称为主平面，其上的正应力称为主应力。三个主应力分别用 σ_1、σ_2、σ_3 表示，并按代数值大小排序，即 $\sigma_1 \geqslant \sigma_2 \geqslant \sigma_3$。

① 主平面的方位。

$$\tan 2\alpha_0 = \frac{-2\tau_x}{\sigma_x - \sigma_y}$$

由上式可确定两对互相垂直的主平面，第三对主平面与平面图形平行。

② 主应力的数值。

$$\left.\begin{matrix}\sigma_{max}\\ \sigma_{min}\end{matrix}\right\} = \frac{\sigma_x + \sigma_y}{2} \pm \sqrt{\left(\frac{\sigma_x - \sigma_y}{2}\right)^2 + \tau_x^2}$$

由上式可确定两个主应力，第三个主应力等于零。

③ 主应力与主平面之间的对应关系。由单元体上 τ_x（或 τ_y）所在平面，顺 τ_x（或 τ_y）方向转动而得到的那个主平面上的主应力为 σ_{max}；逆 τ_x（或 τ_y）方向转动而得到的那个主平面上的主应力为 σ_{min}。简述为：顺 τ 转最大，逆 τ 转最小。这个法则称为 τ 判别法。

3）应力圆。单元体上一截面对应于应力圆上一点；应力圆的横坐标表示正应力、纵坐标表示切应力；应力圆上的点沿圆周转动的转向与单元体上斜截面的转向相同，圆上对应点处半径转过的角度为单元体上两截面间夹角的两倍。

4. 空间应力状态的最大正应力和最大切应力

（1）最大正应力

$$\sigma_{max} = \sigma_1,\ \sigma_{min} = \sigma_3$$

（2）最大切应力

$$\tau_{max} = \frac{\sigma_1 - \sigma_3}{2}$$

5. 广义胡克定律

$$\left.\begin{aligned}\varepsilon_1 &= \frac{1}{E}[\sigma_1 - \nu(\sigma_2 + \sigma_3)]\\ \varepsilon_2 &= \frac{1}{E}[\sigma_2 - \nu(\sigma_3 + \sigma_1)]\\ \varepsilon_3 &= \frac{1}{E}[\sigma_3 - \nu(\sigma_1 + \sigma_2)]\end{aligned}\right\}$$

式中：ε_1、ε_2、ε_3——一点处的主应变；

ν——材料的泊松比。

求任意三个互相垂直方向的线应变 ε_x、ε_y、ε_z时，只需将上式各量的下标 1、2、3 依次换成 x、y、z 即可。

6. 强度理论的概念

人们根据对材料破坏现象的分析提出的各种各样的假说，认为材料的某一类型的破坏是由某种因素所引起的，这种假说通常称为强度理论。

7. 四个基本强度理论的强度条件

（1）最大拉应力理论（第一强度理论）

$$\sigma_1 \leqslant [\sigma]$$

（2）最大伸长线应变理论（第二强度理论）

$$\sigma_1 - \nu(\sigma_2 + \sigma_3) \leqslant [\sigma]$$

(3) 最大切应力理论(第三强度理论)

$$\sigma_1 - \sigma_3 \leqslant [\sigma]$$

(4) 形状改变比能理论(第四强度理论)

$$\sqrt{\frac{1}{2}[(\sigma_1-\sigma_2)^2+(\sigma_2-\sigma_3)^2+(\sigma_3-\sigma_1)^2]} \leqslant [\sigma]$$

以上诸式中:$[\sigma]$——材料的许用应力。

8. 莫尔强度理论的强度条件

$$\sigma_1 - \frac{[\sigma_t]}{[\sigma_c]}\sigma_3 \leqslant [\sigma_t]$$

式中:$[\sigma_t]$、$[\sigma_c]$——材料的许用拉应力和许用压应力。

典型例题

例 7.1 试计算图 7.1(a)所示简支梁在点 k 处,$\alpha=-30°$的斜截面上的应力。

分析 首先根据 $m—m$ 横截面上的弯矩和剪力,由梁弯曲时横截面上的正应力和切应力计算公式,求出梁上点 k 处的正应力和切应力;然后在点 k 处取出单元体,由斜截面上的应力公式计算出斜截面上的正应力和切应力。

解 1)计算横截面 $m—m$ 上的内力。梁的支座反力 $F_A=F_B=10\text{kN}$,绘出内力图[图 7.1(b)]。横截面 $m—m$ 上的内力为

$$M = 10\text{kN}\times 0.3\text{m} = 3\text{kN}\cdot\text{m},\ F_S = 10\text{kN}$$

2)计算横截面 $m—m$ 上点 k 处的应力。截面的惯性矩为

$$I_z = \frac{bh^3}{12} = \frac{0.08\text{m}\times 0.16^3\text{m}^3}{12} = 27.3\times 10^{-6}\text{m}^4$$

点 k 处的正应力和切应力分别为

$$\sigma_x = \frac{My}{I_z} = \frac{3\times 10^3\text{N}\times 0.02\text{m}}{27.3\times 10^{-6}\text{m}^4} = 2.2\times 10^6\text{Pa} = 2.2\text{MPa}$$

$$\sigma_y = 0$$

$$\tau_x = \frac{F_S S_{zk}}{I_z b} = \frac{10\times 10^3\text{N}(0.06\text{m}\times 0.08\text{m}\times 0.050\text{m})}{27.3\times 10^{-6}\text{m}^4\times 0.08\text{m}} = 1.1\times 10^6\text{Pa} = 1.1\text{MPa}$$

$$\tau_y = -\tau_x = -1.1\text{MPa}$$

点 k 处单元体的应力状态如图 7.1(c)所示。

3)计算点 k 处 $\alpha=-30°$斜截面上的应力。由斜截面上的应力计算公式,得

$$\sigma_{(-30°)} = \frac{2.2}{2}\text{MPa} + \frac{2.2}{2}\text{MPa}\cos 2\times(-30°) - 1.1\text{MPa}\sin^2\times(-30°) = 2.60\text{MPa}$$

$$\tau_{(-30°)} = \frac{2.2}{2}\text{MPa}\sin 2\times(-30°) + 1.1\text{MPa}\cos 2\times(-30°) = -0.40\text{MPa}$$

将已求得的 $\sigma_{(-30°)}$ 和 $\tau_{(-30°)}$ 表示在单元体上,如图 7.1(c)所示。

4)将所示单元体上的应力情况反映到梁 AB 上去,如图 7.1(d)所示。

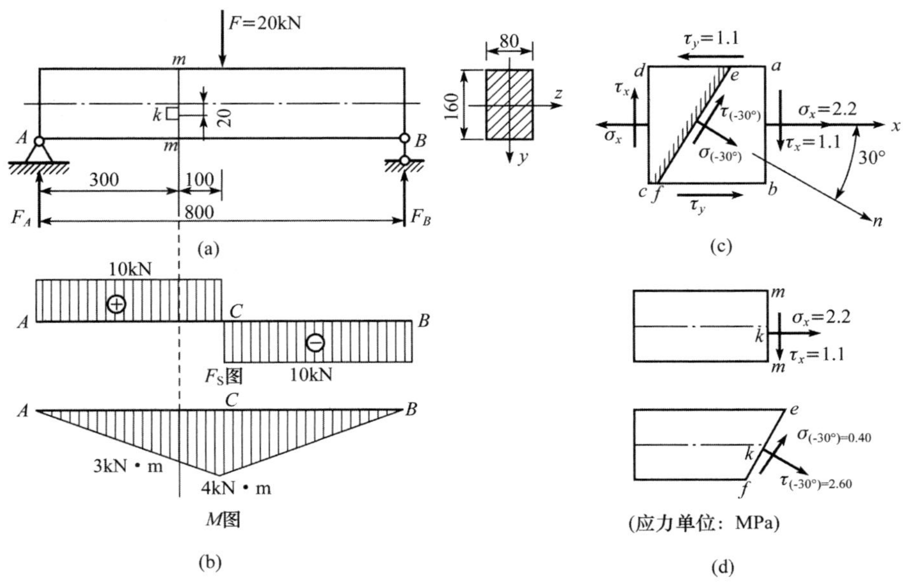

图 7.1

例 7.2　单元体各面上的应力如图 7.2（a）所示，试分别用解析法和图解法计算 $\alpha=45°$斜截面上的应力。

分析　解析法即由斜截面上的应力公式计算出单元体 45°斜截面上的正应力和切应力。图解法首先由 x 和 y 截面的应力绘出应力圆，然后根据应力圆与单元体截面上应力的对应关系，在应力圆上找出与单元体 45°斜截面对应的点，该点的坐标即为 45°斜截面上的正应力和切应力。

解　（1）解析法

将图 7.2（a）中各应力值 $\sigma_x=30\text{MPa}$、$\sigma_y=10\text{MPa}$、$\tau_x=-20\text{MPa}$ 以及 $\alpha=45°$代入斜截面上的应力计算公式，得

$$\sigma_{45°}=\frac{30+10}{2}\text{MPa}+\frac{30-10}{2}\text{MPa}\cos 90°+20\text{MPa}\sin 90°=40\text{MPa}$$

$$\tau_{45°}=\frac{30-10}{2}\text{MPa}\sin 90°-20\text{MPa}\cos 90°=10\text{MPa}$$

（2）图解法

建立 $\sigma O\tau$ 坐标系，确定比例尺，根据单元体 x、y 截面上的应力在坐标系中找到 D_1、D_2 两点，以 D_1、D_2 两点连线为直径绘制圆，该圆即为单元体的应力圆［图 7.2（b）］。根据应力圆与单元体上截面的对应关系，自 CD_1 始逆时针旋转 $2\alpha=90°$，得到 D_α 点，该点的坐标值即为 $\alpha=45°$斜截面上的应力。从图中量得

$$\sigma_{45°}=40\text{MPa},\ \tau_{45°}=10\text{MPa}$$

例 7.3　单元体各面上的应力如图 7.3（a）所示，试分别用解析法和图解法计算主应力的大小及其所在截面的方位，并在单元体中画出。

分析　解析法首先由最大和最小正应力计算公式计算出两个主应力，将两个主应力与

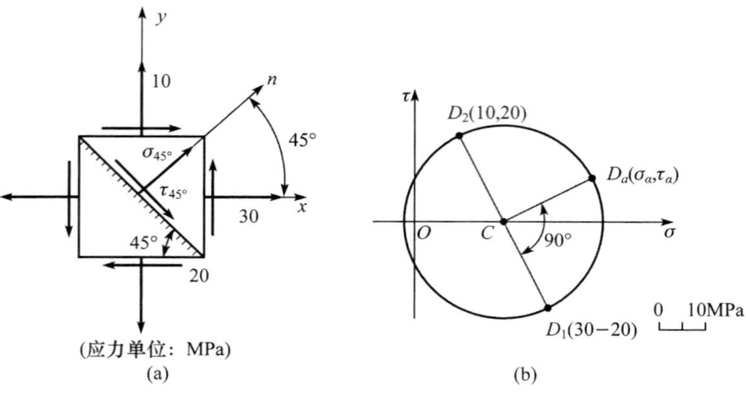

图 7.2

零按代数值由大到小排列即为三个主应力；由主平面位置公式计算出两个主平面的方位角，并由 τ 判别法得与 σ_1 所对应截面的方位角。图解法首先由 x 和 y 截面的应力绘出应力圆，应力圆与 σ 轴的交点坐标即为主应力的数值，然后在应力圆上量得与 σ_1 所对应截面的方位角。

解 （1）解析法

将图 7.3（a）中的 $\sigma_x=40\text{MPa}$、$\sigma_y=20\text{MPa}$、$\tau_x=20\text{MPa}$ 代入主应力计算公式，得

$$\begin{matrix}\sigma_{\max}\\ \sigma_{\min}\end{matrix}=\frac{40+20}{2}\text{MPa}\pm\sqrt{\left(\frac{40-20}{2}\right)^2+20^2}\,\text{MPa}=\begin{matrix}52.4\\ 7.64\end{matrix}\text{MPa}$$

故单元体的主应力为

$$\sigma_1=52.4\text{MPa},\ \sigma_2=7.64\text{MPa},\ \sigma_3=0$$

主平面的方位为

$$\tan 2\alpha_0=-\frac{2\tau_x}{\sigma_x-\sigma_y}=-2$$

故

$$2\alpha_0=-63.4°,\ \alpha_0=-31.7°$$

$$\alpha_0'=90°+\alpha_0=90°-31.7°=58.3°$$

第三对主平面与纸面平行。由 τ 判别法得与 σ_1 所对应的主平面的方位角为 $\alpha_0=-31.7°$，如图 7.3（a）所示。

（2）图解法

绘出应力圆如图 7.3（b）所示，由应力圆量得主应力数值为

$$\sigma_1=52\text{MPa},\ \sigma_2=8\text{MPa}$$

由应力圆量得 $2\alpha_0=\angle D_1CA_1=63°$，自半径 CD_1 至 CA_1 的转向为顺时针方向，故主应力 σ_1 所对应的主平面的方位角为

$$\alpha_0=-31.5°$$

例 7.4 图 7.4 槽形刚体的槽内放置一边长为 10mm 的立方钢块，钢块顶面受到合力 $F=8\text{kN}$ 的均布压力作用，试求钢块的三个主应力和最大切应力。已知材料的弹性模量 $E=200\text{GPa}$，泊松比 $\nu=0.3$。

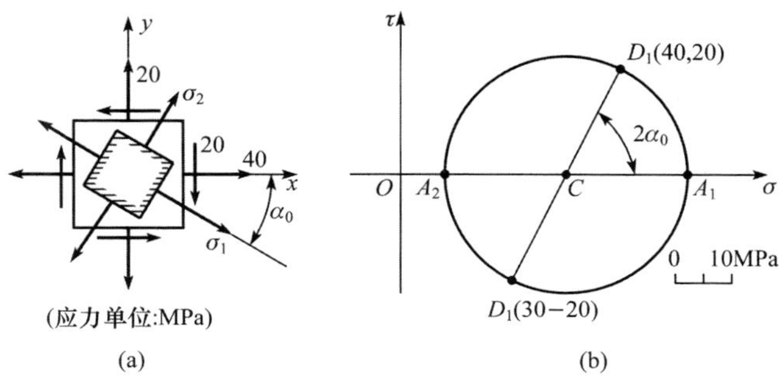

图 7.3

分析 钢块在与力 F 垂直面上应力为 $-F/A$；在沿槽的长度方向，由于钢块可以自由变形，故该方向的应力为零；在槽的横向，钢块由于受到槽的限制，应变为零，可根据广义胡克定律求出该方向的应力。再根据主应力即可求出最大切应力。

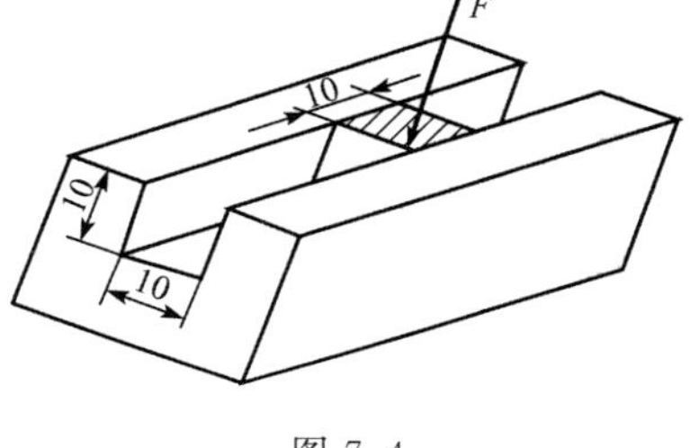

图 7.4

解 钢块的主应力为

$$\sigma_1 = 0$$

$$\sigma_3 = \frac{F}{A} = -\frac{8 \times 10^3 \mathrm{N}}{0.01\mathrm{m} \times 0.01\mathrm{m}} = -80\mathrm{MPa}$$

由广义胡克定律

$$\varepsilon_2 = \frac{1}{E}(\sigma_2 - \nu\sigma_3) = 0$$

得另一个主应力为

$$\sigma_2 = \nu\sigma_3 = 0.3 \times (-80)\mathrm{MPa} = -24\mathrm{MPa}$$

钢块的最大切应力为

$$\tau_{\max} = \frac{\sigma_1 - \sigma_3}{2} = \frac{80}{2}\mathrm{MPa} = 40\mathrm{MPa}$$

例 7.5 如图 7.5 所示一边长 $a=200\mathrm{mm}$ 的正立方混凝土块，无空隙地放在绝对刚硬的凹座里，承受压力 $F=300\mathrm{kN}$ 的作用。已知混凝土的泊松比 $\nu=\frac{1}{6}$。试求凹座壁上所受的压力。

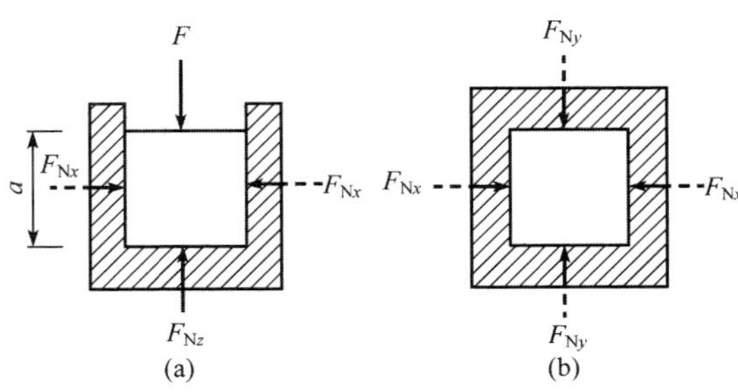

图 7.5

分析 混凝土块在 z 方向受压力 F 作用后，将在 x、y 方向发生伸长。但由于 x、y 方向受到座壁的阻碍，变形为零，即 $\varepsilon_x=\varepsilon_y=0$，因而根据广义胡克定律可求出在 x、y 方向受到的座壁反力 F_{Nx} 和 F_{Ny}（因对称 $F_{Nx}=F_{Ny}$）。

解 根据混凝土块的变形条件 $\varepsilon_x=\varepsilon_y=0$，由广义胡克定律，得

$$\varepsilon_x=\frac{1}{E}[\sigma_x-\nu(\sigma_y+\sigma_z)]=0$$

$$\varepsilon_y=\frac{1}{E}[\sigma_y-\nu(\sigma_z+\sigma_x)]=0$$

式中：$\sigma_z=-\dfrac{F}{a^2}=-7.5\text{MPa}$。联立解得

$$\sigma_x=\sigma_y=-1.5\text{MP}$$

因 $\sigma_x=-\dfrac{F_{Nx}}{a^2}$，$\sigma_y=-\dfrac{F_{Ny}}{a^2}$，代入上式，得凹座壁上所受的压力为

$$F_{Nx}=F_{Ny}=\sigma_x a^2=-60\text{kN}$$

例 7.6 图 7.6（a）所示外伸梁的自由端受荷载 $F=130\text{kN}$ 作用，梁用 28a 号工字钢制成，其截面尺寸如图 7.6（b）所示。试求 B 右侧截面上 a、b、c 三点处的主应力，并用第三强度理论校核其强度。已知材料的许用应力 $[\sigma]=170\text{MPa}$。

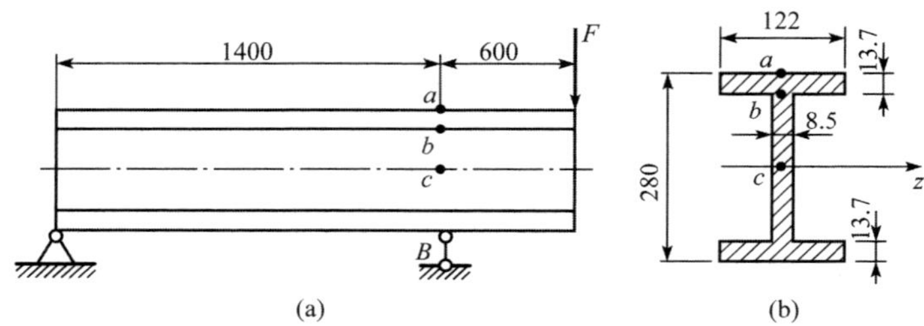

图 7.6

分析 首先求出 B 右侧截面上的弯矩和剪力，分别计算出 a、b、c 三点的应力，再求出各点处的主应力，最后求出第三强度理论的相当应力后即可进行强度校核。

解 B 右侧截面上的弯矩和剪力分别为

$$M_B=F\times 0.6\text{m}=130\text{kN}\times 0.6\text{m}=78\text{kN}\cdot\text{m}$$

$$F_{SB}^{R}=F=130\text{kN}$$

由型钢表查得 28a 号工字钢的几何参数为

$$W_z=508.15\text{cm}^3=508.15\times 10^{-6}\text{m}^3$$

$$I_z=7114.14\text{cm}^4=7114.14\times 10^{-8}\text{m}^4$$

$$\frac{I_z}{S_{z\max}^*}=24.62\text{cm}=24.62\times 10^{-2}\text{m}$$

1）求 a 点处的主应力并校核其强度。a 点处的正应力和切应力分别为

$$\sigma=\frac{M_B}{W_z}=\frac{78\times 10^3\text{N}\cdot\text{m}}{508.15\times 10^{-6}\text{m}^3}=153.5\text{MPa}$$

$$\tau=0$$

a 点处的主应力为

$$\sigma_1 = \sigma = 153.5\text{MPa},\ \sigma_2 = \sigma_3 = 0$$

第三强度理论的相当应力为

$$\sigma_{r3} = \sigma_1 - \sigma_3 = 153.5\text{MPa} < [\sigma] = 170\text{MPa}$$

故该点满足强度条件。

2）求 b 点处的主应力并校核其强度。b 点处的正应力为

$$\sigma = \frac{M_B y_b}{I_z} = \frac{78\times 10^3\text{N}\cdot\text{m}\times 126.3\times 10^{-3}\text{m}}{7114.14\times 10^{-8}\text{m}^4} = 138.48\text{MPa}$$

因

$$S_z^* = 0.122\text{m}\times 0.0137\times\left(\frac{0.28\text{m}-0.0137\text{m}}{2}\right) = 222.5\times 10^{-6}\text{m}^3$$

故 b 点处的切应力为

$$\tau = \frac{F_{SB}^{R} S_z^*}{I_z b} = \frac{130\times 10^3\text{N}\times 222.5\times 10^{-6}\text{m}^3}{7114.14\times 10^{-8}\text{m}^4\times 8.5\times 10^{-3}\text{m}} = 47.8\text{MPa}$$

b 点处的主应力为

$$\begin{matrix}\sigma_1\\ \sigma_3\end{matrix} = \frac{138.48+0}{2}\text{MPa}\pm\sqrt{\left(\frac{138.48-0}{2}\right)^2+47.8^2}\text{MPa} = \begin{matrix}153.3\\ -14.9\end{matrix}\text{MPa}$$

$$\sigma_2 = 0$$

第三强度理论的相当应力为

$$\sigma_{r3} = \sigma_1 - \sigma_3 = 168.2\text{MPa} < [\sigma] = 170\text{MPa}$$

故该点满足强度条件。

3）求 c 点处的主应力并校核其强度。c 点处的正应力和切应力分别为

$$\sigma = 0$$

$$\tau = \frac{F_{SB}^{R} S_{z\max}^*}{I_z b} = \frac{130\times 10^3\text{N}}{24.62\times 10^{-2}\text{m}\times 8.5\times 10^{-3}\text{m}} = 62.12\text{MPa}$$

c 点处的主应力为

$$\sigma_1 = \tau = 62.12\text{MPa},\ \sigma_2 = 0,\ \sigma_3 = -\tau = -62.12\text{MPa}$$

第三强度理论的相当应力为

$$\sigma_{r3} = \sigma_1 - \sigma_3 = 2\tau = 124.14\text{MPa} < [\sigma] = 170\text{MPa}$$

故该点满足强度条件。

例 7.7　图 7.7（a）所示为一锅炉汽包，汽包总重 500kN，自重可作为均布荷载 q。已知气体压强 p=4MPa。试分别计算第三和第四强度理论的相当应力值。

分析　锅炉汽包在自重作用下发生弯曲变形，弯矩在横截面上产生的正应力与气压在锅炉汽包横向上产生的正应力方向相同，可以直接相加。忽略气压在锅炉汽包厚度方向产生的应力，单元体为平面应力状态。求出各种应力并叠加后再采用相应公式计算强度理论的相当应力。

解　1）计算最大弯矩。均布荷载的集度 q 为

$$q = \frac{500\text{kN}}{10\text{m}} = 50\text{kN/m}$$

最大弯矩为

$$M_{\max}=\frac{1}{8}ql^2=625\text{kN}\cdot\text{m}$$

2）计算弯曲产生的最大正应力（轴向）。截面的惯性矩为

$$I_z=\frac{\pi}{8}D^3t=\frac{\pi}{8}\times1.5^3\text{m}^3\times0.03\text{m}=3.976\times10^{-2}\text{m}^4$$

最大正应力为

$$\sigma_{\max}=\frac{M_{\max}y_{\max}}{I_z}=\frac{625\times10^3\text{N}\cdot\text{m}\times0.765\text{m}}{3.976\times10^{-2}\text{m}^4}=12.03\text{MPa}$$

3）计算内压产生的切向应力和轴向应力。由薄壁圆筒应力的计算公式，得

$$\sigma_t=\frac{pD}{2t}=\frac{4\text{MPa}\times1.5\text{m}}{2\times0.03\text{m}}=100\text{MPa}$$

$$\sigma_x=\frac{pD}{4t}=\frac{4\text{MPa}\times1.5\text{m}}{4\times0.03\text{m}}=50\text{MPa}$$

4）计算危险点处的主应力。危险点发生在跨中截面的下边缘，其应力状态如图 7.7（b）所示。主应力为

$$\sigma_1=\sigma_t=100\text{MPa},\ \sigma_2=\sigma_{\max}+\sigma_x=12.03\text{MPa}+50\text{MPa}=62.03\text{MPa},\ \sigma_3=0$$

5）计算相当应力。第三和第四强度理论的相当应力分别为

$$\sigma_{r3}=\sigma_1-\sigma_3=100\text{MPa}$$

$$\sigma_{r4}=\sqrt{\frac{1}{2}[(\sigma_1-\sigma_2)^2+(\sigma_2-\sigma_3)^2+(\sigma_3-\sigma_1)^2]}=87.5\text{MPa}$$

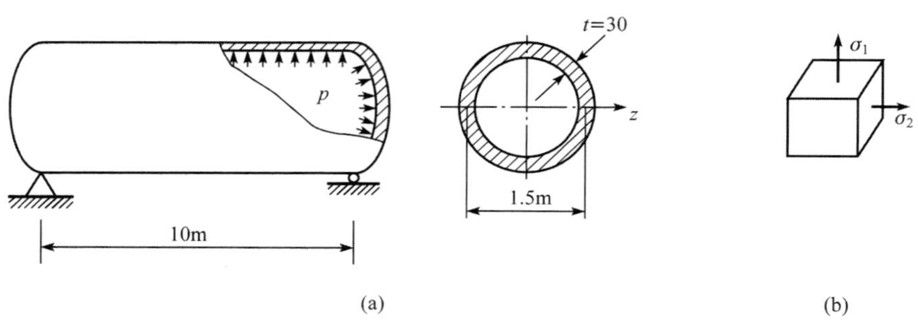

图 7.7

思考题解答

思考题 7.1　何谓受力构件内一点处的应力状态？研究它有何意义？

解　通过受力构件内一点处各个不同方位截面上应力的大小和方向情况，称为一点处的应力状态。研究受力构件内一点处的应力状态是为了分析破坏现象以及解决复杂受力构件的强度问题。

思考题 7.2　应力状态是如何分类的？

解　如果单元体上的全部应力都位于同一平面内，则称为平面应力状态。否则称为空

间应力状态。应力状态还可以根据单元体不为零主应力的个数来分类。若单元体的三个主应力中只有一个不等于零，则称为单向应力状态；若有两个不等于零，则称为二向应力状态，或双向应力状态；若三个全不为零，则称为三向应力状态。单向和二向应力状态属于平面应力状态，三向应力状态属于空间应力状态。

思考题 7.3　何谓主平面和主应力？三个主应力排列顺序有何规定？

解　对于受力构件内任一点，总可以找到三对互相垂直的平面，在这些面上只有正应力而没有切应力，这些切应力为零的平面称为主平面，其上的正应力称为主应力。三个主应力分别用 σ_1、σ_2、σ_3 表示，并按代数值大小排序，即 $\sigma_1 \geqslant \sigma_2 \geqslant \sigma_3$。

思考题 7.4　如何绘制应力圆？应力圆与单元体有何种对应关系？应力圆有哪些用途？

解　（1）应力圆的绘制方法

1）以 σ 为横坐标轴，以 τ 为纵坐标轴，建立直角坐标系 $O\sigma\tau$；选定比例尺。

2）在坐标系平面上确定 $D_1(\sigma_x, \tau_x)$、$D_2(\sigma_y, \tau_y)$ 点。

3）以 D_1 和 D_2 两点连线为直径绘制圆，即为应力圆。

（2）单元体与相应的应力圆之间的对应关系

1）点面对应，即应力圆上某一点的坐标值对应着单元体某一方位面上的正应力和切应力值。

2）二倍角转向相同，即应力圆上两点所对应的圆心角为该两点所对应单元体两个截面之间夹角的二倍。

（3）应力圆的用途

利用用应力圆可以求单元体任意斜截面上的应力、主平面和主应力。

思考题 7.5　试用应力状态的理论解释铸铁圆轴扭转时的破坏现象。

解　铸铁在扭转时的破坏面为 45°螺旋面，这是因为扭转时在 45°斜截面上产生最大的拉应力，而铸铁的抗拉能力低于抗剪能力，因此铸铁在扭转时会沿 45°螺旋面被拉断。

思考题 7.6　何谓梁的主应力迹线？它有何特点？它有什么用途？

解　梁的主应力迹线是其上各点切线为梁上该点主应力方向的曲线。

梁的主应力迹线有两组：一组称为主拉应力迹线，其上各点的切线方向为该点处主拉应力 σ_1 的方向；另一组称为主压应力迹线，其上各点的切线方向为该点处主压应力 σ_3 的方向。

梁的主应力迹线表示梁内主应力方向的变化规律。例如在钢筋混凝土梁中，钢筋应大体上沿最大拉应力 σ_1 的方向布置。

思考题 7.7　何谓三向应力圆和主应力圆？

解　由 σ_1 和 σ_2、σ_2 和 σ_3、σ_1 和 σ_3 可以绘制三个应力圆，单元体任意斜截面上的应力，总可以用这三个应力圆的圆周上某点或由它们围成的阴影线区域内某点的坐标来表示，这三个应力圆称为三向应力圆。其中 σ_1 和 σ_3 绘出的应力圆称为主应力圆。

思考题 7.8　如何理解在平面应力状态时，$\sigma_3=0$，但 $\varepsilon_3 \neq 0$？

解　根据广义虎克定律有

$$\varepsilon_3 = \frac{1}{E}[\sigma_3 - \nu(\sigma_1 + \sigma_2)]$$

在平面应力状态下，虽 $\sigma_3=0$，但

$$\varepsilon_3 = \frac{-\nu}{E}(\sigma_1 + \sigma_2) \neq 0$$

思考题 7.9 何谓强度理论？为什么要提出强度理论？

解 人们在实践的基础上，提出了一些关于材料破坏的假说，这些假说及基于假说所建立的强度计算准则，称为强度理论。

提出强度理论是为了解决复杂应力状态下构件的强度计算问题。

思考题 7.10 材料破坏的形式有那些？试举例说明。

解 材料的破坏形式大体可分为两种类型：脆性断裂和塑性屈服。例如，铸铁试件在拉伸（或扭转）时，未产生明显的塑性变形，就沿横截面（或 45°螺旋面）断裂，这种破坏称为脆性断裂破坏。低碳钢试件在拉伸（或扭转）时当应力达到屈服极限后，会产生明显的塑性变形而失去正常的工作能力，这种破坏称为塑性屈服破坏。

思考题 7.11 四个基本的强度理论和莫尔强度理论的内容是什么？它们各自的适用范围如何？

解 （1）最大拉应力理论（第一强度理论）

该理论认为：引起材料发生脆性断裂破坏的主要因素是最大拉应力。强度条件为

$$\sigma_1 \leqslant [\sigma]$$

该理论主要适用于脆性材料和在三向拉伸应力状态下的构件。

（2）最大拉应变理论（第二强度理论）

该理论认为：引起材料发生脆性断裂破坏的主要因素是最大拉应变。强度条件为

$$\sigma_1 - \nu(\sigma_2 + \sigma_3) \leqslant [\sigma]$$

该理论主要适用于脆性材料和在三向拉伸应力状态下的构件。

（3）最大切应力理论（第三强度理论）

该理论认为：引起材料发生塑性屈服破坏的主要因素是最大切应力。强度条件为

$$\sigma_1 - \sigma_3 \leqslant [\sigma]$$

该理论主要适用于塑性材料和在三向压缩应力状态下的构件。

（4）形状改变比能理论（第四强度理论）

该理论认为：引起材料发生塑性屈服破坏的主要因素是形状改变比能。强度条件为

$$\sqrt{\frac{1}{2}[(\sigma_1 - \sigma_2)^2 + (\sigma_2 - \sigma_3)^2 + (\sigma_3 - \sigma_1)^2]} \leqslant [\sigma]$$

该理论主要适用于塑性材料和在三向压缩应力状态下的构件。

（5）莫尔强度理论

该理论认为：材料沿某一截面发生的剪切滑移破坏，主要是由于构件内某一个截面上的切应力达到了一定的限度，但还与该截面上的正应力有关。它是以莫尔应力圆出发提出的一种判断材料破坏强度的图解方法。强度条件为

$$\sigma_1 - \frac{[\sigma_t]}{[\sigma_c]}\sigma_3 \leqslant [\sigma_t]$$

该理论不但适用塑性材料，而且也适用于脆性材料，特别适用于抗拉、抗压强度不同的材料。它还广泛应用于土力学、岩石力学的强度计算。

思考题 7.12 什么是相当应力？其含义是什么？

解　各种强度理论所建立的强度条件可统一写成如下的形式：

$$\sigma_r \leqslant [\sigma]$$

σ_r称为相当应力。这样复杂应力状态下构件的强度条件与单向拉伸时杆件的强度条件在形式上完全相同，σ_r在安全程度上与单向拉伸时的拉应力相当，故称之为相当应力。

思考题 7.13　试用第二强度理论解释混凝土立方体试块压缩破坏的特征。

解　混凝土立方体试块受压破坏时，在试块内会出现纵向裂缝。这是因为试块受压时，在横向上会产生拉应变，根据第二强度理论（最大拉应变理论），当拉应变达到混凝土的极限拉应变时混凝土就会开裂，出现纵向裂缝。

思考题 7.14　将沸水到入厚玻璃杯中，玻璃杯内外壁的受力情况如何？若因此而发生破裂，试问破裂是从内壁开始，还是从外壁开始？为什么？

解　当将沸水到入厚玻璃杯中时，内壁温度高，外壁温度低，内壁由于温度升高产生的变形大于外壁的变形，外壁会限制内壁的这种变形，因此玻璃杯的内壁受压，外壁受拉。由于玻璃的受压性能大于受拉性能，所以当将沸水到入厚玻璃杯中时，玻璃杯的破坏是外壁开始的。

思考题 7.15　试分析单向压缩混凝土圆柱与在钢管内灌注混凝土并凝固后，在其上端施加均匀压力的钢管混凝土圆柱，哪种情况下的强度大？为什么？

解　单向受压时钢管混凝土圆柱的强度要大于混凝土圆柱的强度。这是因为与单向压缩混凝土圆柱相比，钢管混凝土圆柱在受压时，由于其横向的伸长变形受到钢管壁的约束作用，使混凝土处于三向受压状态，因此能承受更大的压力。

思考题 7.16　冬天自来水管结冰时，常因受内压力而胀裂。而水管中的冰也受到大小相等的反作用力，为什么水管破裂了而冰不破坏？试根据二者的应力状态及有关的强度理论作出解释。

解　虽然水管和水管内的冰承受的作用力相同，但二者的应力状态不同。水管壁在周向处于单向拉伸状态，因铁的抗拉强度低，故易于发生脆性断裂破坏。而冰处于三向受压状态，由强度理论可知，材料在三向受压时是不容易破坏的。

习题解答

习题 7.1～习题 7.8　应力状态分析

习题 7.1　构件受力情况如图所示，试指出危险点的位置，并用单元体表示危险点处的应力状态。

解　(1) 题 (a) 解

杆件受轴向拉伸作用，杆上各点处的应力相等，其值为$\sigma=\dfrac{F}{A}$，各点处的应力状态如习题 7.1 题解图 (a) 所示。

(2) 题 (b) 解

杆件受轴向拉伸和扭转的联合作用，危险点为杆横截面圆周上各点，危险点处的切应

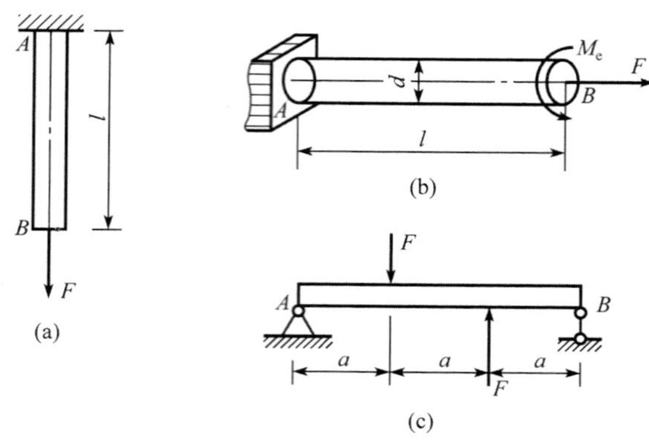

习题 7.1 图

力为 $\tau=\dfrac{M_e}{W_p}=\dfrac{M_e}{\dfrac{\pi d^3}{16}}$，正应力为 $\sigma=\dfrac{F}{A}$，危险点处的应力状态如习题 7.1 题解图（b）所示。

（3）题（c）解

杆件受弯曲作用，危险点为两个集中力作用的横截面上、下边缘各点（作用有最大正应力，其值为 $\sigma=\dfrac{\dfrac{Fa}{3}}{W_z}=\dfrac{Fa}{3W_z}$）和中性轴上各点（作用有最大切应力，其值为 $\tau=\dfrac{3}{2}\times\dfrac{\dfrac{2F}{3}}{A}=\dfrac{F}{A}$），危险点处的应力状态分别如习题 7.1 题解图（c，d）所示。

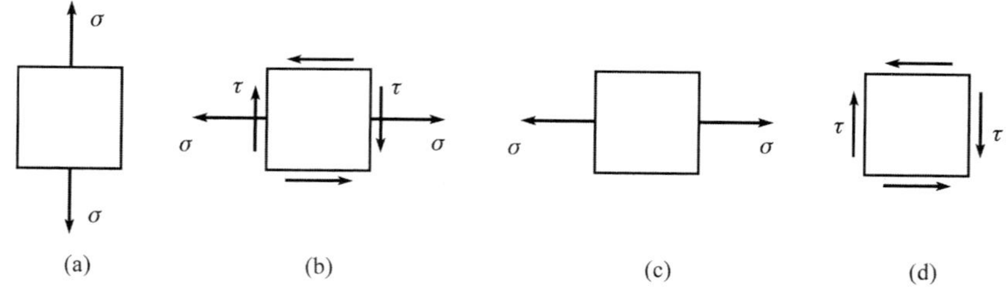

习题 7.1 题解图

习题 7.2 已知单元体的应力状态如图所示，图中应力单位为 MPa。试用解析法计算指定斜截面上的应力值。

解 （1）题（a）解

将 $\sigma_x=70\text{MPa}$，$\sigma_y=0$，$\tau_x=0$，$\alpha=60°$代入斜截面应力计算公式得

$$\sigma_{60°}=\frac{70\text{MPa}}{2}+\frac{70\text{MPa}}{2}\cos120°=17.5\text{MPa}$$

$$\tau_{60°}=\frac{70\text{MPa}}{2}\sin120°=30.31\text{MPa}$$

（2）题（b）解

将 $\sigma_x=0$，$\sigma_y=0$，$\tau_x=80\text{MPa}$，$\alpha=45°$代入斜截面应力计算公式得

$$\sigma_{45°}=-80\text{MPa}\times\sin90°=-80\text{MPa}$$

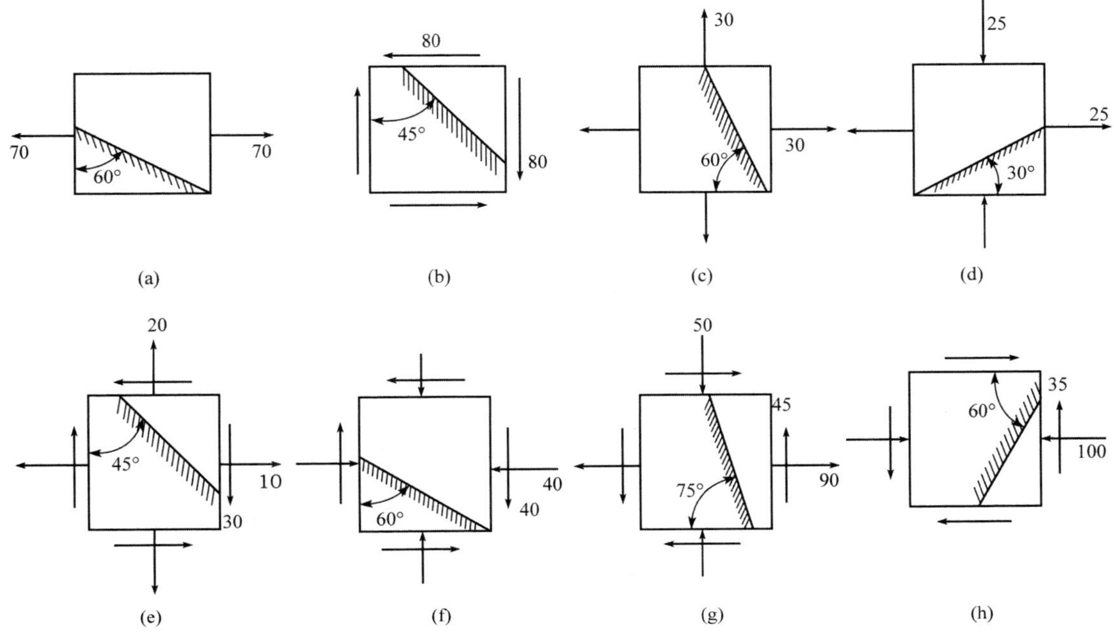

习题 7.2 图

$$\tau_{45^\circ} = 80\text{MPa} \times \cos 90^\circ = 0$$

(3) 题（c）解

将 $\sigma_x = 30\text{MPa}$，$\sigma_y = 30\text{MPa}$，$\tau_x = 0$，$\alpha = 30^\circ$代入斜截面应力计算公式得

$$\sigma_{30^\circ} = \frac{30+30}{2}\text{MPa} + \frac{30-30}{2}\text{MPa} \times \cos 60^\circ = 30\text{MPa}$$

$$\tau_{30^\circ} = \frac{30-30}{2}\text{MPa} \times \sin 60^\circ = 0$$

(4) 题（d）解

将 $\sigma_x = 25\text{MPa}$，$\sigma_y = -25\text{MPa}$，$\tau_x = 0$，$\alpha = 120^\circ$代入斜截面应力计算公式得

$$\sigma_{120^\circ} = \frac{25-25}{2}\text{MPa} + \frac{25+25}{2}\text{MPa} \times \cos 240^\circ = -12.5\text{MPa}$$

$$\tau_{120^\circ} = \frac{25+25}{2}\text{MPa} \times \sin 240^\circ = -21.65\text{MPa}$$

(5) 题（e）解

将 $\sigma_x = 10\text{MPa}$，$\sigma_y = 20\text{MPa}$，$\tau_x = 30\text{MPa}$，$\alpha = 45^\circ$代入斜截面应力计算公式得

$$\sigma_{45^\circ} = \frac{10+20}{2}\text{MPa} + \frac{10-20}{2}\text{MPa} \times \cos 90^\circ - 30 \times \sin 90^\circ = -15\text{MPa}$$

$$\tau_{45^\circ} = \frac{10-20}{2}\text{MPa} \times \sin 90^\circ + 30\text{MPa} \times \cos 90^\circ = -5\text{MPa}$$

(6) 题（f）解

将 $\sigma_x = -40\text{MPa}$，$\sigma_y = -60\text{MPa}$，$\tau_x = 40\text{MPa}$，$\alpha = 60^\circ$代入斜截面应力计算公式得

$$\sigma_{60^\circ} = \frac{-40-60}{2}\text{MPa} + \frac{-40+60}{2}\text{MPa} \times \cos 120^\circ - 40\text{MPa} \times \sin 120^\circ = -89.64\text{MPa}$$

$$\tau_{60^\circ} = \frac{-40+60}{2}\text{MPa}\times\sin 120^\circ + 40\text{MPa}\times\cos 120^\circ = -11.34\text{MPa}$$

（7）题（g）解

将 $\sigma_x = 90\text{MPa}$，$\sigma_y = -50\text{MPa}$，$\tau_x = -45\text{MPa}$，$\alpha = 15^\circ$代入斜截面应力计算公式得

$$\sigma_{15^\circ} = \frac{90-50}{2}\text{MPa} + \frac{90+50}{2}\text{MPa}\times\cos 30^\circ + 45\text{MPa}\times\sin 30^\circ = 103.12\text{MPa}$$

$$\tau_{15^\circ} = \frac{90+50}{2}\text{MPa}\times\sin 30^\circ - 45\text{MPa}\times\cos 30^\circ = -3.97\text{MPa}$$

（8）题（h）解

将 $\sigma_x = -100\text{MPa}$，$\sigma_y = 0$，$\tau_x = -35\text{MPa}$，$\alpha = -30^\circ$代入斜截面应力计算公式得

$$\sigma_{-30^\circ} = \frac{-100}{2}\text{MPa} + \frac{-100}{2}\text{MPa}\times\cos(-60^\circ) + 35\text{MPa}\times\sin(-60^\circ) = -105.3\text{MPa}$$

$$\tau_{-30^\circ} = \frac{-100}{2}\text{MPa}\times\sin(-60^\circ) - 35\text{MPa}\times\cos(-60^\circ) = 25.8\text{MPa}$$

习题 7.3 单元体各个面上的应力如图所示，图中应力单位为 MPa。试求主应力和主平面，并在单元体上表示出来。

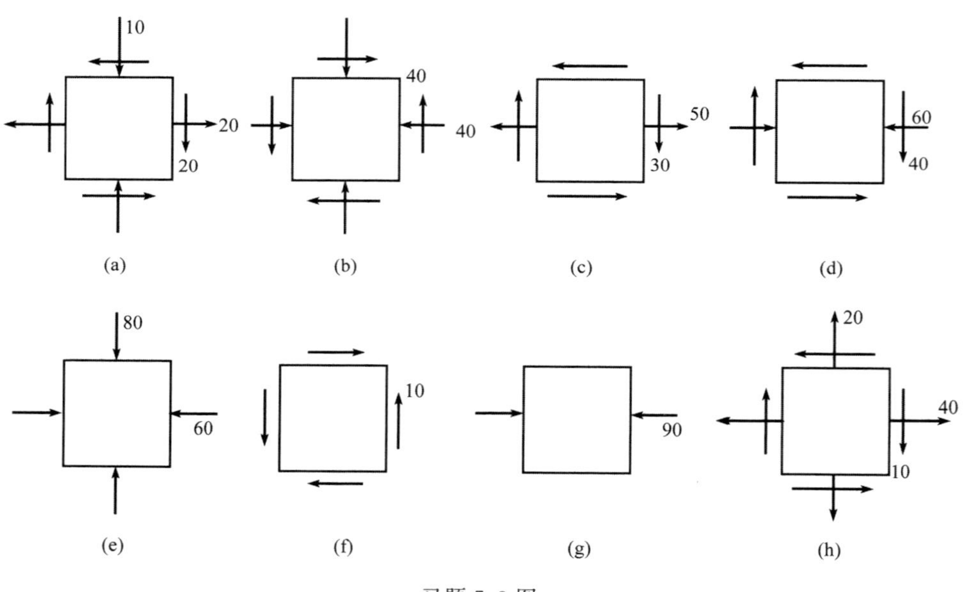

习题 7.3 图

解 （1）题（a）解

将 $\sigma_x = 20\text{MPa}$，$\sigma_y = -10\text{MPa}$，$\tau_x = 20\text{MPa}$ 代入主应力计算公式得

$$\begin{matrix}\sigma_{max}\\ \sigma_{min}\end{matrix} = \frac{20-10}{2}\text{MPa} \pm \sqrt{\left(\frac{20+10}{2}\right)^2 + 20^2}\,\text{MPa} = \begin{matrix}30\text{MPa}\\ -20\text{MPa}\end{matrix}$$

故主应力为 $\sigma_1 = 30\text{MPa}$，$\sigma_2 = 0$，$\sigma_3 = -20\text{MPa}$。

主应力 σ_1 所对应的方位角为

$$\alpha_0 = \frac{1}{2}\arctan\frac{-2\times 20\text{MPa}}{(20+10)\text{MPa}} = -26.57^\circ$$

主应力和主平面方位如习题 7.3 题解图（a）所示。

（2）题（b）解

将 $\sigma_x=-40\text{MPa}$，$\sigma_y=-20\text{MPa}$，$\tau_x=-40\text{MPa}$ 代入主应力计算公式得

$$\begin{matrix}\sigma_{max}\\ \sigma_{min}\end{matrix}=\frac{-40-20}{2}\text{MPa}\pm\sqrt{\left(\frac{-40+20}{2}\right)^2+(-40)^2}\text{MPa}=\begin{matrix}11.23\text{MPa}\\ -71.23\text{MPa}\end{matrix}$$

故主应力为 $\sigma_1=11.23\text{MPa}$，$\sigma_2=0$，$\sigma_3=-71.23\text{MPa}$。

主应力 σ_1 所对应的方位角为

$$\alpha_0'=\alpha_0+90^\circ=\frac{1}{2}\arctan\frac{-2\times(-40)\text{MPa}}{(-40+20)\text{MPa}}+90^\circ=52.02^\circ$$

主应力和主平面方位如习题 7.3 题解图（b）所示。

（3）题（c）解

将 $\sigma_x=50\text{MPa}$，$\sigma_y=0$，$\tau_x=30\text{MPa}$ 代入主应力计算公式得

$$\begin{matrix}\sigma_{max}\\ \sigma_{min}\end{matrix}=\frac{50}{2}\text{MPa}\pm\sqrt{\left(\frac{50}{2}\right)^2+30^2}\text{MPa}=\begin{matrix}64.05\text{MPa}\\ -14.05\text{MPa}\end{matrix}$$

故主应力为 $\sigma_1=64.05\text{MPa}$，$\sigma_2=0$，$\sigma_3=-14.05\text{MPa}$。

主应力 σ_1 所对应的方位角为

$$\alpha_0=\frac{1}{2}\arctan\frac{-2\times30\text{MPa}}{50\text{MPa}}=-25.10^\circ$$

主应力和主平面方位如习题 7.3 题解图（c）所示。

（4）题（d）解

将 $\sigma_x=-60\text{MPa}$，$\sigma_y=0$，$\tau_x=40\text{MPa}$ 代入主应力计算公式得

$$\begin{matrix}\sigma_{max}\\ \sigma_{min}\end{matrix}=\frac{-60}{2}\text{MPa}\pm\sqrt{\left(\frac{-60}{2}\right)^2+40^2}\text{MPa}=\begin{matrix}20\text{MPa}\\ -80\text{MPa}\end{matrix}$$

故主应力为 $\sigma_1=20\text{MPa}$，$\sigma_2=0$，$\sigma_3=-80\text{MPa}$。

主应力为 σ_1 所对应的方位角为

$$\alpha_0'=\alpha_0-90^\circ=\frac{1}{2}\arctan\frac{-2\times40\text{MPa}}{-60\text{MPa}}-90^\circ=-63.43^\circ$$

主应力和主平面方位如习题 7.3 题解图（d）所示。

（5）题（e）解

由于 $\sigma_x=-60\text{MPa}$，$\sigma_y=-80\text{MPa}$，$\tau_x=0$。故主应力为 $\sigma_1=0$，$\sigma_2=-60\text{MPa}$，$\sigma_3=-80\text{MPa}$。现单元体的三个面即为主平面。

主应力和主平面方位如习题 7.3 题解图（e）所示。

（6）题（f）解

将 $\sigma_x=0$，$\sigma_y=0$，$\tau_x=-10\text{MPa}$ 代入主应力计算公式得

$$\begin{matrix}\sigma_{max}\\ \sigma_{min}\end{matrix}=\sqrt{(-10)^2}\text{MPa}=\begin{matrix}10\text{MPa}\\ -10\text{MPa}\end{matrix}$$

故主应力为 $\sigma_1=10\text{MPa}$，$\sigma_2=0$，$\sigma_3=-10\text{MPa}$。

主应力 σ_1 所对应的方位角为

$$\alpha_0 = \frac{1}{2}\arctan\frac{-2\times(-10)}{0} = 45°$$

主应力和主平面方位如习题 7.3 题解图（f）所示。

（7）题（g）解

由于 $\sigma_x=-90\text{MPa}$，$\sigma_y=0$，$\tau_x=0$。故主应力为 $\sigma_1=0$，$\sigma_2=0$，$\sigma_3=-90\text{MPa}$。现单元体的三个面即为主平面。

主应力和主平面方位如习题 7.3 题解图（g）所示。

（8）题（h）解

将 $\sigma_x=40\text{MPa}$，$\sigma_y=20$，$\tau_x=10\text{MPa}$ 代入主应力计算公式得

$$\left.\begin{matrix}\sigma_{\max}\\ \sigma_{\min}\end{matrix}\right\} = \frac{40+20}{2}\text{MPa}\pm\sqrt{\left(\frac{40-20}{2}\right)^2+10^2}\,\text{MPa} = \left\{\begin{matrix}44.14\text{MPa}\\ 15.86\text{MPa}\end{matrix}\right.$$

故主应力为 $\sigma_1=44.14\text{MPa}$，$\sigma_2=15.86\text{MPa}$，$\sigma_3=0$。

主应力 σ_1 所对应的方位角为

$$\alpha_0 = \frac{1}{2}\arctan\frac{-2\times 10\text{MPa}}{(40-20)\text{MPa}} = -22.5°$$

主应力和主平面方位如习题 7.3 题解图（h）所示。

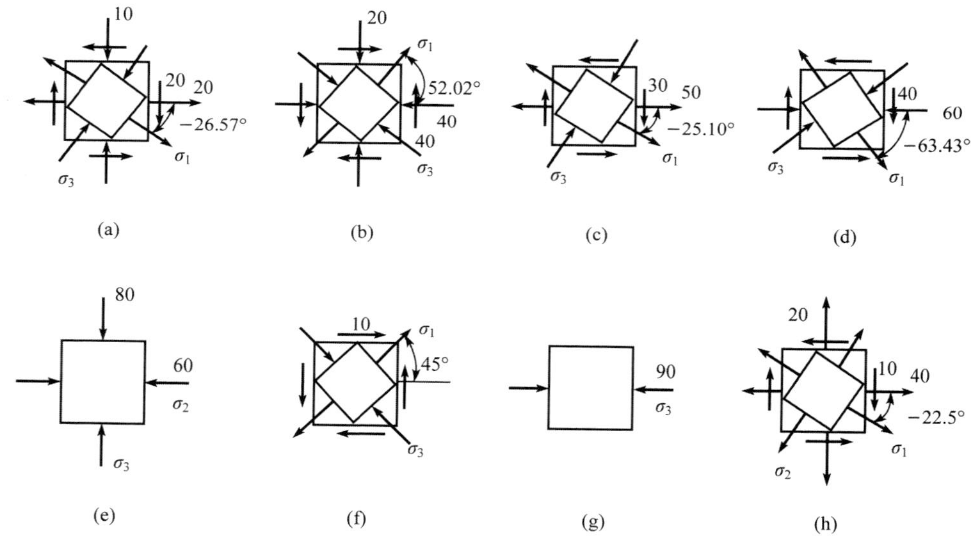

习题 7.3 题解图

习题 7.4 试用应力圆求解习题 7.2 和习题 7.3。

解 1. 习题 7.2 解

（1）习题 7.2 题（a）解

建立 $O\sigma\tau$ 坐标系，确定比例尺，在坐标系中确定 D_1（70，0）、D_2（0，0）两点，以 D_1D_2 两点连线为直径绘制圆［习题 7.4 题解图（a）］。由 D_1 点始逆时针沿圆周旋转 120°找到 D 点，该点坐标即为所求斜截面应力，根据比例尺量得 $\sigma_{60°}=17.5\text{MPa}$，$\tau_{60°}=30.31\text{MPa}$。

（2）习题 7.2 题（b）解

建立 $O\sigma\tau$ 坐标系，确定比例尺，在坐标系中确定 D_1（0，80）、D_2（0，－80）两点，以 D_1D_2 两点连线为直径绘制圆［习题 7.4 题解图（b）］。由 D_1 点始逆时针沿圆周旋转 90°找到 D 点，该点坐标即为所求斜截面应力，根据比例尺量得 $\sigma_{45°}=-80\text{MPa}$，$\tau_{45°}=0$。

（3）习题 7.2 题（c）解

建立 $O\sigma\tau$ 坐标系，确定比例尺，在坐标系中确定 D_1（30，0）、D_2（30，0）两点，可以看到应力圆为一个点，因此，$\sigma_{30°}=30\text{MPa}$，$\tau_{30°}=0$。

（4）习题 7.2 题（d）解。

建立 $O\sigma\tau$ 坐标系，确定比例尺，在坐标系中确定 D_1（25，0）、D_2（－25，0）两点，以 D_1D_2 两点连线为直径绘制圆［习题 7.4 题解图（d）］。由 D_1 点始逆时针沿圆周旋转 240°找到 D 点，该点坐标即为所求斜截面应力，根据比例尺量得 $\sigma_{120°}=-12.5\text{MPa}$，$\tau_{120°}=-21.65\text{MPa}$。

（5）习题 7.2 题（e）解

建立 $O\sigma\tau$ 坐标系，确定比例尺，在坐标系中确定 D_1（10，30）、D_2（20，－30）两点，以 D_1D_2 两点连线为直径绘制圆［习题 7.4 题解图（e）］。由 D_1 点始逆时针沿圆周旋转 90°找到 D 点，该点坐标即为所求斜截面应力，根据比例尺量得 $\sigma_{45°}=-15\text{MPa}$，$\tau_{45°}=-5\text{MPa}$。

（6）习题 7.2 题（f）解

建立 $O\sigma\tau$ 坐标系，确定比例尺，在坐标系中确定 D_1（－40，40）、D_2（－60，－40）两点，以 D_1D_2 两点连线为直径绘制圆［习题 7.4 题解图（f）］。由 D_1 点始逆时针沿圆周旋转 120°找到 D 点，该点坐标即为所求斜截面应力，根据比例尺量得 $\sigma_{60°}=-89.64\text{MPa}$，$\tau_{60°}=-11.34\text{MPa}$。

（7）习题 7.2 题（g）解

建立 $O\sigma\tau$ 坐标系，确定比例尺，在坐标系中确定 D_1（90，－45）、D_2（－50，45）两点，以 D_1D_2 两点连线为直径绘制圆［习题 7.4 题解图（g）］。由 D_1 点始逆时针沿圆周旋转 30°找到 D 点，该点坐标即为所求斜截面应力，根据比例尺量得 $\sigma_{15°}=103.12\text{MPa}$，$\tau_{15°}=-3.97\text{MPa}$。

（8）习题 7.2 题（h）解

建立 $O\sigma\tau$ 坐标系，确定比例尺，在坐标系中确定 D_1（－100，－35）、D_2（0，－35）两点，以 D_1D_2 两点连线为直径绘制圆［习题 7.4 题解图（h）］。由 D_1 点始顺时针沿圆周旋转 60°找到 D 点，该点坐标即为所求斜截面应力，根据比例尺量得 $\sigma_{-30°}=-105.3\text{MPa}$，$\tau_{-30°}=25.8\text{MPa}$。

2. 习题 7.3 解

（1）习题 7.3 题（a）解

建立 $O\sigma\tau$ 坐标系，确定比例尺，在坐标系中确定 D_1（20，20）、D_2（－10，－20）两点，以 D_1D_2 两点连线为直径绘制圆即为该单元体的应力圆［习题 7.4 题解图（i）］。根据比例尺在应力圆上量得 $\sigma_1=30\text{MPa}$，$\sigma_3=-20\text{MPa}$，与 σ_1 对应的主平面与 x 平面夹角为 $\alpha_0=53.1°/2=26.55°$，单元体图如习题 7.3 题解图（a）所示。

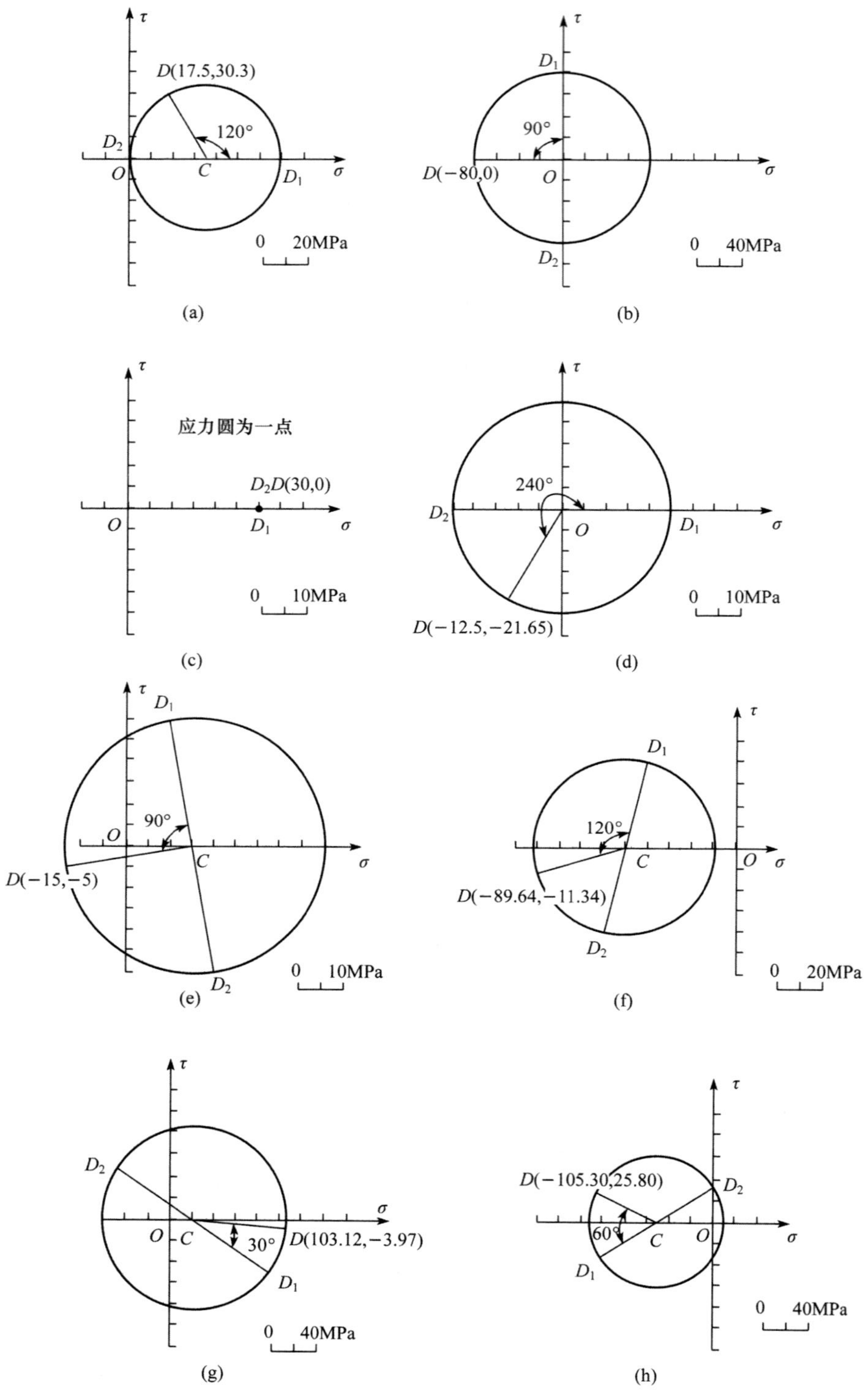
τ
D(17.5,30.3)
120°
D₂
O
C
D₁
σ
0 20MPa
(a)
τ
D₁
90°
D(−80,0)
O
σ
D₂
0 40MPa
(b)
τ
应力圆为一点
D₂D(30,0)
O
D₁
σ
0 10MPa
(c)
τ
240°
D₂
O
D₁
σ
D(−12.5,−21.65)
0 10MPa
(d)
τ
D₁
90°
O
D(−15,−5)
C
σ
D₂
0 10MPa
(e)
τ
D₁
120°
C
O
σ
D(−89.64,−11.34)
D₂
0 20MPa
(f)
τ
D₂
σ
O
C
30°
D(103.12,−3.97)
D₁
0 40MPa
(g)
τ
D(−105.30,25.80)
D₂
60°
C
O
σ
D₁
0 40MPa
(h)

习题 7.4 题解图

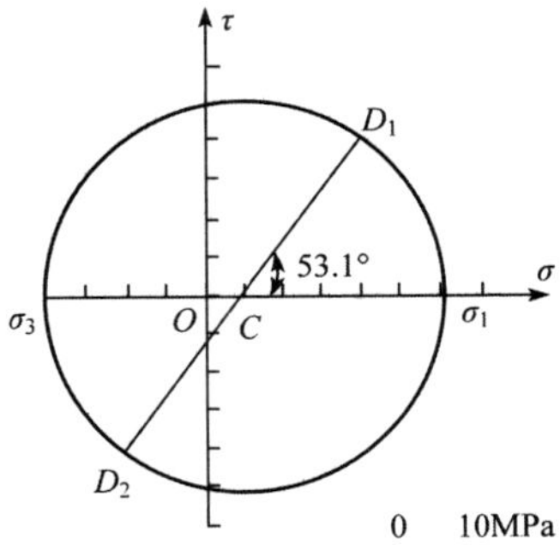

(i)

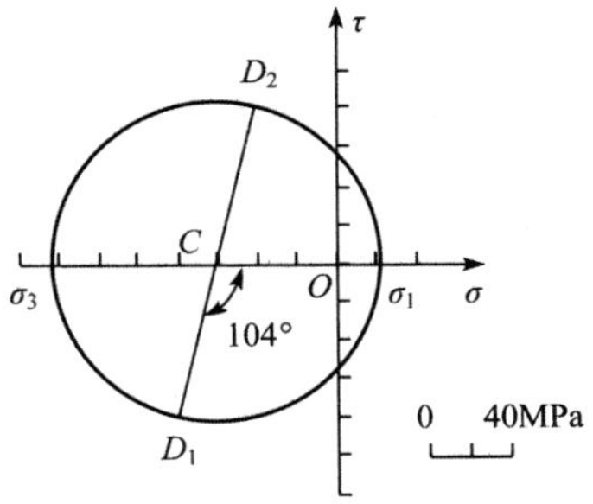

(j)

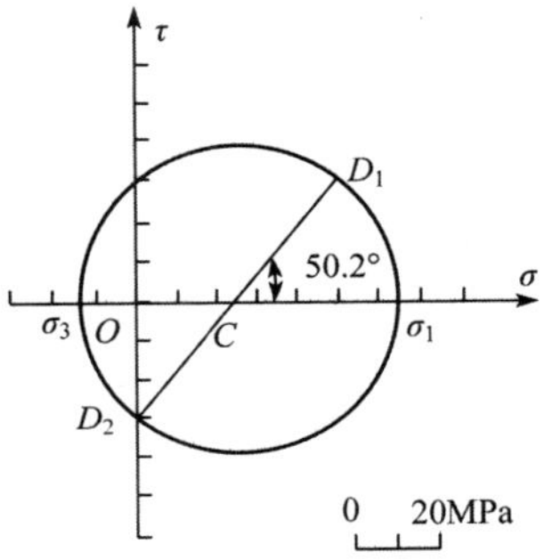

(k)

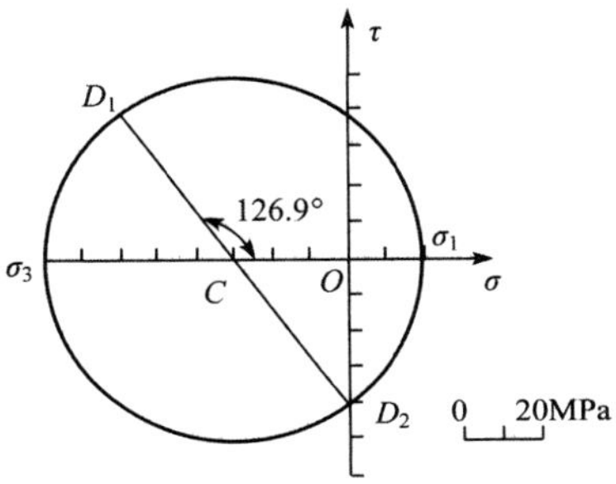

(l)

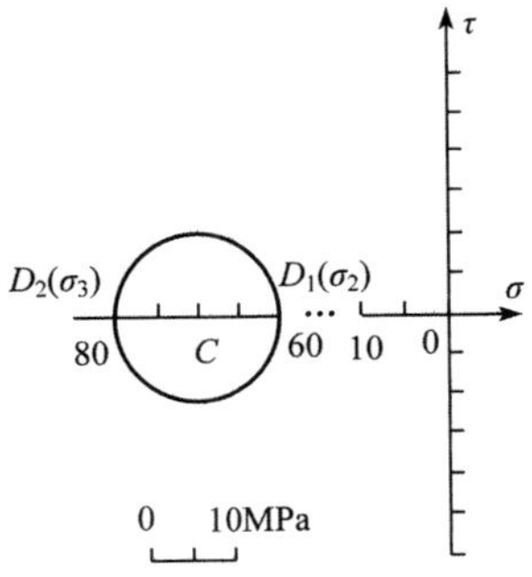

(m)

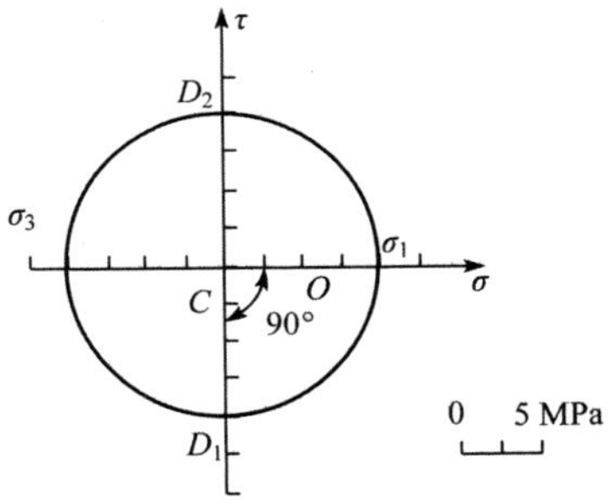

(n)

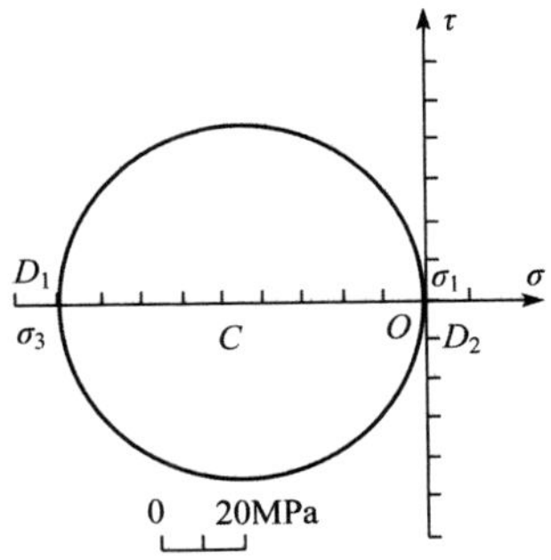

(o)

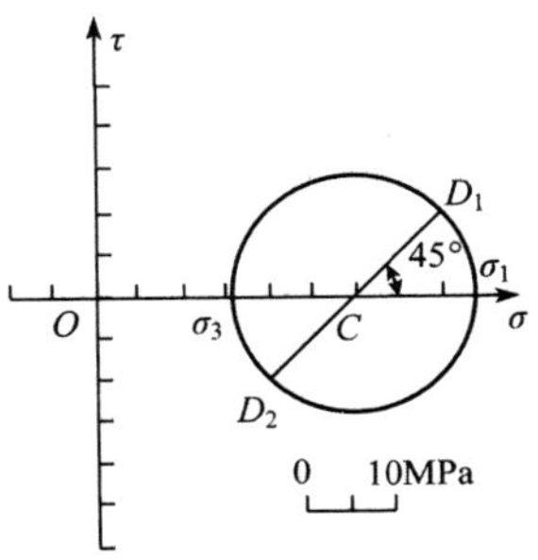

(p)

习题 7.4 题解图（续）

（2）习题 7.3 题（b）解

建立 $O\sigma\tau$ 坐标系，确定比例尺，在坐标系中确定 $D_1(-40,\ -40)$、$D_2(-20,\ 40)$ 两点，以 D_1D_2 两点连线为直径绘制圆即为该单元体的应力圆［习题 7.4 题解图（j）］。根据比例尺在应力圆上量得 $\sigma_1=11.2\text{MPa}$，$\sigma_3=-71.2\text{MPa}$，与 σ_1 对应的主平面与 x 平面夹角为 $\alpha_0=104°/2=52°$，单元体图如习题 7.3 题解图（b）所示。

（3）习题 7.3 题（c）解

建立 $O\sigma\tau$ 坐标系，确定比例尺，在坐标系中确定 $D_1(50,\ 30)$、$D_2(0,\ -30)$ 两点，以 D_1D_2 两点连线为直径绘制圆即为该单元体的应力圆［习题 7.4 题解图（k）］。根据比例尺在应力圆上量得 $\sigma_1=64.1\text{MPa}$，$\sigma_3=-14.1\text{MPa}$，与 σ_1 对应的主平面与 x 平面夹角为 $\alpha_0=-50.2°/2=-25.1°$，单元体图如习题 7.3 题解图（c）所示。

（4）习题 7.3 题（d）解

建立 $O\sigma\tau$ 坐标系，确定比例尺，在坐标系中确定 $D_1(-60,\ 40)$、$D_2(0,\ -40)$ 两点，以 D_1D_2 两点连线为直径绘制圆即为该单元体的应力圆［习题 7.4 题解图（l）］。根据比例尺在应力圆上量得 $\sigma_1=20\text{MPa}$，$\sigma_3=-80\text{MPa}$，与 σ_1 对应的主平面与 x 平面夹角为 $\alpha_0=-126.9°/2=-63.45°$，单元体图如习题 7.3 题解图（d）所示。

（5）习题 7.3 题（e）解

建立 $O\sigma\tau$ 坐标系，确定比例尺，在坐标系中确定 $D_1(-60,\ 0)$、$D_2(-80,\ 0)$ 两点，以 D_1D_2 两点连线为直径绘制圆即为该单元体的应力圆［习题 7.4 题解图（m）］。根据比例尺在应力圆上量得 $\sigma_2=-60\text{MPa}$，$\sigma_3=-80\text{MPa}$，与 σ_2 对应的主平面与 x 平面夹角为 $\alpha_0=0°$，单元体图如习题 7.3 题解图（e）。

（6）习题 7.3 题（f）解

建立 $O\sigma\tau$ 坐标系，确定比例尺，在坐标系中确定 $D_1(0,\ -10)$、$D_2(0,\ 10)$ 两点，以 D_1D_2 两点连线为直径绘制圆即为该单元体的应力圆［习题 7.4 题解图（n）］。根据比例尺在应力圆上量得 $\sigma_1=10\text{MPa}$，$\sigma_3=-10\text{MPa}$，与 σ_1 对应的主平面与 x 平面夹角为 $\alpha_0=90°/2=45°$，单元体图如习题 7.3 题解图（f）所示。

（7）习题 7.3 题（g）解

建立 $O\sigma\tau$ 坐标系，确定比例尺，在坐标系中确定 $D_1(-90,\ 0)$、$D_2(0,\ 0)$ 两点，以 D_1D_2 两点连线为直径绘制圆即为该单元体的应力圆［习题 7.4 题解图（o）］。根据比例尺在应力圆上量得 $\sigma_1=0$，$\sigma_3=-90\text{MPa}$，与 σ_1 对应的主平面与 x 平面夹角为 $\alpha_0=180°/2=90°$，单元体图如习题 7.3 题解图（g）所示。

（8）习题 7.3 题（h）解

建立 $O\sigma\tau$ 坐标系，确定比例尺，在坐标系中确定 $D_1(40,\ 10)$、$D_2(20,\ -10)$ 两点，以 D_1D_2 两点连线为直径绘制圆即为该单元体的应力圆［习题 7.4 题解图（p）］。根据比例尺在应力圆上量得 $\sigma_1=44.1\text{MPa}$，$\sigma_3=15.9\text{MPa}$，与 σ_1 对应的主平面与 x 平面夹角为 $\alpha_0=-45°/2=-22.5°$，单元体图如习题 7.3 题解图（h）所示。

习题 7.5 平面弯曲梁的工字形截面如图所示。已求得截面上的弯矩 $M=375\text{kN}\cdot\text{m}$，剪力 $F_S=75\text{kN}$；截面的惯性矩 $I_z=65000\text{cm}^4$，翼缘对中性轴的静矩 $S_z=940\times10^3\text{mm}^3$，腹板高 $h=520\text{mm}$，宽 $b=12.5\text{mm}$。试求腹板与翼缘交界点 a 处的的主应力。

解　1）计算截面上 a 点处的正应力和切应力。由弯曲应力的计算公式得

$$\sigma_x = \frac{My}{I_z} = \frac{Mh}{2I_z} = \frac{375\times10^3\mathrm{N\cdot m}\times520\times10^{-3}\mathrm{m}}{2\times65000\times10^{-8}\mathrm{m}^4} = 150\times10^6\mathrm{Pa} = 150\mathrm{MPa}$$

$$\tau_x = \frac{F_S S_z}{I_z b} = \frac{75\times10^3\mathrm{N}\times940\times10^{-6}\mathrm{m}^3}{65000\times10^{-8}\mathrm{m}^4\times12.5\times10^{-3}\mathrm{m}} = 8.68\times10^6\mathrm{Pa} = 8.68\mathrm{MPa}$$

2）计算 a 点处的主应力。a 点处的单元体如习题 7.5 题解图所示。将 $\sigma_x=150\mathrm{MPa}$，$\sigma_y=0$，$\tau_x=8.68\mathrm{MPa}$ 代入主应力计算公式得

$$\left.\begin{matrix}\sigma_{\max}\\ \sigma_{\min}\end{matrix}\right\} = \frac{150}{2}\mathrm{MPa}\pm\sqrt{\left(\frac{150}{2}\right)^2+8.68^2}\mathrm{MPa} = \left\{\begin{matrix}150.5\mathrm{MPa}\\ -0.5\mathrm{MPa}\end{matrix}\right.$$

故 a 点处的主应力为 $\sigma_1=150.50\mathrm{MPa}$，$\sigma_2=0$，$\sigma_3=-0.50\mathrm{MPa}$。

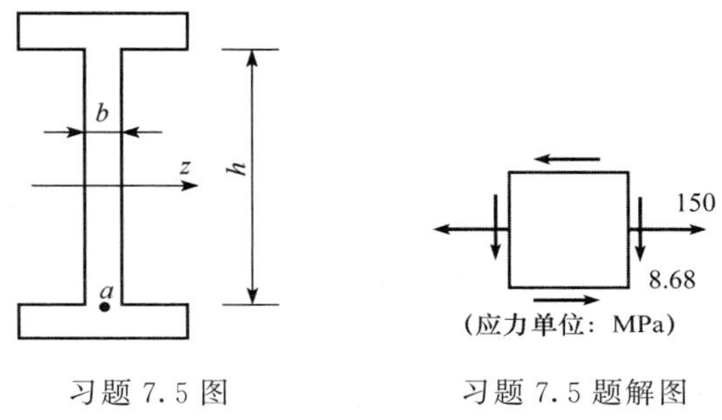

习题 7.5 图　　　习题 7.5 题解图

习题 7.6　一简支梁如图所示，梁由 20b 号工字钢制成，长 $l=1\mathrm{m}$，跨中点 C 处受集中荷载 $F=150\mathrm{kN}$ 作用。试求危险截面上腹板与上翼缘交界点处的主应力及其方向。

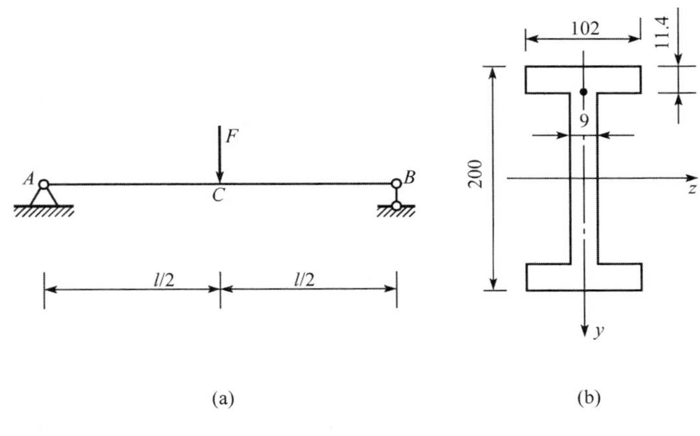

习题 7.6 图

解　1）计算危险截面上的内力。梁的危险截面为跨中截面，其上的弯矩和剪力分别为

$$M = \frac{Fl}{4} = \frac{150\mathrm{kN}\times1\mathrm{m}}{4} = 37.5\mathrm{kN\cdot m}$$

$$F_S = \frac{F}{2} = \frac{150\mathrm{kN}}{2} = 75\mathrm{kN}$$

2）计算截面的几何参数。查型钢规格表，20b 号工字钢的有关参数如下：

$$I_z = 2500\text{cm}^4$$

$$S_z = 10.2\text{cm} \times 1.14\text{cm} \times (10 - 0.57)\text{cm} = 109.65\text{cm}^3$$

3）计算腹板与上翼缘交界点处的应力。由弯曲应力的计算公式得

$$\sigma_x = \frac{My}{I_z} = \frac{37.5 \times 10^3\,\text{N} \cdot \text{m} \times 88.6 \times 10^{-3}\,\text{m}}{2500 \times 10^{-8}\,\text{m}^4} = 132.9 \times 10^6\,\text{Pa} = 132.9\text{MPa}$$

$$\tau_x = \frac{F_S S_z}{I_z b} = \frac{75 \times 10^3\,\text{N} \times 109.65 \times 10^{-6}\,\text{m}^3}{2500 \times 10^{-8}\,\text{m}^4 \times 9 \times 10^{-3}\,\text{m}} = 36.55 \times 10^6\,\text{Pa} = 36.55\text{MPa}$$

4）计算交界点处的主应力及其方向。交界点处的单元体如习题 7.6 题解图所示。将 $\sigma_x = -132.9\text{MPa}$，$\sigma_y = 0$，$\tau_x = 36.55\text{MPa}$ 代入主应力计算公式得

$$\left.\begin{matrix}\sigma_{\max}\\ \sigma_{\min}\end{matrix}\right. = \frac{-132.9}{2}\text{MPa} \pm \sqrt{\left(\frac{-132.9}{2}\right)^2 + 36.55^2}\,\text{MPa} = \begin{matrix}9.39\text{MPa}\\ -142.29\text{MPa}\end{matrix}$$

故 a 点主应力为 $\sigma_1 = 9.39\text{MPa}$，$\sigma_2 = 0$，$\sigma_3 = -142.29\text{MPa}$。

主应力 σ_1 所对应的方位角为

$$\alpha_0' = \alpha_0 - 90^\circ = \frac{1}{2}\arctan\frac{-2 \times 36.55\text{MPa}}{-132.9\text{MPa}} - 90^\circ = -75.6^\circ$$

主应力和主平面方位如习题 7.6 题解图所示。

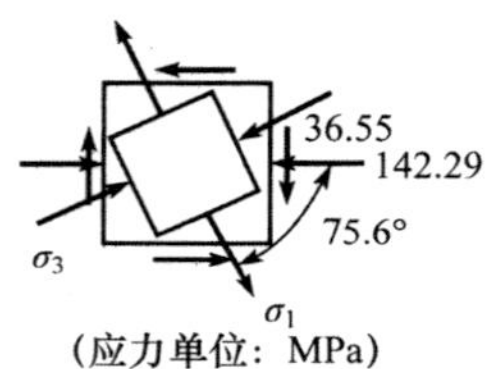

习题 7.6 题解图

习题 7.7 矩形截面梁某截面上的弯矩 $M = 20\text{kN} \cdot \text{m}$，剪力 $F_S = 120\text{kN}$。已知截面尺寸如图所示，试绘出 1、2、3、4 点处的应力单元体，并求各点处的主应力。

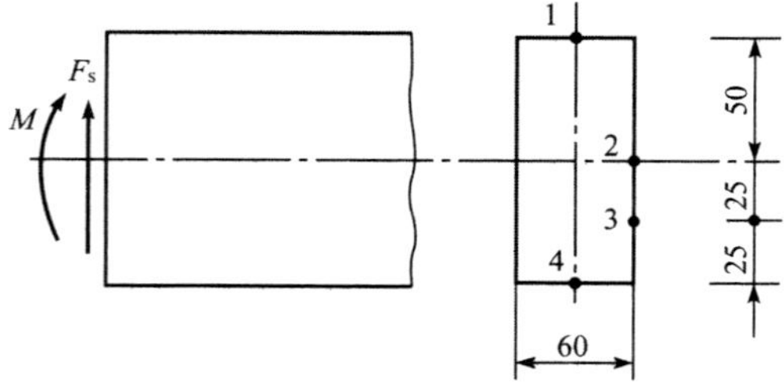

习题 7.7 图

解 1）求 1 点处的主应力。1 点处的应力为

$$\sigma_{x1} = -\frac{M}{W_z} = -\frac{10 \times 10^3\,\text{N} \cdot \text{m}}{\dfrac{60 \times 10^{-3}\,\text{m} \times 100^2 \times 10^{-6}\,\text{m}^2}{6}} = -100 \times 10^6\,\text{Pa} = -100\text{MPa}$$

$$\tau_{x1} = 0$$

1 点处的单元体如习题 7.7 题解图（a）所示。

主应力为

$$\sigma_1 = 0,\ \sigma_2 = 0,\ \sigma_3 = \sigma_{x1} = -100\text{MPa}$$

2）求 2 点处的主应力。2 点处的应力为

$$\sigma_{x2} = 0$$

$$\tau_{x2} = \frac{3}{2}\frac{F_S}{A} = \frac{3}{2}\times\frac{120\times10^3\text{N}}{60\times10^{-3}\text{m}\times100\times10^{-3}\text{m}} = 30\times10^6\text{Pa} = 30\text{MPa}$$

2 点处的单元体如习题 7.7 题解图（b）所示。

主应力为

$$\sigma_1 = \tau_{x2} = 30\text{MPa},\ \sigma_2 = 0,\ \sigma_3 = -\tau_{x2} = -30\text{MPa}$$

3）求 3 点处的主应力。3 点处的应力为

$$\sigma_{x3} = -\frac{My_3}{I_z} = \frac{10\times10^3\text{N}\cdot\text{m}\times25\times10^{-3}\text{m}}{\dfrac{60\times10^{-3}\text{m}\times100^3\times10^{-9}\text{m}^3}{12}} = 50\times10^6\text{Pa} = 50\text{MPa}$$

$$\tau_{x3} = \frac{F_S S_z}{I_z b} = \frac{120\times10^3\text{N}\times60\times10^{-3}\text{m}\times25\times10^{-3}\text{m}\times37.5\times10^{-3}\text{m}}{\dfrac{60\times10^{-3}\text{m}\times100^3\times10^{-9}\text{m}^3}{12}\times60\times10^{-3}\text{m}}$$

$$= 22.5\times10^6\text{Pa} = 22.5\text{MPa}$$

3 点处的单元体如习题 7.7 题解图（c）所示。

由主应力计算公式得

$$\left.\begin{matrix}\sigma_{\max}\\ \sigma_{\min}\end{matrix}\right\} = \frac{50}{2}\text{MPa}\pm\sqrt{\left(\frac{50}{2}\right)^2+22.5^2}\text{MPa} = 25\pm33.63\text{MPa} = \begin{cases}58.63\text{MPa}\\ -8.63\text{MPa}\end{cases}$$

故主应力为

$$\sigma_1 = 58.63\text{MPa},\ \sigma_2 = 0,\ \sigma_3 = -8.63\text{MPa}$$

4）求 4 点处的主应力。4 点处的应力为

$$\sigma_{x4} = \frac{M}{W_z} = \frac{10\times10^3\text{N}\cdot\text{m}}{\dfrac{60\times10^{-3}\text{m}\times100^2\times10^{-6}\text{m}^2}{6}} = 100\times10^6\text{Pa} = 100\text{MPa}$$

$$\tau_{x4} = 0$$

4 点处的单元体如习题 7.7 题解图（d）所示。

主应力为

$$\sigma_1 = 100\text{MPa},\ \sigma_2 = 0,\ \sigma_3 = 0$$

习题 7.7 题解图

习题 7.8　单元体各个面上的应力如图所示，应力单位为 MPa。试求主应力和最大切应力，并绘出三向应力圆。

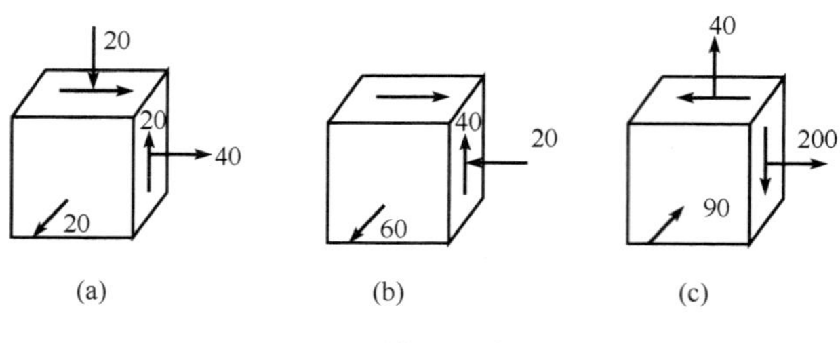

习题 7.8 图

解 (1) 题 (a) 解

已知一个主应力为 20MPa，现求另外两个主应力。将 $\sigma_x=40\text{MPa}$，$\sigma_y=-20\text{MP}$，$\tau_x=-20\text{MPa}$ 代入主应力计算公式得

$$\begin{matrix}\sigma_{\max}\\ \sigma_{\min}\end{matrix}=\frac{40-20}{2}\text{MPa}\pm\sqrt{\left(\frac{40+20}{2}\right)^2+(-20)^2}\text{MPa}=\begin{matrix}46\text{MPa}\\ -26\text{MPa}\end{matrix}$$

故主应力为 $\sigma_1=46\text{MPa}$，$\sigma_2=20\text{MPa}$，$\sigma_3=-26\text{MPa}$。

最大切应力为

$$\tau_{\max}=\frac{\sigma_1-\sigma_3}{2}=\frac{46+26}{2}\text{MPa}=36\text{MPa}$$

三向应力圆如习题 7.8 题解图 (a) 所示。

(2) 题 (b) 解

已知一个主应力为 60MPa，现求另外两个主应力。将 $\sigma_x=-20\text{MPa}$，$\sigma_y=0$，$\tau_x=-40\text{MPa}$代入主应力计算公式得

$$\begin{matrix}\sigma_{\max}\\ \sigma_{\min}\end{matrix}=\frac{-20}{2}\text{MPa}\pm\sqrt{\left(\frac{-20}{2}\right)^2+(-40)^2}\text{MPa}=\begin{matrix}31.23\text{MPa}\\ -51.23\text{MPa}\end{matrix}$$

故主应力为 $\sigma_1=60\text{MPa}$，$\sigma_2=31.23\text{MPa}$，$\sigma_3=-51.23\text{MPa}$。

最大切应力为

$$\tau_{\max}=\frac{\sigma_1-\sigma_3}{2}=\frac{60+51.23}{2}\text{MPa}=55.62\text{MPa}$$

三向应力圆如习题 7.8 题解图 (b) 所示。

(3) 题 (c) 解

已知一个主应力为 -90MPa，现求另外两个主应力。将 $\sigma_x=200\text{MPa}$，$\sigma_y=40\text{MPa}$，$\tau_x=150\text{MPa}$ 代入主应力计算公式得

$$\begin{matrix}\sigma_{\max}\\ \sigma_{\min}\end{matrix}=\frac{200+40}{2}\text{MPa}\pm\sqrt{\left(\frac{200-40}{2}\right)^2+150^2}\text{MPa}=\begin{matrix}290\text{MPa}\\ -50\text{MPa}\end{matrix}$$

故主应力为 $\sigma_1=290\text{MPa}$，$\sigma_2=-50\text{MPa}$，$\sigma_3=-90\text{MPa}$。

最大切应力为

$$\tau_{\max}=\frac{\sigma_1-\sigma_3}{2}=\frac{290+90}{2}\text{MPa}=190\text{MPa}$$

三向应力圆如习题 7.8 题解图 (c) 所示。

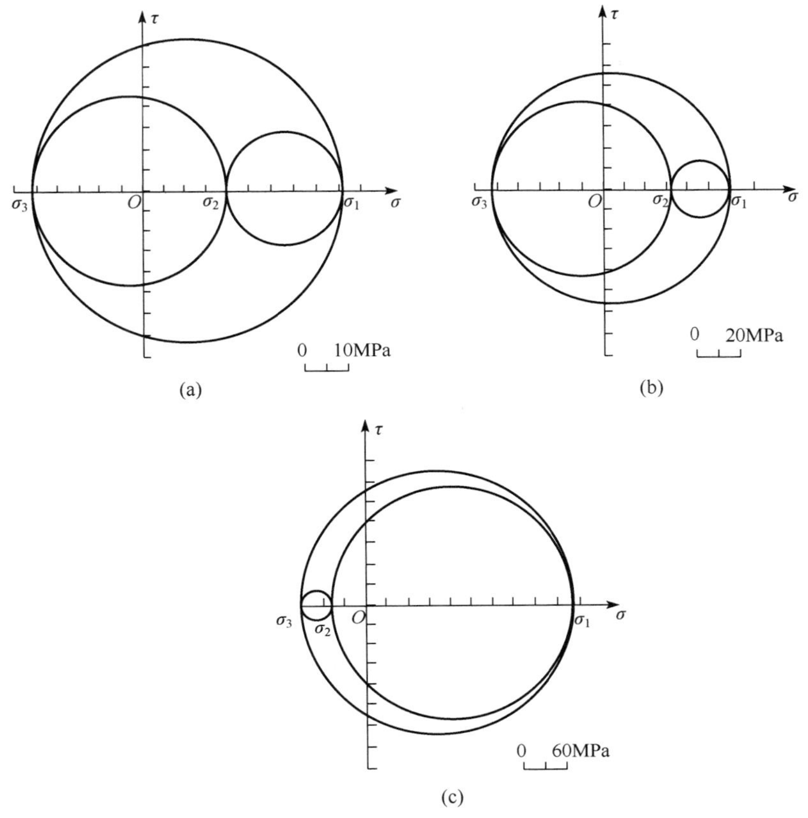

习题 7.8 题解图

习题 7.9～习题 7.11　广义胡克定律

习题 7.9　边长 $a=0.1\mathrm{m}$ 的铜立方块，无间隙的放入体积较大、变形可略去不计的钢凹槽中，如图所示。已知铜的弹性模量 $E=100\mathrm{GPa}$，泊松比 $\nu=0.34$。当受到合力为 $F=300\mathrm{kN}$ 的均布压力作用时，试求该铜块的主应力及最大切应力。

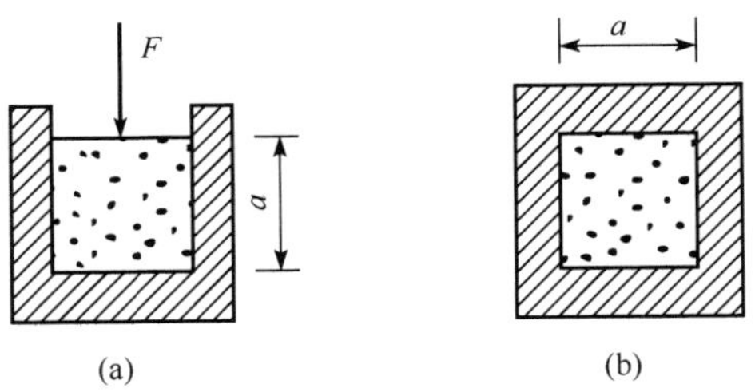

习题 7.9 图

解　力 F 作用方向的应力为

$$\sigma_z=-\frac{F}{a^2}=-\frac{300\times10^3\,\mathrm{N}}{0.1^2\,\mathrm{m}^2}=-30\times10^6\,\mathrm{Pa}=-30\mathrm{MPa}$$

根据铜立方块的变形条件 $\varepsilon_x=\varepsilon_y=0$，由广义胡克定律，得

$$\varepsilon_x=\frac{1}{E}[\sigma_x-\nu(\sigma_y+\sigma_z)]=0$$

$$\varepsilon_y=\frac{1}{E}[\sigma_y-\nu(\sigma_z+\sigma_x)]=0$$

联立求解以上两式，得

$$\sigma_x=\sigma_y=\frac{\nu}{1-\nu}\sigma_z=\frac{0.34}{1-0.34}\times(-30)\text{MPa}=-15.5\text{MPa}$$

故铜立方块的主应力为 $\sigma_1=-15.5\text{MPa}$，$\sigma_2=-15.5\text{MPa}$，$\sigma_3=-30\text{MPa}$。

最大切应力为

$$\tau_{\max}=\frac{\sigma_1-\sigma_3}{2}=\frac{-15.5+30}{2}\text{MPa}=7.25\text{MPa}$$

习题 7.10 受扭圆轴的直径 d 及材料的弹性模量 E、泊松比 ν 为已知，又测得轴表面上一点处 $-15°$ 方向上的线应变为 $\varepsilon_{-15°}$，试求该轴横截面上的扭矩 T。

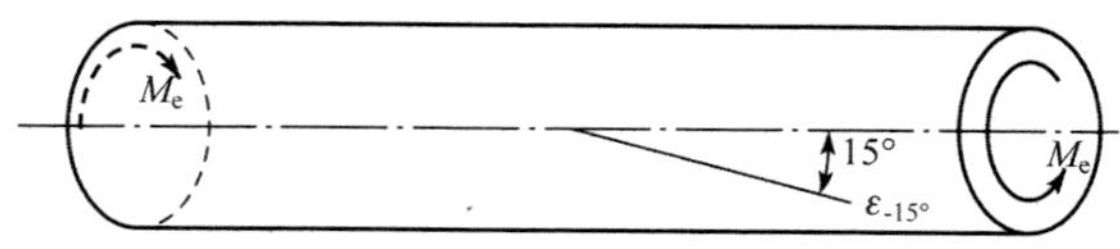

习题 7.10 图

解 轴表面的切应力为

$$\tau_x=\frac{T}{\frac{\pi d^3}{16}}=\frac{16T}{\pi d^3}$$

将 $\sigma_x=0$，$\sigma_y=0$，$\tau_x=\frac{16T}{\pi d^3}$代入斜截面应力计算公式得

$$\sigma_{-15°}=-\frac{16T}{\pi d^3}\sin2\times(-15°)=\frac{8T}{\pi d^3}$$

$$\sigma_{75°}=-\frac{16T}{\pi d^3}\sin2\times75°=-\frac{8T}{\pi d^3}$$

由广义虎克定律有

$$\varepsilon_{-15°}=\frac{1}{E}(\sigma_{-15°}-\nu\sigma_{75°})=\frac{1+\nu}{E}\times\frac{8T}{\pi d^3}$$

由此得该轴横截面上的扭矩为

$$T=\frac{\pi Ed^3\varepsilon_{-15°}}{8(1+\nu)}$$

习题 7.11 图示悬臂梁由 25a 工字钢制成，材料的弹性模量 $E=210\text{GPa}$，泊松比 $\nu=0.3$，现测得中性层上 A 点处与轴线成 45°的方向的线应变 $\varepsilon_{45°}=-2.6\times10^{-5}$，试求荷载 F。

解 通过 A 点的横截面上的剪力为

$$F_{SA}=F$$

A 点处的切应力为

$$\tau_x=\frac{F_{SA}S_z}{I_zb}=\frac{FS_z}{I_zb}$$

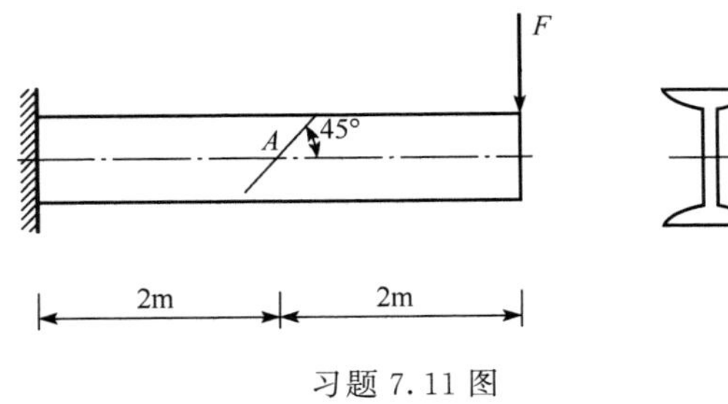

习题 7.11 图

将 $\sigma_x=0$，$\sigma_y=0$，$\tau_x=\dfrac{FS_z}{I_z b}$代入斜截面应力计算公式得

$$\sigma_{45^\circ}=-\frac{FS_z}{I_z b}\sin 2\times 45^\circ=\frac{FS_z}{I_z b}$$

$$\sigma_{-45^\circ}=-\frac{FS_z}{I_z b}\sin 2\times(-45^\circ)=\frac{FS_z}{I_z b}$$

由广义虎克定律有

$$\varepsilon_{45^\circ}=\frac{1}{E}(\sigma_{45^\circ}-\nu\sigma_{-45^\circ})=-\frac{1+\nu}{E}\times\frac{FS_z}{I_z b}$$

查型钢规格表，25a 号工字钢的有关参数如下：

$$I_z:S_z=21.58\text{cm},\ b=8\text{mm}$$

代入上式得荷载 F 为

$$F=-\frac{Eb\varepsilon_{45^\circ}}{1+\nu}\times\frac{I_z}{S_z}=-\frac{210\times 10^9\text{Pa}\times 8\times 10^{-3}\text{m}\times(-2.6\times 10^{-5})}{1+0.3}\times 21.58\times 10^{-2}\text{m}$$
$$=7.25\times 10^3\text{N}=7.25\text{kN}$$

习题 7.12～习题 7.22 强度理论

习题 7.12 试对铸铁构件进行强度校核。已知材料的许用拉应力 $[\sigma_t]=30$MPa，泊松比 $\nu=0.3$。危险点处的主应力为（单位：MPa）

1）$\sigma_1=30$，$\sigma_2=20$，$\sigma_3=15$；

2）$\sigma_1=29$，$\sigma_2=20$，$\sigma_3=-20$；

3）$\sigma_1=29$，$\sigma_2=0$，$\sigma_3=-20$。

解 铸铁是脆性材料，选用第一和第二强度理论进行强度校核。

（1）第一种情况

第一强度理论的相当应力为

$$\sigma_{r1}=\sigma_1=30\text{MPa}=[\sigma_t]=30\text{MPa}$$

满足强度要求。

第二强度理论的相当应力为

$$\sigma_{r2}=\sigma_1-\nu(\sigma_1+\sigma_1)=[30-0.3\times(20+15)]\text{MPa}=19.5\text{MPa}<[\sigma_t]=30\text{MPa}$$

满足强度要求。

（2）第二种情况

第一强度理论的相当应力为

$$\sigma_{r1} = \sigma_1 = 29\text{MPa} < [\sigma_t] = 30\text{MPa}$$

满足强度要求。

第二强度理论的相当应力为

$$\sigma_{r2} = \sigma_1 - \nu(\sigma_1 + \sigma_1) = [29 - 0.3 \times (20 - 20)]\text{MPa} = 29\text{MPa} < [\sigma_t] = 30\text{MPa}$$

满足强度要求。

(3) 第三种情况

第一强度理论的相当应力为

$$\sigma_{r1} = \sigma_1 = 29\text{MPa} < [\sigma_t] = 30\text{MPa}$$

满足强度要求。

第二强度理论的相当应力为

$$\sigma_{r2} = \sigma_1 - \nu(\sigma_1 + \sigma_1) = [29 - 0.3 \times (0 - 20)]\text{MPa} = 35\text{MPa} > [\sigma_t] = 30\text{MPa}$$

不满足强度要求。

习题 7.13 铸铁构件危险点处的应力状态如图所示。已知材料的许用拉应力 $[\sigma_t]=35\text{MPa}$，泊松比 $\nu=0.3$，试校核其强度。

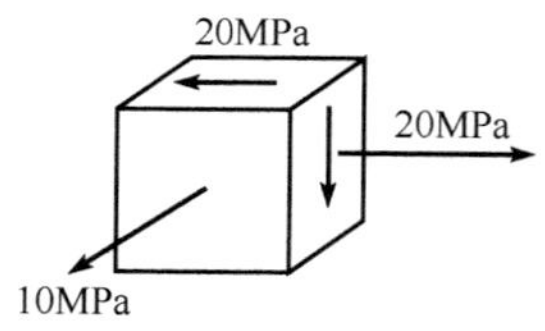

习题 7.13 图

解 求危险点处的主应力。已知一个主应力为 10MPa，现求另外两个主应力。将 $\sigma_x=20\text{MPa}$，$\sigma_y=0$，$\tau_x=20\text{MPa}$ 代入主应力计算公式得

$$\left.\begin{matrix}\sigma_{\max}\\ \sigma_{\min}\end{matrix}\right\} = \frac{20\text{MPa}}{2} \pm \sqrt{\left(\frac{20}{2}\right)^2 + 20^2}\,\text{MPa} = \left\{\begin{matrix}32.36\text{MPa}\\ -12.36\text{MPa}\end{matrix}\right.$$

故主应力为 $\sigma_1=32.36\text{MPa}$，$\sigma_2=10\text{MPa}$，$\sigma_3=-12.36\text{MPa}$。

第一强度理论的相当应力为

$$\sigma_{r1} = \sigma_1 = 32.36\text{MPa} > [\sigma_t] = 30\text{MPa}$$

不满足强度要求。

第二强度理论的相当应力为

$$\begin{aligned}\sigma_{r2} &= \sigma_1 - \nu(\sigma_1 + \sigma_1) = [32.36 - 0.3 \times (10 - 12.36)]\text{MPa}\\ &= 33.07\text{MPa} > [\sigma_t] = 30\text{MPa}\end{aligned}$$

不满足强度要求。

习题 7.14 两种应力状态如图所示。试求：

1) 试按第三强度理论分别计算其相当应力（设 $|\sigma|>|\tau|$）；

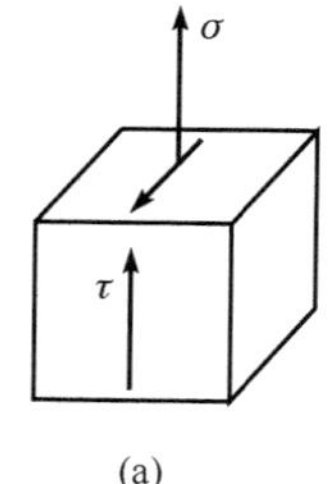

(a)

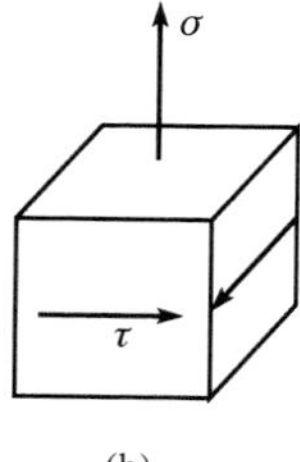

(b)

习题 7.14 图

2）直接根据第四强度理论的概念判断哪一种较易发生屈服？并计算相当应力。

解　（1）计算第三强度理论的相当应力

1）对图（a）所示单元体。将 $\sigma_x=\sigma$，$\sigma_y=0$，$\tau_x=\tau$ 代入主应力计算公式得

$$\left.\begin{matrix}\sigma_{\max}\\ \sigma_{\min}\end{matrix}\right\}=\frac{\sigma}{2}\pm\sqrt{\left(\frac{\sigma}{2}\right)^2+\tau^2}$$

故主应力为

$$\sigma_1=\frac{\sigma}{2}+\sqrt{\left(\frac{\sigma}{2}\right)^2+\tau^2},\ \sigma_2=0,\ \sigma_3=\frac{\sigma}{2}-\sqrt{\left(\frac{\sigma}{2}\right)^2+\tau^2}$$

第三强度理论的相当应力为

$$\sigma_{r3}=\sigma_1-\sigma_3=\sqrt{\sigma^2+4\tau^2}$$

2）对图（b）所示单元体。主应力为

$$\sigma_1=\sigma,\ \sigma_2=\tau,\ \sigma_3=-\tau$$

第三强度理论的相当应力为

$$\sigma_{r3}=\sigma_1-\sigma_3=\sigma+\tau$$

（2）计算第四强度理论的相当应力

根据两个单元体的应力状态，两个单元体的形状改变相同，发生屈服的难易程度应相同。第四强度理论的相当应力均为

$$\sigma_{r4}=\sqrt{\frac{1}{2}[(\sigma_1-\sigma_2)^2+(\sigma_2-\sigma_3)^2+(\sigma_3-\sigma_1)^2+]}=\sqrt{\sigma^2+3\tau^2}$$

习题 7.15　铸铁构件危险点处于复杂应力状态，其主应力 $\sigma_1=24\text{MPa}$，$\sigma_2=0$，$\sigma_3=-36\text{MPa}$，材料的许用拉应力 $[\sigma_t]=35\text{MPa}$，许用压应力 $[\sigma_c]=120\text{MPa}$，泊松比 $\nu=0.25$。试用第一、第二强度理论校核该构件的强度。

解　第一强度理论的相当应力为

$$\sigma_{r1}=\sigma_1=24\text{MPa}<[\sigma_t]=35\text{MPa}$$

满足强度要求。

第二强度理论的相当应力为

$$\sigma_{r2}=\sigma_1-\nu(\sigma_1+\sigma_1)=[24-0.25\times(0-36)]\text{MPa}=33\text{MPa}<[\sigma_t]=35\text{MPa}$$

满足强度要求。

习题 7.16　试对铝合金零件进行强度校核，已知材料的许用拉应力 $[\sigma_t]=120\text{MPa}$。危险点处的主应力（单位：MPa）为

1）$\sigma_1=80$，$\sigma_2=70$，$\sigma_3=-40$；

2）$\sigma_1=70$，$\sigma_2=30$，$\sigma_3=-20$；

3）$\sigma_1=60$，$\sigma_2=0$，$\sigma_3=-50$。

解　铝是塑性材料，选用第三和第四强度理论进行强度校核。

（1）第一种情况

第三强度理论的相当应力为

$$\sigma_{r3}=\sigma_1-\sigma_3=120\text{MPa}=[\sigma_t]=120\text{MPa}$$

满足强度要求。

第四强度理论的相当应力为

$$\sigma_{r4}=\sqrt{\frac{1}{2}[(\sigma_1-\sigma_2)^2+(\sigma_2-\sigma_3)^2+(\sigma_3-\sigma_1)^2+]}=115.33\text{MPa}<[\sigma_t]=120\text{MPa}$$

满足强度要求。

(2) 第二种情况

第三强度理论的相当应力为

$$\sigma_{r3}=\sigma_1-\sigma_3=90\text{MPa}=[\sigma_t]=120\text{MPa}$$

满足强度要求。

第四强度理论的相当应力为

$$\sigma_{r4}=\sqrt{\frac{1}{2}[(\sigma_1-\sigma_2)^2+(\sigma_2-\sigma_3)^2+(\sigma_3-\sigma_1)^2+]}=78.10\text{MPa}<[\sigma_t]=120\text{MPa}$$

满足强度要求。

(3) 第三种情况

第三强度理论的相当应力为

$$\sigma_{r3}=\sigma_1-\sigma_3=110\text{MPa}=[\sigma_t]=120\text{MPa}$$

满足强度要求。

第四强度理论的相当应力为

$$\sigma_{r4}=\sqrt{\frac{1}{2}[(\sigma_1-\sigma_2)^2+(\sigma_2-\sigma_3)^2+(\sigma_3-\sigma_1)^2+]}=95.39\text{MPa}<[\sigma_t]=120\text{MPa}$$

满足强度要求。

习题 7.17 焊接工字形截面外伸钢梁如图所示。已知 $F=100\text{kN}$，$a=0.6\text{m}$，材料的许用应力 $[\sigma]=120\text{MPa}$，试全面校核此梁的强度。

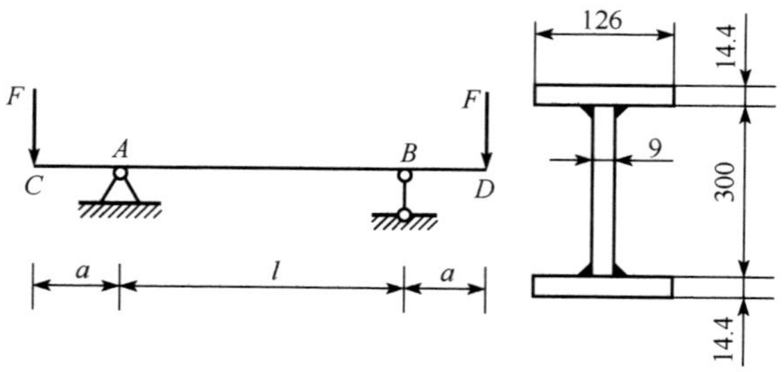

习题 7.17 图

解 1) 求梁的最大弯矩和剪力。梁的最大弯矩和剪力分别为

$$M_{\max}=Fa=100\text{kN}\times0.6\text{m}=60\text{kN}\cdot\text{m}$$

$$F_{S\max}=F=100\text{kN}$$

2) 校核正应力强度。梁的截面惯性矩为

$$I_z=\frac{126\text{mm}\times(300+14.4\times2)^3\text{mm}^3-(126-9)\text{mm}\times300^3\text{mm}^3}{12}=109.99\times10^{-6}\text{m}^4$$

梁的最大正应力为

$$\sigma_{\max}=\frac{M_{\max}y_{\max}}{I_z}=\frac{60\times10^3\,\mathrm{N\cdot m}\times164.4\times10^{-3}\,\mathrm{m}}{109.99\times10^{-6}\,\mathrm{m}^4}=89.68\times10^6\,\mathrm{Pa}$$

$$=89.68\mathrm{MPa}<[\sigma]=120\mathrm{MPa}$$

满足正应力强度条件。

3）对腹板和翼缘的交点进行强度校核。腹板和翼缘交点处的正应力为

$$\sigma=\frac{M_{\max}y}{I_z}=\frac{60\times10^3\,\mathrm{N\cdot m}\times150\times10^{-3}\,\mathrm{m}}{109.99\times10^{-6}\,\mathrm{m}^4}=81.83\times10^6\,\mathrm{Pa}=81.83\mathrm{MPa}$$

静矩为

$$S_z^*=126\mathrm{mm}\times14.4\mathrm{mm}\times(150+7.2)\mathrm{mm}=285.22\times10^{-6}\,\mathrm{m}^3$$

腹板和翼缘交点处的切应力为

$$\tau=\frac{F_{\mathrm{Smax}}S_z^*}{I_zb}=\frac{100\times10^3\,\mathrm{N}\times285.22\times10^{-6}\,\mathrm{m}^3}{109.99\times10^{-6}\,\mathrm{m}^4\times9\times10^{-3}\,\mathrm{m}}=28.84\times10^6\,\mathrm{Pa}=28.84\mathrm{MPa}$$

第三强度理论的相当应力为

$$\sigma_{r3}=\sqrt{\sigma^2+4\tau^2}=\sqrt{81.83^2+4\times28.84^2}\,\mathrm{MPa}=100.12\mathrm{MPa}<[\sigma]=120\mathrm{MPa}$$

满足强度条件。

第四强度理论的相当应力为

$$\sigma_{r4}=\sqrt{\sigma^2+3\tau^2}=\sqrt{81.83^2+3\times28.84^2}\,\mathrm{MPa}=95.87\mathrm{MPa}<[\sigma]=120\mathrm{MPa}$$

满足强度条件。

习题 7.18　焊接工字形截面简支钢梁如图所示。已知 $F=550\mathrm{kN}$，$q=40\mathrm{kN/m}$，$a=1\mathrm{m}$，$l=8\mathrm{m}$，材料的许用应力 $[\sigma]=160\mathrm{MPa}$，试按第四强度理论全面校核此梁的强度。

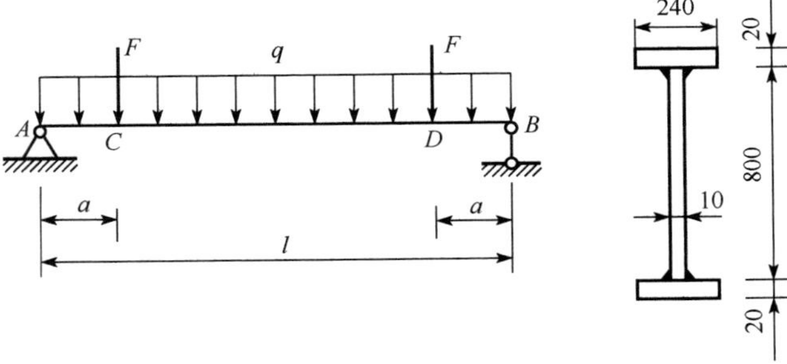

习题 7.18 图

解　1）绘制梁的内力图。梁的内力图如习题 7.18 题解图（b，c）所示。由内力图可知，梁的最大弯矩为

$$M_{\max}=870\mathrm{kN\cdot m}$$

C 左侧和 D 右侧截面上的弯矩和剪力分别为

$$M_C=M_D=690\mathrm{kN\cdot m}$$

$$F_{\mathrm{SC}}^{\mathrm{L}}=|F_{\mathrm{SD}}^{\mathrm{R}}|=670\mathrm{kN}$$

2）校核正应力强度。梁的截面惯性矩为

$$I_z=\frac{240\mathrm{mm}\times(800+20\times2)^3\mathrm{mm}^3-(240-10)\mathrm{mm}\times800^3\mathrm{mm}^3}{12}=2.04\times10^{-3}\,\mathrm{m}^4$$

梁的最大正应力为

$$\sigma_{max}=\frac{M_{max}y_{max}}{I_z}=\frac{870\times10^3\,N\cdot m\times420\times10^{-3}\,m}{2.04\times10^{-3}\,m^4}=179.12\times10^6\,Pa$$

$$=179.12MPa>[\sigma]=160MPa$$

不满足正应力强度条件。

3）对腹板和翼缘的交点进行强度校核。

在 C 左侧和 D 右侧截面上作用的弯矩和剪力都比较大，故该两截面上腹板和翼缘交点是危险点，现对其用第四强度理论进行校核。

腹板和翼缘交点处的正应力为

$$\sigma=\frac{M_{max}y}{I_z}=\frac{690\times10^3\,N\cdot m\times400\times10^{-3}\,m}{2.04\times10^{-3}\,m^4}=135.29\times10^6\,Pa=135.29MPa$$

静矩为

$$S_z=240mm\times20mm\times(400+10)mm=1968\times10^{-6}\,m^3$$

腹板和翼缘交点的切应力为

$$\tau=\frac{F_{Smax}S_z}{I_zb}=\frac{670\times10^3\,N\times1968\times10^{-6}\,m^3}{2.04\times10^{-3}\,m^4\times10\times10^{-3}\,m}=64.64\times10^6\,Pa=64.64MPa$$

第四强度理论的相当应力为

$$\sigma_{r4}=\sqrt{\sigma^2+3\tau^2}=\sqrt{135.29^2+3\times64.64^2}\,MPa=175.61MPa>[\sigma]=160MPa$$

不满足强度条件。

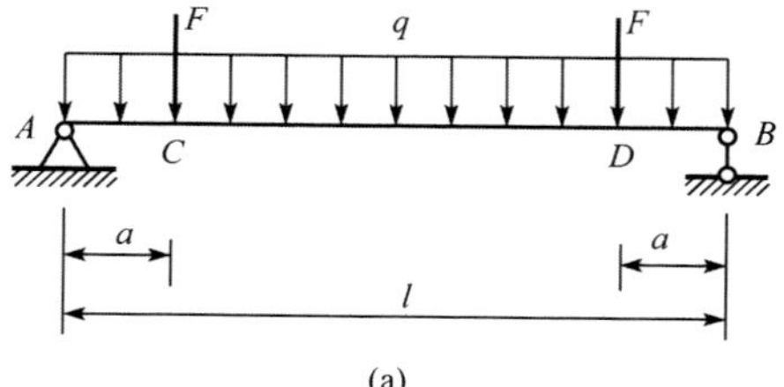

(a)

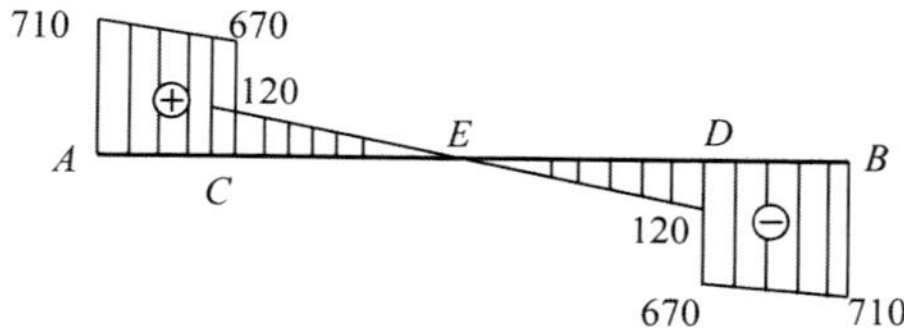

(b) F_S图(单位：kN)

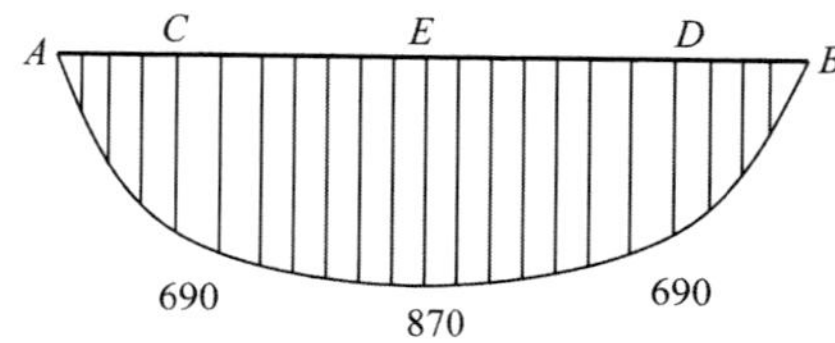

(c) M图(单位：kN·m)

习题 7.18 题解图

习题 7.19 图示铸铁构件的中段为一内径 $d=200\text{mm}$，壁厚 $t=10\text{mm}$ 圆筒，圆筒的内压力 $p=20\text{MPa}$，两端受轴向外力 $F=100\text{kN}$ 的作用，材料的许用应力 $[\sigma_t]=40\text{MPa}$，$[\sigma_c]=160\text{MPa}$，泊松比 $\nu=0.25$，试按第二强度理论校核其强度。

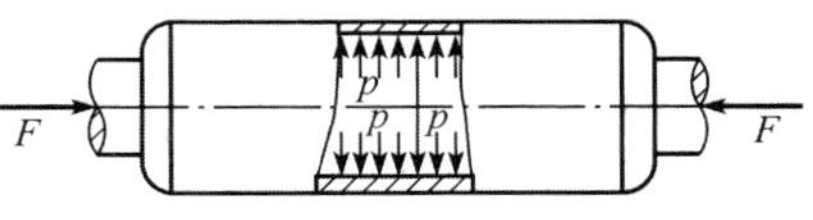

习题 7.19 图

解 1）计算轴向压力 F 产生的正应力。

$$\sigma=\frac{F}{A}=\frac{F}{\pi dt}=\frac{-100\times10^3\text{N}}{\pi\times0.2\text{m}\times0.01\text{m}}=-15.92\text{MPa}$$

2）计算内压产生的切向应力和轴向应力。由薄壁圆筒应力的计算公式，得

$$\sigma_t=\frac{pD}{2t}=\frac{20\text{MPa}\times(0.2+0.005)\text{m}}{2\times0.01\text{m}}=205\text{MPa}$$

$$\sigma_x=\frac{pD}{4t}=\frac{20\text{MPa}\times(0.2+0.005)\text{m}}{4\times0.01\text{m}}=102.5\text{MPa}$$

3）计算危险点处的主应力。主应力的值为

$$\sigma_1=\sigma_t=205\text{MPa}$$

$$\sigma_2=\sigma+\sigma_x=(-15.92+102.5)\text{MPa}=86.58\text{MPa}$$

$$\sigma_3=0$$

4）按第二强度理论进行校核。第二强度理论的相当应力为

$$\sigma_{r2}=\sigma_1-\upsilon(\sigma_2+\sigma_3)=(205-0.25\times86.58)\text{MPa}=183.4\text{MPa}>[\sigma_t]=40\text{MPa}$$

不满足强度要求。

习题 7.20 图示为一天然气管道（两端开口）。管道的平均直径 $D=1\text{m}$，壁厚 $t=30\text{mm}$，自重 $q=60\text{kN/m}$。材料为钢，许用应力 $[\sigma]=100\text{MPa}$。试按第三强度理论求管道的许用内压力。

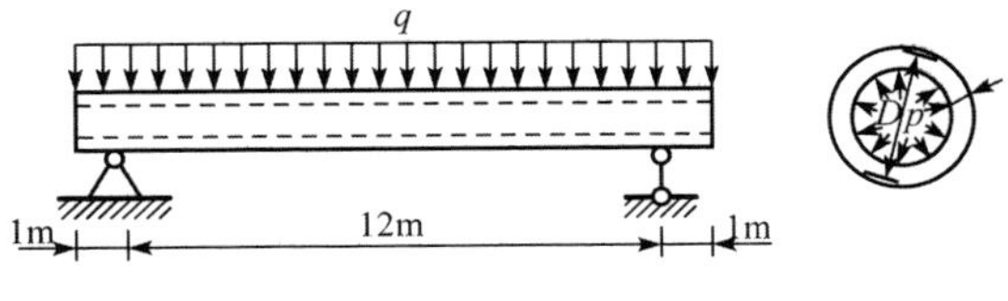

习题 7.20 图

解 1）计算由弯曲产生的最大正应力（轴向）。最大弯矩为

$$M_{\max}=\frac{1}{2}\times60\text{kN/m}\times14\text{m}\times6\text{m}-\frac{1}{2}\times60\text{kN/m}\times(7\text{m})^2=1050\text{kN}\cdot\text{m}$$

截面的惯性矩为

$$I_z=\frac{\pi}{8}D^3t=\frac{\pi}{8}\times1^3\text{m}^3\times0.03\text{m}=1.178\times10^{-2}\text{m}^4$$

最大正应力为

$$\sigma_{\max}=\frac{M_{\max}y_{\max}}{I_z}=\frac{1050\times10^3\text{N}\cdot\text{m}\times0.515\text{m}}{1.178\times10^{-2}\text{m}^4}=45.90\text{MPa}$$

2）计算由内压产生的切向应力。由薄壁圆筒应力的计算公式，得

$$\sigma_t = \frac{pD}{2t}$$

3）计算危险点处的主应力。危险点发生在跨中截面的上边缘，主应力的值为

$$\sigma_1 = \sigma_t = \frac{pD}{2t}, \sigma_2 = 0, \sigma_3 = \sigma_{max} = -45.09\text{MPa}$$

4）计算管道内压力的许用值。由第三强度理论的强度条件得

$$\sigma_{r3} = \sigma_1 - \sigma_3 = \frac{pD}{2t} + 45.09 \leqslant [\sigma] = 100\text{MPa}$$

故

$$[p] = \frac{2t\{[\sigma] - 45.09\text{MPa}\}}{D} = \frac{2 \times 0.03\text{m} \times (100 - 45.09)\text{MPa}}{1\text{m}} = 3.29\text{MPa}$$

习题 7.21 建筑物地基中某点处的主应力 $\sigma_1 = -0.05\text{MPa}$，$\sigma_3 = -0.2\text{MPa}$。已知地基中土的许用拉应力 $[\sigma_t] = 0.04\text{MPa}$，许用压应力 $[\sigma_c] = 0.12\text{MPa}$，试用莫尔强度理论校核该点处的强度。

解 莫尔强度理论的相当应力为

$$\sigma_{rM} = \sigma_1 - \frac{[\sigma_t]}{[\sigma_c]}\sigma_3 = -0.05\text{MPa} - \frac{0.04\text{MPa}}{0.12\text{MPa}} \times (-0.2)\text{MPa}$$
$$= -0.017\text{MPa} < [\sigma_t] = 0.04\text{MPa}$$

该点满足强度要求。

习题 7.22 为了判断某地下工程围岩的强度，现从该工程的围岩中取出六个岩芯试样，并把它们放在三轴试验机上作三向压缩破坏试验，其结果列于表 1 中。另外又根据理论计算知道，在围岩中有 A、B、C、D、E、F 等点比较危险，这些点处的应力计算结果列于表 2 中。试用莫尔强度理论对这些危险点进行强度校核。

表 1 试样破坏试验结果（MPa）

试样	1	2	3	4	5	6
σ_1	4	0	−8	−23	−45	−64
σ_2	0	0	−8	−23	−45	−64
σ_3	0	−74	−97	−133	−167	−191

表 2 危险点处的工作应力（MPa）

危险点	A	B	C	D	E	F
σ_1	0	0	−10	−10	−10	−160
σ_2	0	0	−10	−10	−10	−160
σ_3	−5	−84	−50	−110	−120	−200
强度校核的结论	读者自行练习			极限平衡	破坏	强度足够

解　在 $O\sigma\tau$ 坐标系中，根据表 1 中六个试样的数据，绘出围岩的极限应力圆和强度极限曲线，如习题 7.22 题解图所示。再根据表 2 中的数据，在图中绘出 A、B、C 三点处的主应力圆，可知 A 点和 C 点处满足强度要求，B 点处的强度不足。

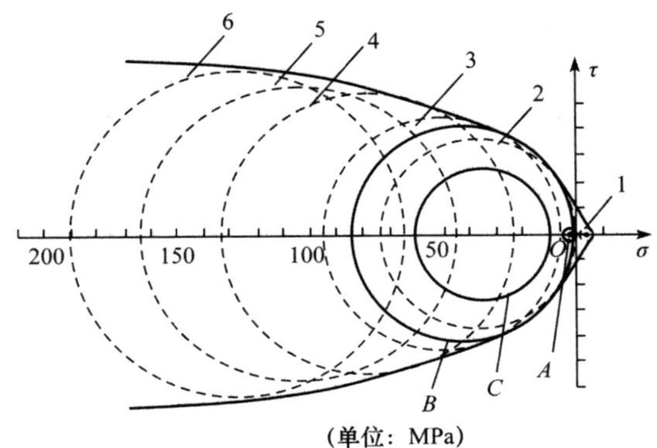

(单位：MPa)

习题 7.22 题解图

第八章　组合变形

内容总结

1. 组合变形的概念和分析方法

杆件受载后产生两种或两种以上的同数量级的基本变形，称为组合变形。

对于小变形且材料符合胡克定律的组合变形杆件，虽然同时产生几种基本变形，但每一种基本变形都各自独立，互不影响，因此可以应用叠加原理。其强度和刚度计算的步骤如下：

1）将杆件承受的荷载进行分解或简化，使每一种荷载各自只产生一种基本变形。

2）分别计算每一种基本变形下的应力和变形。

3）利用叠加原理，即将这些应力或变形进行叠加，计算杆件危险点处的应力，据此进行强度计算；或计算杆件的最大变形，据此进行刚度计算。

2. 斜弯曲

1）变形特点。斜弯曲是两个互相垂直的平面弯曲的组合，变形后杆件轴线不再位于外力作用平面内。

2）外力分析。将荷载 F 沿截面的两个对称轴 y、z 分解为两个分量［图 8.1（a）］：

$$F_y = F\cos\varphi,\ F_z = F\sin\varphi$$

3）内力分析。梁的横截面上存在着剪力和弯矩两种内力，由于剪力的影响较小，可以忽略剪力的影响只计算弯矩。F_y 和 F_z 在距固定端为 x 处横截面 $m-m$ 上引起的弯矩［图 8.1（b）］分别为

$$M_z = F_y(l-x) = F(l-x)\cos\varphi = M\cos\varphi$$
$$M_y = F_z(l-x) = F(l-x)\sin\varphi = M\sin\varphi$$

总弯矩 M 与分弯矩 M_z、M_y 的关系也可用矢量表示［图 8.1（c）］。

4）应力计算。任意横截面上任意点 $k(y, z)$ 处的应力为

$$\sigma = -\frac{M_z}{I_z}y + \frac{M_y}{I_y}z = -M\left(\frac{y\cos\varphi}{I_z} - \frac{z\sin\varphi}{I_y}\right)$$

5）中性轴位置。设中性轴与 z 轴之间的夹角为 α，则

$$\tan\alpha=\frac{I_z}{I_y}\tan\varphi\quad\left(\text{或}\ \tan\alpha=\frac{I_z}{I_y}\times\frac{M_y}{M_z}\right)$$

6）强度计算。强度条件为

$$\sigma_{\max}=\frac{M_{z\max}}{W_z}+\frac{M_{y\max}}{W_y}\leqslant[\sigma]$$

若材料的 $[\sigma_t]=[\sigma_c]$，则 $\sigma_{\max}$ 应取绝对值最大的；若材料的 $[\sigma_t]\neq[\sigma_c]$，则应分别对拉、压强度进行计算。

7）变形计算。总挠度的大小为

$$w=\sqrt{w_y^2+w_z^2}$$

总挠度的方向与 y 轴之间的夹角 β 为

$$\tan\beta=\frac{I_z}{I_y}\tan\varphi$$

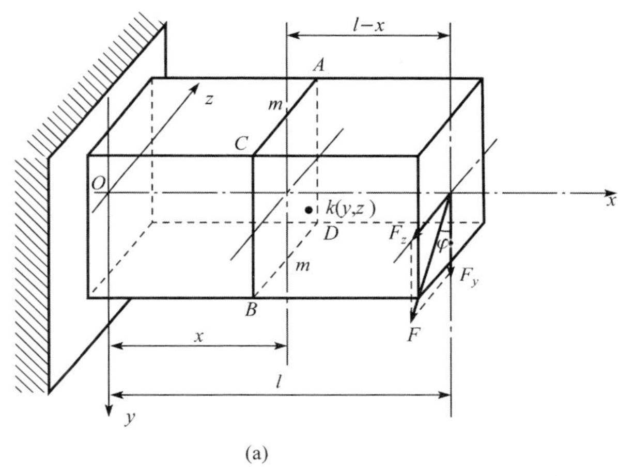

(a)

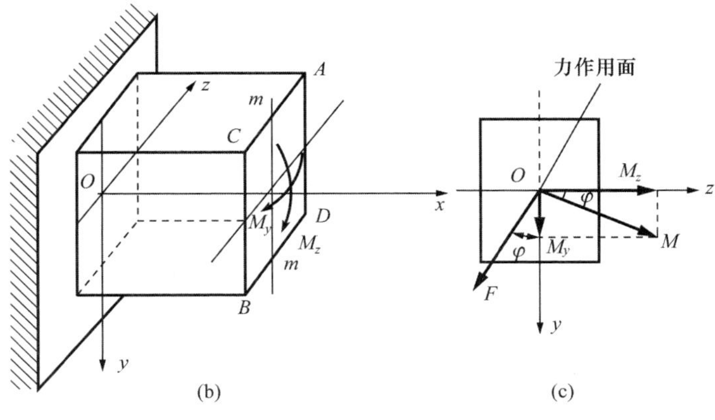

(b)　(c)

图 8.1

3. 拉伸（压缩）与弯曲的组合变形

1）应力计算。将拉（压）应力与弯曲应力叠加后得

$$\sigma = \frac{F_{\mathrm{N}}}{A} \pm \frac{M}{I_z}y$$

式中：F_{N}以拉为正，压为负；“±”号以拉应力取“+”号，压应力取“-”号。

2）强度计算。强度条件为

$$\sigma_{\max} = \left| \frac{F_{\mathrm{N}}}{A} \pm \frac{M_{\max}}{W_z} \right|_{\max} \leqslant [\sigma]$$

若材料的$[\sigma_{\mathrm{t}}] \neq [\sigma_{\mathrm{c}}]$，则应分别对拉、压强度进行计算。

4. 偏心压缩（拉伸）

1）应力计算。横截面上任意点$k(y, z)$处的正应力为

$$\sigma = \frac{F_{\mathrm{N}}}{A} \pm \frac{M_y}{I_y}z \pm \frac{M_z}{I_z}y$$

或

$$\sigma = -\frac{F}{A}\left(1 + \frac{e_z z}{i_y^2} + \frac{e_y y}{i_z^2}\right)$$

式中：e_z、e_y——偏心力作用点到y轴、z轴的距离；

i_y、i_z——横截面对y轴、z轴的惯性半径。

对于偏心拉伸，以上两式中第一项应取正号，第二、三项仍以拉应力为正，压应力为负。

2）中性轴位置。中性轴方程为

$$1 + \frac{e_z z_0}{i_y^2} + \frac{e_y y_0}{i_z^2} = 0$$

中性轴在坐标轴y和z上的截距为

$$a_y = -\frac{i_z^2}{e_y},\ a_z = -\frac{i_y^2}{e_z}$$

3）强度计算。强度条件为

$$\sigma_{\max} = \left| \frac{F_{\mathrm{N}}}{A} - \frac{M_y}{W_y} - \frac{M_z}{W_z} \right| \leqslant [\sigma]$$

若材料的$[\sigma_{\mathrm{t}}] \neq [\sigma_{\mathrm{c}}]$，则应分别对拉、压强度进行计算。

4）截面核心。使横截面上只产生压应力时压力作用的范围，称为截面核心。截面核心边界上点的坐标为

$$e_y = \frac{i_z^2}{a_y},\ e_z = \frac{i_y^2}{a_z}$$

各种截面的截面核心可从有关设计手册中查得。

5. 弯曲与扭转的组合变形

1）应力计算。危险点为平面应力状态，其应力计算公式为

$$\tau = \frac{T}{W_{\mathrm{p}}},\ \sigma = \frac{M}{W_z}$$

2）强度计算。对于塑性材料，选用第三、第四强度理论，强度条件分别为

$$\sigma_{\mathrm{r3}} = \sqrt{\sigma^2 + 4\tau^2} \leqslant [\sigma]$$

$$\sigma_{r4} = \sqrt{\sigma^2 + 3\tau^2} \leqslant [\sigma]$$

若是圆截面杆，强度条件可写为

$$\sigma_{r3} = \frac{\sqrt{M^2 + T^2}}{W_z} \leqslant [\sigma]$$

$$\sigma_{r4} = \frac{\sqrt{M^2 + 0.75T^2}}{W_z} \leqslant [\sigma]$$

若圆轴的弯曲在相互垂直的 xy 和 xz 两个平面内发生，则 $M = \sqrt{M_y^2 + M_z^2}$。

典型例题

例 8.1　图 8.2 所示简支梁用 16a 号槽钢制成，跨长 $l=4.2\text{m}$，受集度为 $q=2\text{kN/m}$ 的均布荷载作用。梁放在 $\varphi=20°$ 的斜面上。试确定梁危险截面上点 A 和点 B 处的弯曲正应力。

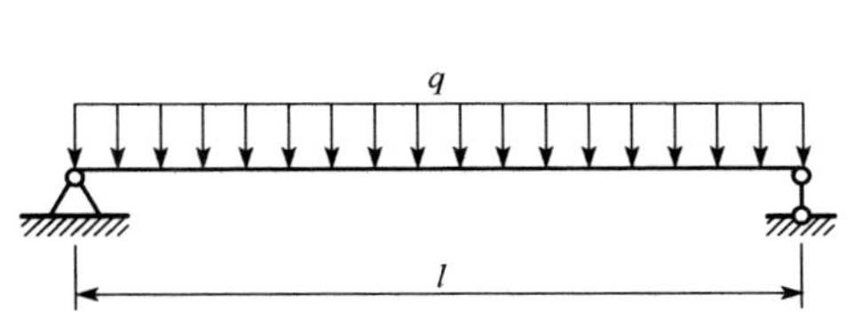

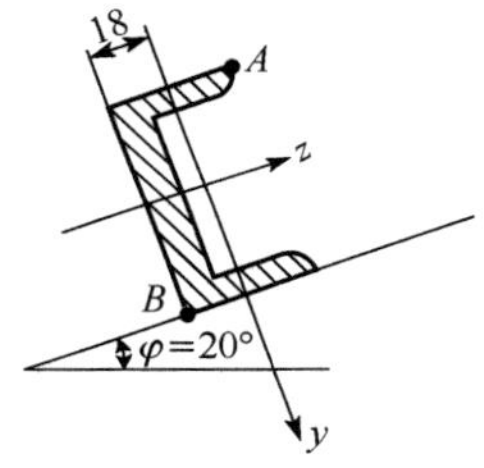

图 8.2

分析　对斜弯曲问题，首先将荷载沿 y、z 两坐标轴进行分解，将斜弯曲问题转化为两个平面弯曲问题，分别求出所求点的应力后进行叠加。在本题中，两个平面弯曲在 A 点处均产生压应力，在 B 点处均产生拉应力。

解　1）求梁的最大弯矩。梁跨中截面上的弯矩最大，其值为

$$M_{\max} = \frac{ql^2}{8} = 4.42\text{kN} \cdot \text{m}$$

沿 z、y 轴分弯矩的大小为

$$M_{z\max} = M_{\max}\cos\varphi = 4.15\text{kN} \cdot \text{m}$$

$$M_{y\max} = M_{\max}\sin\varphi = 1.51\text{kN} \cdot \text{m}$$

2）求 16a 号槽钢的几何参数。由型钢规格表查得

$$I_y = 73.3 \times 10^{-8}\text{m}^4,\ W_z = 108.3 \times 10^{-6}\text{m}^3,\ W_y = 16.3 \times 10^{-6}\text{m}^3$$

3）计算危险截面上点 A 和点 B 处的弯曲正应力。点 A 处的应力为

$$\sigma_A = -\frac{M_{z\max}}{W_z} - \frac{M_{y\max}}{W_y} = -\frac{4.15 \times 10^3\text{N} \cdot \text{m}}{108.3 \times 10^{-6}\text{m}^3} - \frac{1.51 \times 10^3\text{N} \cdot \text{m}}{16.3 \times 10^{-6}\text{m}^3} = -131\text{MPa}$$

点 B 处的应力为

$$\sigma_B = \frac{M_{z\max}}{W_z} + \frac{M_{y\max} \times 18 \times 10^{-3}\text{m}}{I_y}$$

$$= \frac{4.15 \times 10^3 \text{N} \cdot \text{m}}{108.3 \times 10^{-6} \text{m}^3} + \frac{1.51 \times 10^3 \text{N} \cdot \text{m} \times 18 \times 10^{-3} \text{m}}{73.3 \times 10^{-8} \text{m}^4} = 75.5\text{MPa}$$

例 8.2 图 8.3（a）所示为一悬臂式吊车架。横梁 AB 由两根 10 号槽钢制成。电葫芦可在梁 AB 上来回移动。设电葫芦连同重物共重 $F=9.5\text{kN}$，材料的弹性模量 $E=200\text{GPa}$。试求当电葫芦移到梁的中点时，在下列三种情况下，横梁的最大正应力值。

1）只考虑由重力 F 所引起的弯矩影响；

2）考虑弯矩和轴力的共同影响；

3）考虑弯矩、轴力以及由轴力引起的附加弯矩（其值等于轴力乘以 F 所引起的最大挠度）的共同影响。

分析 第一种情况为平面弯曲问题，即简支梁跨中受集中力作用的弯曲问题；第二种情况为弯曲与压缩共同作用的组合变形问题，应力的最大值为弯矩引起的最大压应力与压力引起的压应力之和；第三种情况为弯曲、偏心压缩的组合变形，横梁在集中力 F 作用下产生弯曲变形，这样杆端的轴心压力在跨中截面即为偏心压力，偏心距即为梁在集中力作用下的挠度。

解 横梁 AB 的受力如图 8.3（b）所示。由平衡方程求得支座反力为

$$F_{Ay} = F_{By} = \frac{F}{2} = 4.75\text{kN}$$

$$F_{Ax} = F_{Bx} = \frac{\frac{F}{2}}{\tan\alpha} = \frac{F}{2} \times \frac{4}{3} = 6.33\text{kN}$$

横梁发生压弯组合变形，跨中截面为危险截面，其上的轴力和弯矩分别为

$$F_{\text{N}} = F_{Ax} = 6.33\text{kN},\ M_{\max} = \frac{Fl}{4} = 9.5\text{kN} \cdot \text{m}$$

查型钢规格表得截面的几何参数为

$$A = 2 \times 12.748\text{cm}^2 = 25.496 \times 10^{-4}\text{m}^2$$

$$W_z = 2 \times 39.7\text{cm}^3 = 79.4 \times 10^{-6}\text{m}^3$$

$$I_z = 2 \times 198\text{cm}^4 = 396 \times 10^{-8}\text{m}^4$$

在下列三种情况下横梁的最大正应力分别发生在跨中截面的上、下边缘处，计算如下：

1）只考虑由重力 F 所引起的弯矩影响。横梁的最大正应力为

$$\sigma = \frac{M_{\max}}{W_z} = \frac{9.5 \times 10^3 \text{N} \cdot \text{m}}{79.4 \times 10^{-6} \text{m}^3} = 119.6\text{MPa}$$

2）考虑弯矩和轴力的共同影响。横梁的最大正应力为

$$\sigma = \frac{M_{\max}}{W_z} + \frac{F_{\text{N}}}{A} = 119.6\text{MPa} + \frac{6.33 \times 10^3 \text{N}}{25.496 \times 10^{-4} \text{m}^2}$$

$$= 119.6\text{MPa} + 2.48\text{MPa} = 122.1\text{MPa}$$

3）考虑弯矩、轴力以及由轴力引起的附加弯矩［图 8.3（c）］的共同影响。横梁的最大挠度为

$$w_{\max} = \frac{Fl^3}{48EI} = 0.016\text{m}$$

横梁的最大正应力为

$$\sigma=\frac{M_{\max}}{W_z}+\frac{F_N}{A}+\frac{F_N w_{\max}}{W_z}=119.6\text{MPa}+2.48\text{MPa}+\frac{6.33\times10^3\text{N}\times0.016\text{m}}{79.4\times10^{-6}\text{m}^3}$$
$$=122.1\text{MPa}+1.28\text{MPa}=123.4\text{MPa}$$

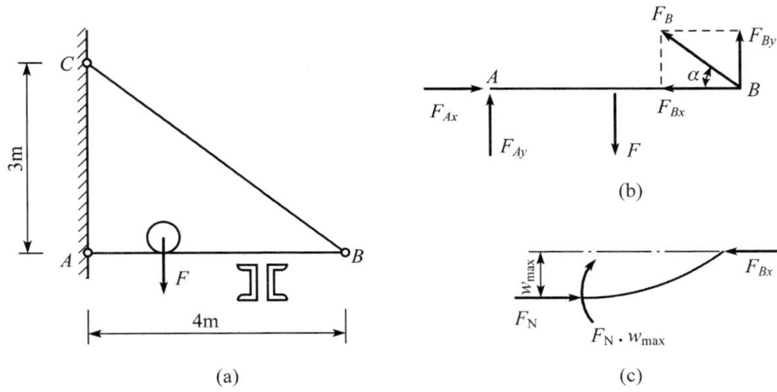

图 8.3

例 8.3　在图 8.4（a）所示的矩形截面钢杆上，用应变片测得杆件上、下表面的轴向线应变分别为 $\varepsilon_a=1\times10^{-3}$、$\varepsilon_b=0.4\times10^{-3}$，材料的弹性模量 $E=210\times10^3$MPa。试求：

1）绘制横截面上的正应力分布图；

2）求拉力 F 及其偏心距 e 的数值。

分析　本题为偏心受拉问题。在拉力和弯矩的作用下杆中产生沿横截面高度线性分布的正应力，根据杆件上、下表面测得的应变，由胡克定律可计算出横截面上、下边缘处的正应力，从而绘出横截面上的正应力分布图。再由杆件横截面上、下边缘处的正应力，可计算出拉力 F 及偏心距 e 的值。

解　（1）绘制横截面上的正应力分布图

由胡克定律得

$$\sigma_a=E\varepsilon_a=210\times10^3\text{MPa}\times1\times10^{-3}=210\text{MPa}$$
$$\sigma_b=E\varepsilon_b=210\times10^3\text{MPa}\times0.4\times10^{-3}=84\text{MPa}$$

横截面上的正应力分布如图 8.4（b）所示。

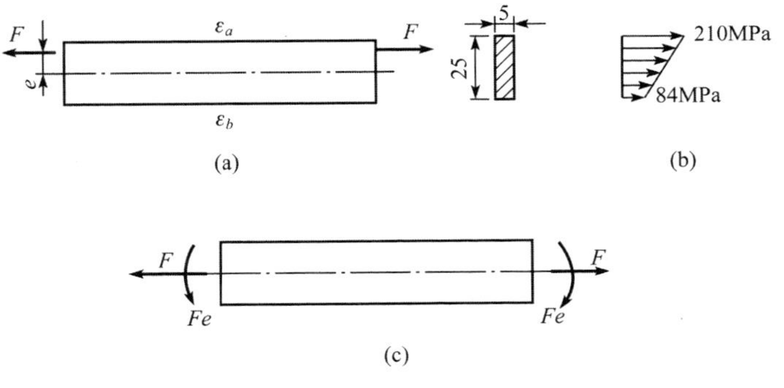

图 8.4

(2) 求拉力 F 和偏心距 e

将力 F 平移到梁的轴线上，得轴向拉力 F 和力偶矩 Fe [图 8.4 (c)]。故杆横截面上的内力为

$$F_N = F, M = Fe$$

由拉弯组合变形下的应力公式，得

$$\sigma_a = \frac{F}{A} + \frac{Fe}{W_z} = 210\text{MPa}$$

$$\sigma_b = \frac{F}{A} - \frac{Fe}{W_z} = 84\text{MPa}$$

即

$$\frac{F}{25\text{mm} \times 5\text{mm}} + \frac{Fe}{\frac{1}{6} \times 5\text{mm} \times (25\text{mm})^2} = 210\text{MPa}$$

$$\frac{F}{25\text{mm} \times 5\text{mm}} - \frac{Fe}{\frac{1}{6} \times 5\text{mm} \times (25\text{mm})^2} = 84\text{MPa}$$

解得

$$F = 18.38\text{kN}, e = 1.785\text{mm}$$

例 8.4 试求图 8.5 (a) 所示十字形截面的截面核心。

分析 根据截面核心的定义，当截面的中性轴为①～⑧线时，偏心压力的作用位置为截面核心的边界。由中性轴在坐标轴上的截距与偏心压力偏心距的关系，可求出与中性轴对应的截面核心边界上点的坐标，用直线连接这些点所成的多边形即为截面核心。

解 截面的几何参数为

$$A = 0.2\text{m} \times 0.6\text{m} + 2 \times 0.2\text{m} \times 0.2\text{m} = 0.2\text{m}^2$$

$$I_z = I_y = \frac{1}{12} \times 0.2\text{m} \times (0.6\text{m})^3 + 2 \times \frac{1}{12} \times 0.2\text{m} \times (0.2\text{m})^3 = 38.67 \times 10^{-4}\text{m}^4$$

设直线① [图 8.5 (b)] 为中性轴，则中性轴的截距为

$$a_{y1} = 0.3\text{m}, a_{z1} = \infty$$

相应荷载作用点 1 的坐标为

$$e_{y1} = -\frac{i_z^2}{a_{y1}} = -\frac{I_z}{Aa_{y1}} = -\frac{38.67 \times 10^{-4}\text{m}^4}{0.2\text{m}^2 \times 0.3\text{m}} = -0.064\text{m}$$

$$e_{z1} = -\frac{i_y^2}{a_{z1}} = 0$$

再设直线②为中性轴，则中性轴的截距为

$$a_{y2} = 0.4\text{m}, a_{z2} = -0.4\text{m}$$

相应荷载作用点 2 的坐标为

$$e_{y2} = -\frac{I_z}{Aa_{y2}} = -\frac{38.67 \times 10^{-4}\text{m}^4}{0.2\text{m}^2 \times 0.4\text{m}} = -0.048\text{m}$$

$$e_{z2} = -\frac{I_y}{Aa_{z2}} = -\frac{38.67 \times 10^{-4}\text{m}^4}{0.2\text{m}^2 \times (-0.4)\text{m}} = 0.048\text{m}$$

由于图形对称于 y 轴及 z 轴，利用对称关系可求得截面核心边界上其他点。核心边界为一个八边形，其中点 1、3、5、7 在 y 轴及 z 轴上，点 2、4、6、8 在 45°斜线上，如图 8.5（b）中阴影区域所示。

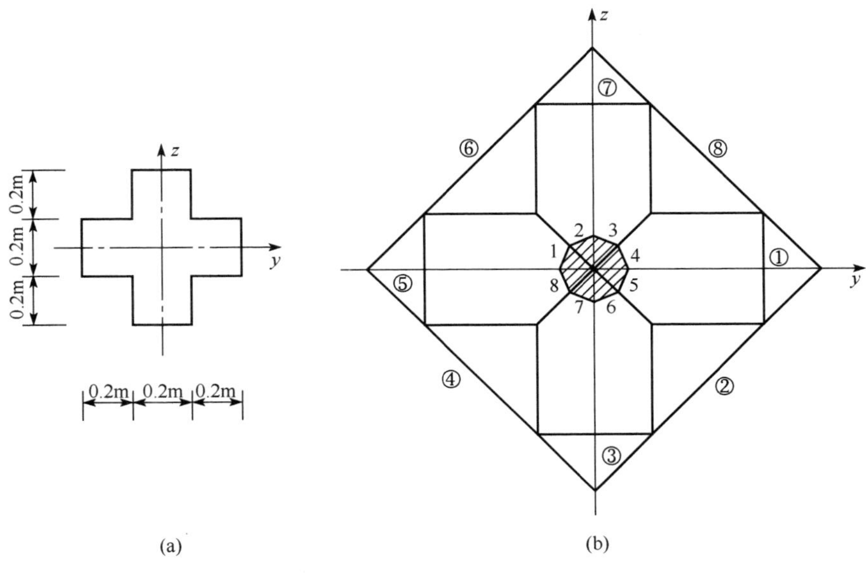

图 8.5

例 8.5　图 8.6（a）所示为一钢制实心圆轴，轴上装有齿轮 C 和 D。轮 C 上作用有铅垂切向力 5kN 和径向力 1.82kN，轮 D 上作用有水平切向力 10kN 和径向力 3.64kN。轮 C 的节圆直径 $d_C=400\text{mm}$，轮 D 的节圆直径 $d_D=200\text{mm}$。若材料的许用应力 $[\sigma]=100\text{MPa}$，试按第四强度理论设计轴的直径。

分析　本题为弯曲与扭转的组合变形问题，首先根据弯矩图和扭矩图确定危险截面，然后按第四强度理论的强度条件设计轴的直径。

解　1）外力分析。将两个轮上的切向外力分别向该轴的截面形心简化，得 AD 轴的受力图［图 8.6（b）］。由图可知，轴的变形为两个相互垂直平面内的弯曲与扭转的组合。

2）内力分析。分别绘出 AD 轴的扭矩图［图 8.6（c）］和两个正交平面内的弯矩 M_z 和 M_y 图［图 8.6（d，e）］。M_z 和 M_y 合成后的弯矩为

$$M=\sqrt{M_z^2+M_y^2}$$

合成弯矩 M 图如图 8.6（f）所示。

由扭矩图和合成弯矩图可知，B 截面为危险截面，其上的扭矩和弯矩分别为

$$T=-1\text{kN}\cdot\text{m}=-1000\text{N}\cdot\text{m}$$

$$M_B=1.064\text{kN}\cdot\text{m}=1064\text{N}\cdot\text{m}$$

3）应力分析。危险截面上的危险点处既有正应力又有切应力，处于二向应力状态。

4）设计轴的直径。由第四强度理论建立的强度条件，得

$$W_z\geqslant\frac{\sqrt{M^2+0.75T^2}}{[\sigma]}=\frac{\sqrt{(1064\text{N}\cdot\text{m})^2+0.75(-1000\text{N}\cdot\text{m})^2}}{100\times10^6\text{Pa}}\text{m}^3=13.72\times10^{-6}\text{m}^3$$

因

$$W_z = \frac{\pi d^3}{32}$$

故

$$d \geqslant \sqrt[3]{\frac{32 \times 13.72 \times 10^{-6}\,\text{m}^3}{\pi}} = 51.9 \times 10^{-3}\,\text{m} = 51.9\,\text{mm}$$

取

$$d = 52\,\text{mm}$$

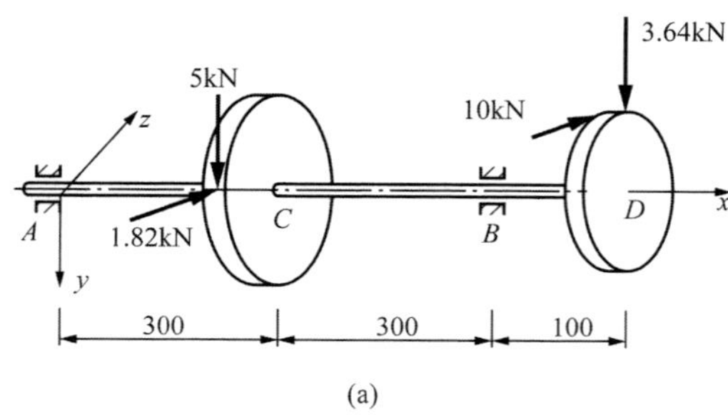

(a)

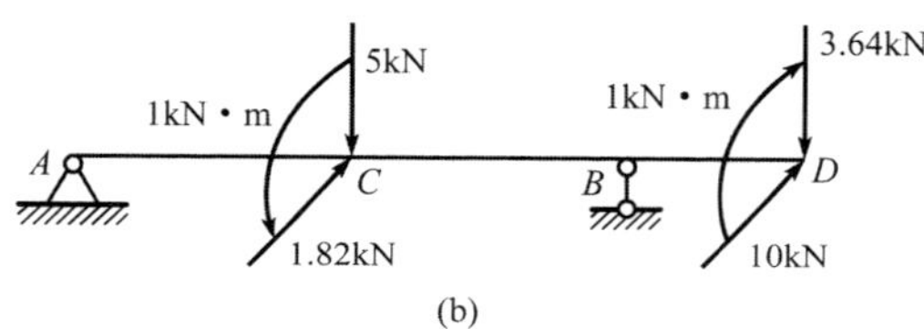

(b)

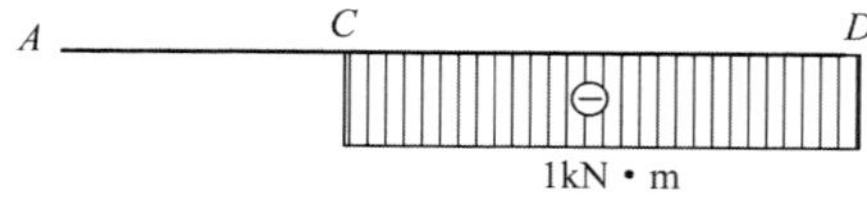

(c) T图

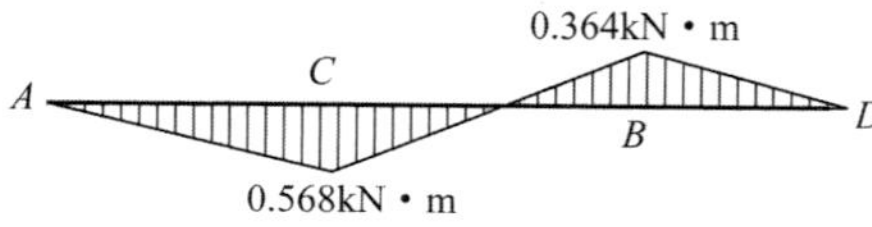

(d) M_z图

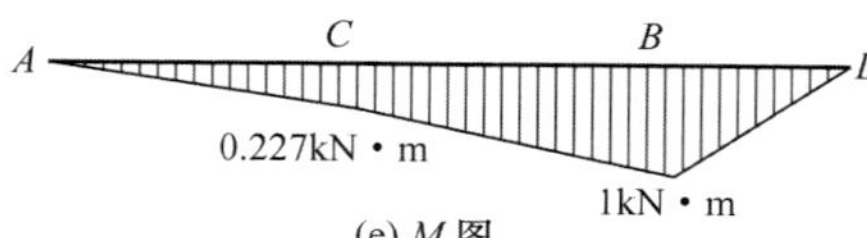

(e) M_y图

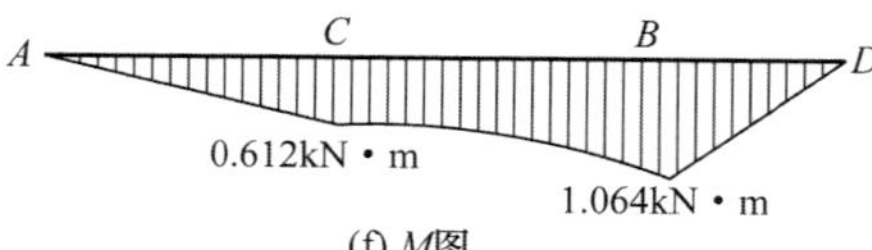

(f) M图

图 8.6

思考题解答

思考题 8.1　试判别图示曲杆 $ABCD$ 上杆 AB、BC、CD 将产生何种变形？

解　图（a）中 AB 为平面弯曲变形，BC 为拉伸与弯曲组合变形，CD 为平面弯曲变形；图（b）中 AB 为拉伸与双向弯曲的组合变形，BC 为弯曲与扭转的组合变形，CD 为平面弯曲变形。

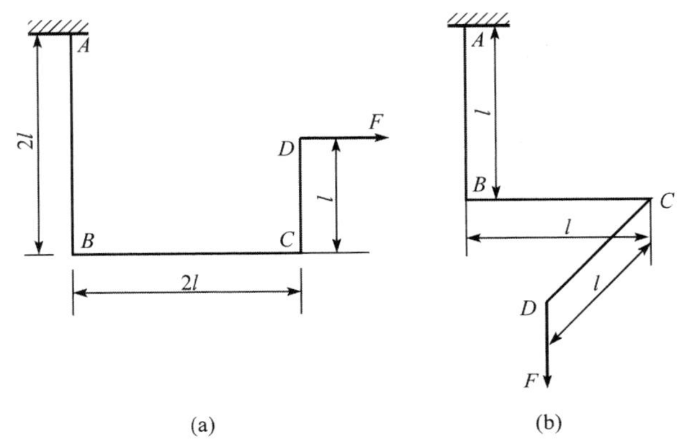

思考题 8.1 图

思考题 8.2　矩形截面直杆上对称地作用着两个力 F 如图所示，杆件将发生什么变形？若去掉其中一个力后，杆件又将发生什么变形？

解　矩形截面直杆上对称地作用着两个力时，杆件将发生轴向压缩变形；若去掉其中一个力后，杆件将发生偏心压缩变形。

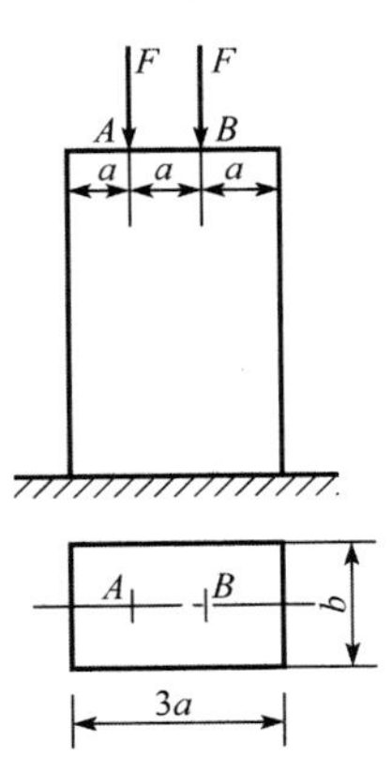

思考题 8.2 图

思考题 8.3　简述用叠加原理求解组合变形强度问题的步骤。

解　应用叠加原理求解组合变形强度问题的步骤如下：

1）将杆件承受的荷载进行分解或简化，使每一种荷载各自只产生一种基本变形；

2）分别计算每一种基本变形下的应力和变形；

3）利用叠加原理，即将这些应力进行叠加，计算杆件危险点处的应力，据此进行强度计算。

思考题 8.4　斜弯曲梁的挠曲线平面与荷载作用平面是否重合？

解　设斜弯曲梁的挠曲线所在平面与梁主轴间夹角为 β，荷载作用平面与梁同一主轴间夹角为 φ，则二者之间的关系为

$$\tan\beta = \frac{I_z}{I_y}\tan\varphi$$

故当 $I_z = I_y$ 时，$\beta=\varphi$，即梁的挠曲线平面与荷载作用平面重合，为平面弯曲；当 $I_z \neq I_y$ 时，$\beta\neq\varphi$，即梁的挠曲线平面与荷载作用平面不重合，为斜弯曲。

思考题 8.5　拉（压）弯组合杆件危险点的位置如何确定？建立强度条件时为什么不必利用强度理论？

解 拉（压）弯组合杆件的危险点，即最大正应力和最小正应力将发生在最大弯矩所在截面（即危险截面）上离中性轴最远的边缘各点处。因为这些点均处于单向应力状态，所以建立强度条件时不必利用强度理论。

思考题 8.6 如图所示矩形截面杆上受一力 F 作用，试指出各杆内最大正应力所在的位置。

解 图（a）中最大拉应力发生在杆的左侧面上各点处；图（b）中杆内各点正应力相等；图（c）中最大拉应力发生在杆件底部截面的右侧边缘与上侧边缘所交的角点处。

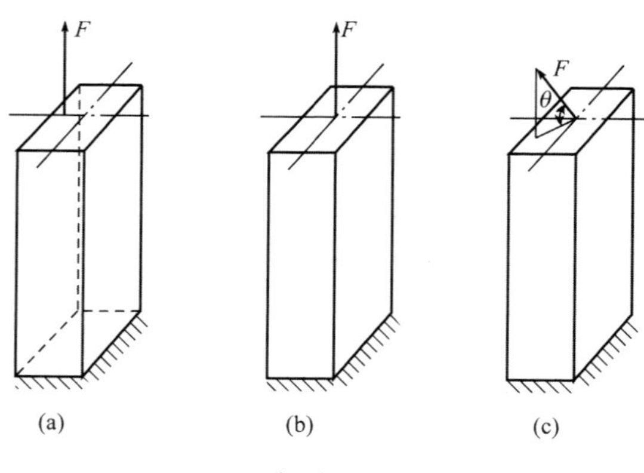

思考题 8.6 图

思考题 8.7 什么叫截面核心？它在工程中有什么用途？

解 当偏心压力作用在截面形心周围的某个小范围内时，截面上不会出现拉应力，通常这个小范围称为截面核心。工程中，对砖、石、混凝土等材料制成的构件，由于材料的抗拉强度很低，在承受偏心压缩时，如果使偏心压力作用在截面核心内，就可以避免横截面上产生拉应力，从而保证偏心受压构件的安全。

思考题 8.8 圆形截面杆发生弯扭组合变形，在建立强度条件时，为什么要用强度理论？

解 因为圆形截面杆发生弯扭组合变形时，弯矩在横截面上产生正应力，扭矩在横截面上产生切应力，杆内各点处于平面应力状态，因此在建立强度条件时，要用强度理论。

习题解答

习题 8.1～习题 8.3　斜弯曲

习题 8.1 悬臂梁长 $l=3\text{m}$，由 25b 号工字钢制成，弹性模量 $E=200\times10^3\text{MPa}$。作用于梁上的均布荷载 $q=5\text{kN/m}$，集中荷载 $F=2\text{kN}$，力 F 与轴的夹角 $\varphi=30°$。试求：

1）梁内的最大拉应力和最大压应力；

2）自由端的总挠度。

解 1）外力分解。将力 F 沿 y、z 轴方向分解，两分力的大小为

$$F_y = F\cos\varphi = 1.73\text{kN},\ F_z = F\sin\varphi = 1\text{kN}$$

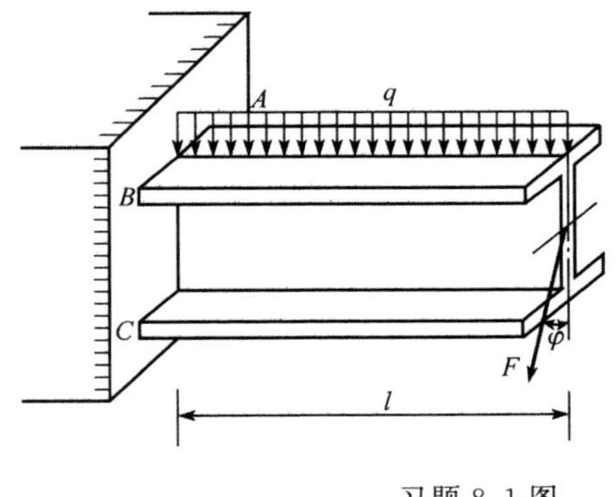

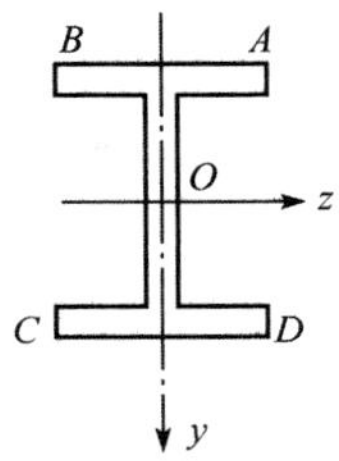

习题 8.1 图

2）内力计算。该梁固定端截面上的最大弯矩为

$$M_{z\max} = F_y l + \frac{1}{2}ql^2 = 27.7\text{kN}\cdot\text{m},\ M_{y\max} = F_z l = 3\text{kN}\cdot\text{m}$$

3）应力计算。由型钢规格表查得 25b 号工字钢的有关几何参数为

$$W_z = 422.72\times10^{-6}\text{m}^3,\ W_y = 52.423\times10^{-6}\text{m}^3$$

梁内的最大拉应力和最大压应力为

$$\sigma_{t\max} = \sigma_{c\max} = \frac{M_{z\max}}{W_z} + \frac{M_{y\max}}{W_y} = \frac{27.7\times10^3\text{N}\cdot\text{m}}{422.72\times10^{-6}\text{m}^3} + \frac{3\times10^3\text{N}\cdot\text{m}}{52.423\times10^{-6}\text{m}^3}$$

$$= 122.8\times10^6\text{Pa} = 122.8\text{MPa}$$

4）挠度计算。由型钢规格表查得 25b 号工字钢的有关几何参数为

$$I_z = 5283.96\times10^{-8}\text{m}^4,\ W_y = 309.297\times10^{-8}\text{m}^4$$

梁自由端的挠度为

$$w_y = \frac{ql^4}{8EI_z} + \frac{F_y l^3}{3EI_z}$$

$$= \frac{5\times10^3\text{N/m}\times3^4\text{m}^4}{8\times2\times10^{11}\text{Pa}\times5283.96\times10^{-8}\text{m}^4} + \frac{1.73\times10^3\text{N}\times3^3\text{m}^3}{3\times2\times10^{11}\text{Pa}\times5283.96\times10^{-8}\text{m}^4}$$

$$= 0.00479\text{m} + 0.00147\text{m} = 0.00596\text{m} = 6.26\text{mm}$$

$$w_y = \frac{F_z l^3}{3EI_y} = \frac{1\times10^3\text{N}\times3^3\text{m}^3}{3\times2\times10^{11}\text{Pa}\times309.297\times10^{-8}\text{m}^4} = 0.01455\text{m} = 14.55\text{mm}$$

$$w = \sqrt{w_y^2 + w_z^2} = \sqrt{6.26^2 + 14.55^2}\text{mm} = 15.84\text{mm}$$

习题 8.2　矩形截面的悬臂木梁承受 $F_1=0.8\text{kN}$，$F_2=1.6\text{kN}$ 的作用。已知材料的许用应力 $[\sigma]=10\text{MPa}$，弹性模量 $E=10\times10^3\text{MPa}$。试求：

1）设计截面尺寸 b、h（设 $h/b=2$）；

2）自由端的总挠度。

解　1）计算危险截面上的弯矩。悬臂梁固定端截面为危险截面，其上弯矩为

$$M_y = F_1\times2\text{m} = 0.8\text{kN}\times2\text{m} = 1.6\text{kN}\cdot\text{m}$$

$$M_z = F_2\times1\text{m} = 1.6\text{kN}\times1\text{m} = 1.6\text{kN}\cdot\text{m}$$

2）设计截面尺寸。截面的弯曲截面系数为

$$W_z = \frac{bh^2}{6} = \frac{2b^3}{3},\ W_y = \frac{hb^2}{6} = \frac{b^3}{3}$$

由强度条件

$$\sigma_{\max} = \frac{M_y}{W_y} + \frac{M_z}{W_z} = \frac{M_y}{\frac{2b^3}{3}} + \frac{M_z}{\frac{b^3}{3}} = \frac{3M_y + 6M_z}{2b^3} \leqslant [\sigma]$$

得

$$b \geqslant \sqrt[3]{\frac{3M_y + 6M_z}{2[\sigma]}} = \sqrt[3]{\frac{3 \times 1.6 \times 10^3 \text{N} \cdot \text{m} + 6 \times 1.6 \times 10^3 \text{N} \cdot \text{m}}{2 \times 10 \times 10^6 \text{Pa}}}$$

$$= 89.6 \times 10^{-3} \text{m} = 89.6 \text{mm}$$

取 $b=90\text{mm}$，则 $h=2b=180\text{mm}$。

3）挠度计算。

$$w_y = w_{By} + \frac{\varphi_{By} l}{2} = \frac{F_2 \left(\frac{l}{2}\right)^3}{3EI_z} + \frac{F_2 \left(\frac{l}{2}\right)^2}{2EI_z} \times \frac{l}{2}$$

$$= \frac{1.6 \times 10^3 \text{N} \times 1^3 \text{m}^3}{3 \times 10 \times 10^9 \text{Pa} \times \frac{90 \times 10^{-3} \text{m} \times 180^3 \times 10^{-9} \text{m}^3}{12}}$$

$$+ \frac{1.6 \times 10^3 \text{N} \times 1^2 \text{m}^2 \times 1\text{m}}{2 \times 10 \times 10^9 \text{Pa} \times \frac{90 \times 10^{-3} \text{m} \times 180^3 \times 10^{-9} \text{m}^3}{12}}$$

$$= 0.00122\text{m} + 0.00183\text{m} = 0.00305\text{m} = 3.05\text{mm}$$

$$w_y = \frac{F_1 l^3}{3EI_y} = \frac{0.8 \times 10^3 \text{N} \times 2^3 \text{m}^3}{3 \times 1.0 \times 10^9 \text{Pa} \times \frac{180 \times 10^{-3} \text{m} \times 90^3 \times 10^{-9} \text{m}^3}{12}}$$

$$= 0.01951\text{m} = 19.51\text{mm}$$

$$w = \sqrt{w_y^2 + w_z^2} = \sqrt{3.05^2 + 19.51^2} \text{mm} = 19.75\text{mm}$$

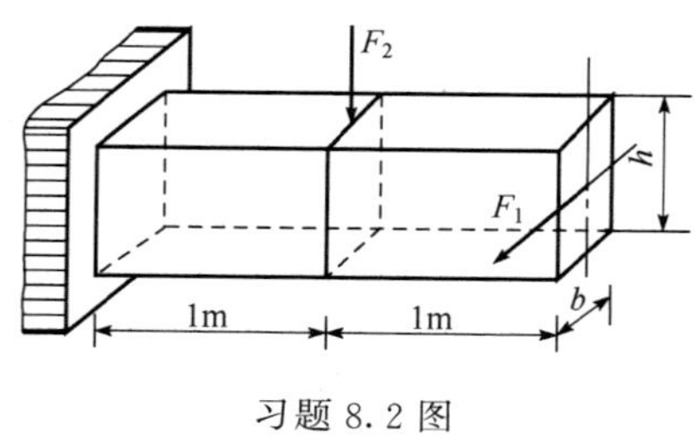

习题 8.2 图

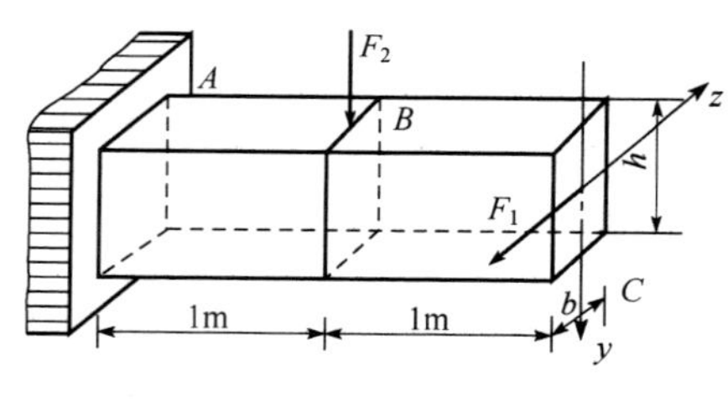

习题 8.2 题解图

习题 8.3 截面为矩形 $b \times h = 0.11\text{m} \times 0.16\text{m}$ 的木檩条，跨长 $l=4\text{m}$，承受均布荷载作用，$q=1.6\text{kN/m}$。已知木材为杉木，许用应力 $[\sigma]=12\text{MPa}$，$E=9\times10^3\text{MPa}$，许用挠度为 $\frac{l}{200}$，试校核檩条的强度和刚度。

解 1）外力分解。将荷载 q 沿 z、y 轴分解（习题 8.3 题解图），得

$$q_z = q \cdot \sin 26°34' = 0.716\text{kN/m}，q_y = q \cdot \cos 26°34' = 1.431\text{kN/m}$$

2）内力计算。檩条的最大弯矩为

$$M_{z\max} = \frac{q_y l^2}{8} = \frac{1.431\text{kN/m} \times 4^2 \text{m}^2}{8} = 2.862\text{kN} \cdot \text{m}$$

$$M_{y\max} = \frac{q_z l^2}{8} = \frac{0.716\text{kN/m} \times 4^2\text{m}^2}{8} = 1.432\text{kN} \cdot \text{m}$$

3）校核檩条的强度。截面的几何参数为

$$W_z = \frac{bh^2}{6} = 4.69 \times 10^{-4}\text{m}^3,$$

$$W_y = \frac{hb^2}{6} = 3.23 \times 10^{-4}\text{m}^3$$

最大正应力为

$$\begin{aligned}\sigma_{\max} &= \frac{M_{y\max}}{W_y} + \frac{M_{z\max}}{W_z} \\ &= \frac{1.432 \times 10^3\text{N} \cdot \text{m}}{3.23 \times 10^{-4}\text{m}^3} + \frac{2.862 \times 10^3\text{N} \cdot \text{m}}{4.69 \times 10^{-4}\text{m}^3} \\ &= 10.54 \times 10^6\text{Pa} = 10.54\text{MPa} < [\sigma] = 12\text{MPa}\end{aligned}$$

满足强度要求。

4）校核檩条的刚度。截面的几何参数为

$$I_z = \frac{bh^3}{12} = 37.547 \times 10^{-6}\text{m}^4,$$

$$I_y = \frac{hb^3}{12} = 17.747 \times 10^{-6}\text{m}^4$$

最大挠度为

$$\begin{aligned}w_y &= \frac{5q_y l^4}{384EI_z} \\ &= \frac{5 \times 1.431 \times 10^3\text{N/m} \times 4^4\text{m}^4}{384 \times 9 \times 10^9\text{Pa} \times 37.547 \times 10^{-6}\text{m}^4} = 14.12 \times 10^{-3}\text{m} = 14.12\text{mm}\end{aligned}$$

$$\begin{aligned}w_y &= \frac{5q_z l^4}{384EI_y} \\ &= \frac{5 \times 0.716 \times 10^3\text{N/m} \times 4^4\text{m}^4}{384 \times 9 \times 10^9\text{Pa} \times 17.747 \times 10^{-6}\text{m}^4} = 14.94 \times 10^{-3}\text{m} = 14.94\text{mm}\end{aligned}$$

$$\begin{aligned}w &= \sqrt{w_y^2 + w_z^2} \\ &= \sqrt{14.12^2 + 14.94^2}\text{mm} = 20.56\text{mm} > \frac{l}{200} = \frac{4000\text{mm}}{200} = 20\text{mm}\end{aligned}$$

因

$$\frac{20.56 - 20}{20}\% = 2.8\% < 5\%$$

故满足刚度要求。

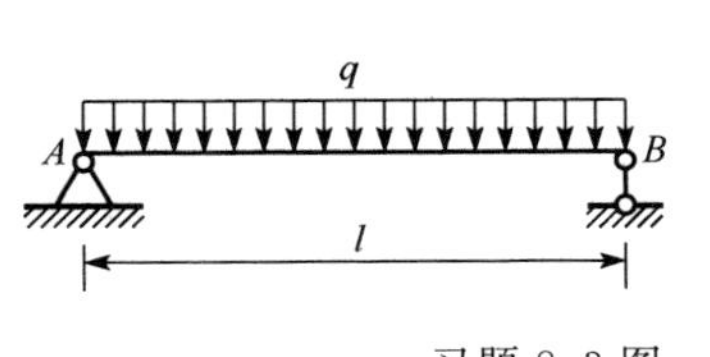

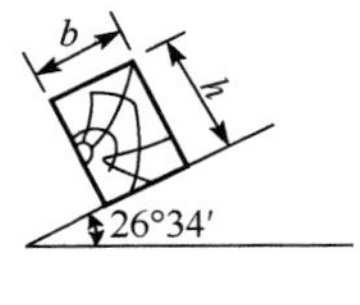

习题 8.3 图

习题 8.3 题解图

习题 8.4～习题 8.7 拉伸（压缩）与弯曲的组合变形

习题 8.4 悬臂吊车的横梁采用 25a 号工字钢，梁长 $l=4\text{m}$，$\alpha=30°$，横梁重 $F_1=20\text{kN}$，电动葫芦重 $F_2=4\text{kN}$，横梁材料的许用应力 $[\sigma]=100\text{MPa}$，试校核横梁的强度。

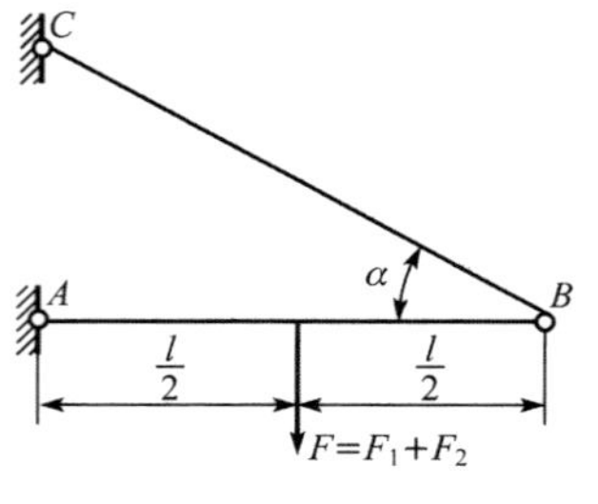

习题 8.4 图

解 1）计算横梁 AB 杆的内力。小车与吊重移至横梁 AB 中点时，横梁 AB 最危险，此时横梁 AB 承受的轴力为 $F_N=20.78\text{kN}$（压力），中点截面弯矩最大，其值为 $M_{max}=24\text{kN}\cdot\text{m}$。

2）强度校核。查型钢规格表，25a 号工字钢的有关几何参数为

$$W_z=401.88\text{cm}^3=401.88\times10^{-6}\text{m}^3,\ A=48.5\text{cm}^2=48.5\times10^{-4}\text{m}^2$$

最大正应力为

$$\sigma_{max}=\frac{F_N}{A}+\frac{M_{max}}{W_z}=\frac{20.78\times10^3\text{N}}{48.5\times10^{-4}\text{m}^2}+\frac{24\times10^3\text{N}\cdot\text{m}}{401.88\times10^{-6}\text{m}^3}$$
$$=64.0\times10^6\text{Pa}=64.0\text{MPa}<[\sigma]=100\text{MPa}$$

满足强度要求。

习题 8.5 起重机的最大吊重 $F=8\text{kN}$，AB 杆为工字钢，材料的许用应力 $[\sigma]=100\text{MPa}$，试设计工字钢的型号。

解 1）计算 AB 杆的内力。由 AB 杆的平衡［习题 8.5 题解图（a)］可得

$$F_C=42.0\text{kN},\ F_{Ax}=40.0\text{kN},\ F_{Ay}=-4.8\text{kN}$$

绘出 AB 杆的内力图如习题 8.5 题解图（b，c）所示，由图可知，最大弯矩和最大轴力分别为

$$M_{max}=12\text{kN}\cdot\text{m},\ F_N=-40.0\text{kN}$$

2）由弯曲正应力强度条件设计工字钢的型号。由弯曲正应力强度条件得

$$W_z\geqslant\frac{M_{max}}{[\sigma]}=\frac{12\times10^3\text{N}\cdot\text{m}}{100\times10^6\text{Pa}}=120\times10^{-6}\text{m}^3$$

由型钢规格表，选用 16 号工字钢，其有关几何参数为

$$W_z=141\times10^{-6}\text{m}^3,\ A=26.1\times10^{-4}\text{m}^2$$

满足要求。

3）校核 AB 杆的强度。AB 杆的最大正应力为

$$\sigma_{max}=\left|\frac{F_N}{A}\right|+\left|\frac{M_{max}}{W_z}\right|=\frac{40\times10^3\text{N}}{26.1\times10^{-4}\text{m}^2}+\frac{12\times10^3\text{N}\cdot\text{m}}{141\times10^{-6}\text{m}^3}$$
$$=100.4\times10^6\text{Pa}=100.4\text{MPa}>[\sigma]=100\text{MPa}$$

因

$$\frac{\sigma_{max}-[\sigma]}{[\sigma]}=\frac{100.4-100}{100}=0.4\%<5\%$$

故满足强度要求。

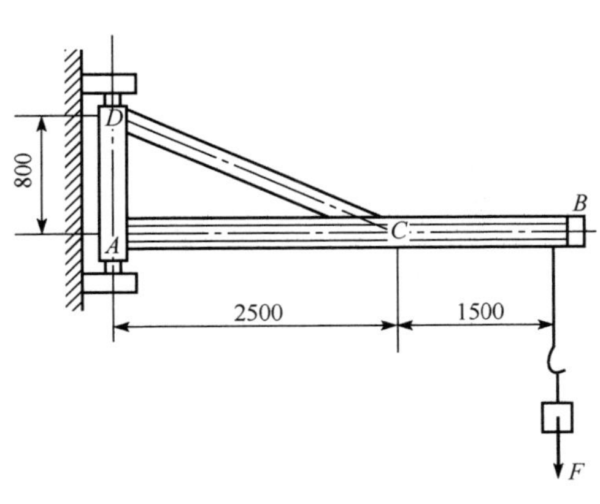

习题 8.5 图

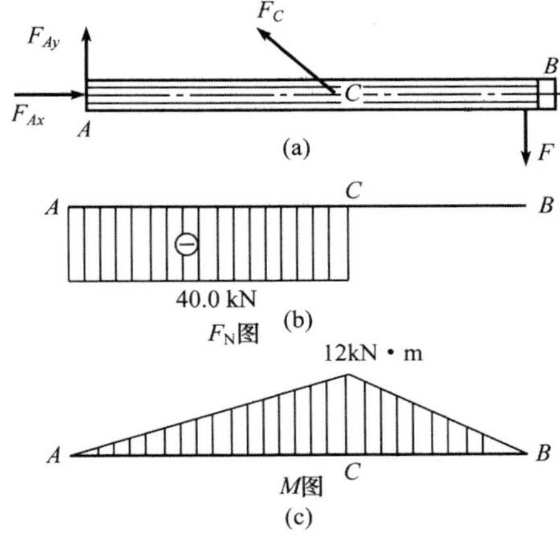

习题 8.5 题解图

习题 8.6　某水塔水箱盛满水连同基础共重 $W=2000\text{kN}$，离地面 $H=15\text{m}$ 处受水平风力的合力 $F=60\text{kN}$ 的作用。已知圆形基础的直径 $d=6\text{m}$，埋深 $h=3\text{m}$，地基为红粘土，其许用应力 $[\sigma]=0.15\text{MPa}$，试校核基础底部地基土的强度。

解　1）计算内力。基础底部截面上的轴力为

$$F_N=-W=-2000\text{kN}$$

弯矩为

$$M_z=F\times(H+h)=60\text{kN}\times(15+3)\text{m}=1080\text{kN}\cdot\text{m}$$

2）校核基础底部地基土的强度。基础底部地基土的应力为

$$\sigma_{\max}=\frac{F_N}{A}+\frac{M_z}{W_z}=\frac{F_N}{\frac{\pi d^2}{4}}+\frac{M_z}{\frac{\pi d^3}{32}}$$

$$=\frac{-2000\times10^3\text{N}}{\frac{\pi}{4}\times6^2\text{m}^2}+\frac{1080\times10^3\text{N}\cdot\text{m}}{\frac{\pi}{32}\times6^3\text{m}^3}$$

$$=-0.0198\times10^6\text{Pa}=-0.0198\text{MPa}$$

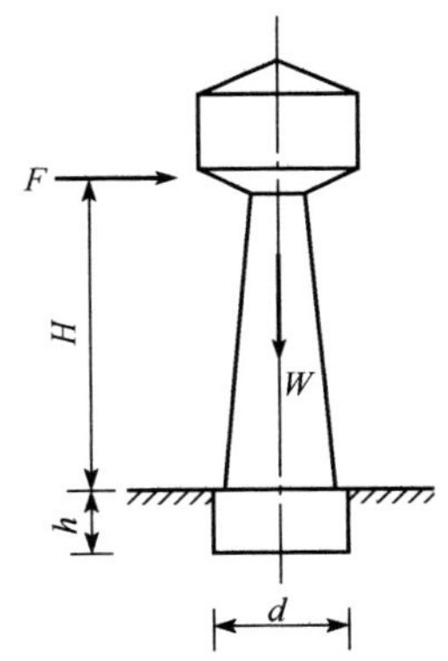

习题 8.6 图

$$\sigma_{\min}=\frac{F_N}{A}-\frac{M_z}{W_z}=\frac{F_N}{\frac{\pi d^2}{4}}-\frac{M_z}{\frac{\pi d^3}{32}}=\frac{-2000\times10^3\text{N}}{\frac{\pi}{4}\times6^2\text{m}^2}-\frac{1080\times10^3\text{N}\cdot\text{m}}{\frac{\pi}{32}\times6^3\text{m}^3}$$

$$=-0.122\times10^6\text{Pa}=-0.122\text{MPa}$$

因地基土的最大压应力 0.122MPa 小于许用应力 $[\sigma]=0.15\text{MPa}$，故基础底部地基土满足强度要求。

习题 8.7　一楼梯木斜梁与水平线成角 $\alpha=30°$，其长度 $l=4\text{m}$，截面为 $0.2\text{m}\times0.1\text{m}$ 的矩形，$q=2\text{kN/m}$。试绘出此梁的轴力图和弯矩图，并求横截面上的最大拉应力和最大压应力。

解　1）绘制轴力图和弯矩图。斜梁的轴力图和弯矩图如习题 8.7 题解图所示。由图可知，斜梁的跨中截面为危险截面，其上的轴力和弯矩分别为

$$F_N=2\text{kN(压力)},\ M_{\max}=3.464\text{kN}\cdot\text{m}$$

2）计算最大拉应力和最大压应力。横截面上的最大拉应力和最大压应力分别为

$$\sigma_{\mathrm{tmax}}=-\frac{F_{\mathrm{N}}}{A}+\frac{M_{\max}}{W_z}=-\frac{2\times10^3\mathrm{N}}{0.1\times0.2\mathrm{m}^2}+\frac{3.464\times10^3\mathrm{N\cdot m}}{\frac{0.1\times0.2^2\mathrm{m}^3}{6}}$$

$$=5.1\times10^6\mathrm{Pa}=5.1\mathrm{MPa}$$

$$\sigma_{\mathrm{cmax}}=\frac{F_{\mathrm{N}}}{A}+\frac{M_{\max}}{W_z}=\frac{2\times10^3\mathrm{N}}{0.1\times0.2\mathrm{m}^2}+\frac{3.464\times10^3\mathrm{N\cdot m}}{\frac{0.1\times0.2^2\mathrm{m}^3}{6}}$$

$$=5.3\times10^6\mathrm{Pa}=5.3\mathrm{MPa}$$

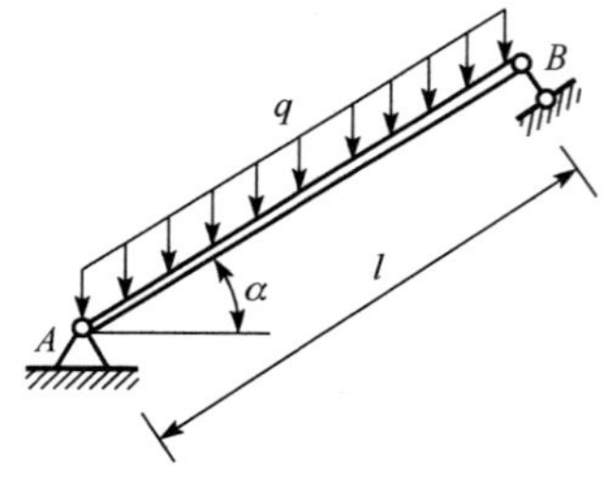

习题 8.7 图

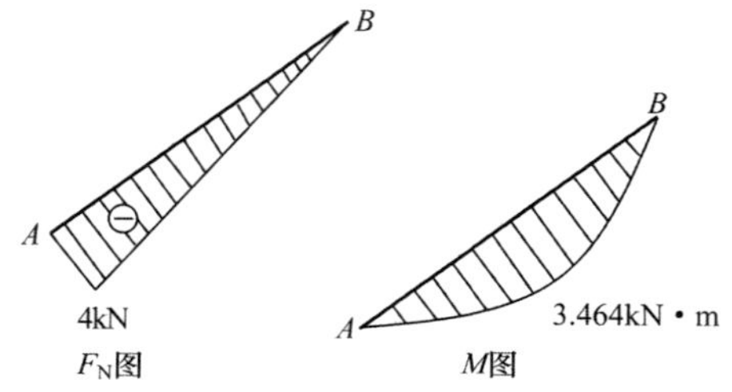

习题 8.7 题解图

习题 8.8～习题 8.12　偏心压缩（拉伸）

习题 8.8　图示受拉构件的截面为 40mm×5mm 的矩形，通过轴线的拉力 $F=12\mathrm{kN}$。现拉杆开有切口，若不计应力集中的影响，当材料的许用应力 $[\sigma]=100\mathrm{MPa}$ 时，试确定切口的最大容许深度 x。

解　切口处截面受偏心拉伸作用，偏心距为 $0.5x$（如习题 8.8 题解图），故该截面上的内力为

$$F_{\mathrm{N}}=F,\ M=0.5Fx$$

最大正应力发生在切口处横截面下部边缘处，根据强度条件

$$\sigma_{\max}=\frac{F_{\mathrm{N}}}{A}+\frac{M}{W_z}\leqslant[\sigma]=100\mathrm{MPa}$$

得

$$\frac{12\times10^3\mathrm{N}}{5\times(40-x)\times10^{-6}\mathrm{m}^2}+\frac{0.5x\times10^{-3}\mathrm{m}\times12\times10^3\mathrm{N}}{\frac{5\times(40-x)^2}{6}\times10^{-9}\mathrm{m}^3}\leqslant[\sigma]=100\times10^6\mathrm{Pa}$$

解得 $x\leqslant5.2\mathrm{mm}$，故切口的最大容许深度 $x_{\max}=5.2\mathrm{mm}$。

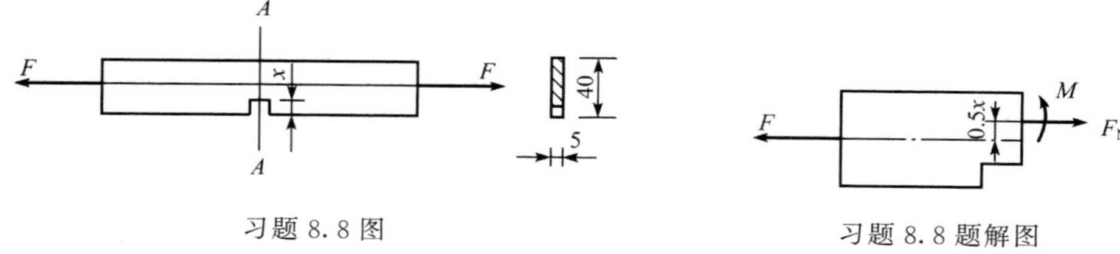

习题 8.8 图

习题 8.8 题解图

习题 8.9　柱截面为正方形，边长为 a，顶端受轴向压力 F 作用，在右侧中部开一个深为 $a/4$ 的槽。试求：

1）开槽前后柱内最大压应力值及所在位置；

2）若在柱的左侧对称位置再开一个相同的槽，则应力有何变化。

解　1）求开槽前柱内应力。柱为轴向受压，其最大压应力为

$$\sigma_{\mathrm{cmax}} = \frac{F_{\mathrm{N}}}{A} = \frac{F}{a^2}$$

2）求开槽后柱内应力。柱为偏心受压，最大压应力在凹槽侧面边缘处。其值为

$$\sigma_{\mathrm{cmax}} = \frac{F_{\mathrm{N}}}{A} + \frac{M_{\max}}{W_z} = \frac{F}{\frac{3a^2}{4}} + \frac{\frac{Fa}{8}}{\frac{a \times \left(\frac{3}{4}a\right)^2}{6}} = \frac{8F}{3a^2}$$

3）求对称开槽后柱内应力。若在柱的左侧对称位置再开一个相同的槽，则柱又为轴向受压，最大压应力在开槽处横截面上，其值为

$$\sigma_{\mathrm{cmax}} = \frac{F_{\mathrm{N}}}{A} = \frac{F}{\frac{a^2}{2}} = \frac{2F}{a^2}$$

习题 8.10　图示矩形截面厂房立柱受压力 $F_1=100\mathrm{kN}$、$F_2=45\mathrm{kN}$ 的作用，F_2 与柱轴线的偏心距 $e=200\mathrm{mm}$，截面宽 $b=180\mathrm{mm}$。如要求柱截面上不出现拉应力，试问截面高度 h 应为多少？此时最大压应力为多大？

解　1）计算内力。将 F_2 向截面的形心简化后，柱截面上的轴力和弯矩分别为

$$F_{\mathrm{N}} = F_1 + F_2 = 145\mathrm{kN},\ M = F_2 e = 9\mathrm{kN \cdot m}$$

2）求柱截面上不出现拉应力时的 h。若使柱截面上不出现拉应力，则有

$$\sigma_{\max} = -\frac{(F_1 + F_2)}{bh} + \frac{M}{\frac{bh^2}{6}} = 0$$

解得

$$h = 0.372\mathrm{m} = 372\mathrm{mm}$$

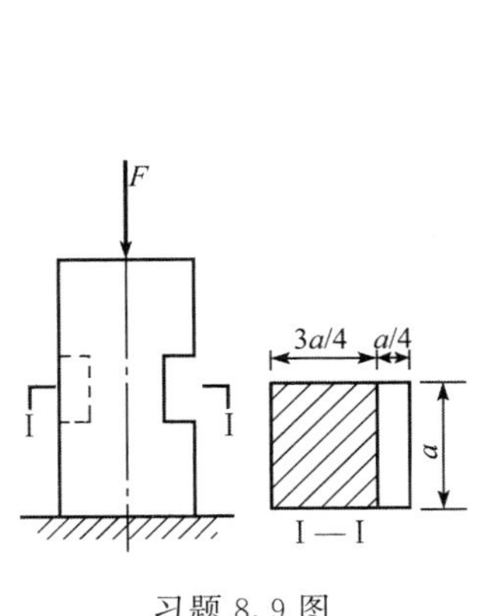

习题 8.9 图

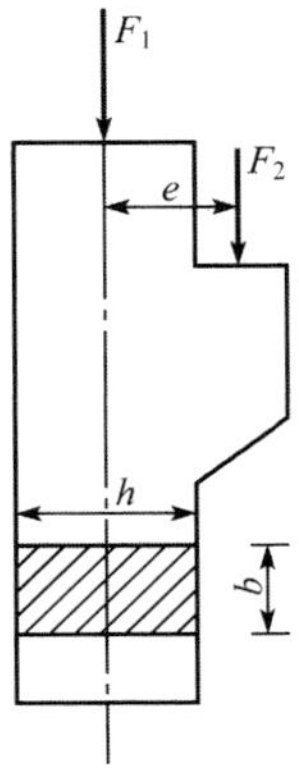

习题 8.10 图

3）求最大压应力。柱截面上的最大压应力为

$$\sigma_{\mathrm{cmax}}=\frac{F_{\mathrm{N}}}{bh}+\frac{M}{\frac{bh^{2}}{6}}=\frac{145\times10^{3}\mathrm{N}}{180\times372.4\times10^{-6}\mathrm{m}^{2}}+\frac{9\times10^{3}\mathrm{N\cdot m}}{\frac{180\times372.4^{2}\times10^{-9}\mathrm{m}^{3}}{6}}$$

$$=4.33\times10^{6}\mathrm{Pa}=4.33\mathrm{MPa}$$

习题 8.11 图示为浆砌块石挡土墙，墙高 4m，浆砌块石的容重 $\gamma=23\mathrm{kN/m^3}$，墙背承受的土压力 $F=137\mathrm{kN}$，并与铅垂线成角 $\alpha=45.7°$，其他尺寸如图所示。试取 1m 长的墙体作为研究对象，计算基础底截面上 C 点和 D 点处的正应力，若地基的许用压应力 $[\sigma_c]=0.25\mathrm{MPa}$，试进行强度校核。

解 1）计算内力。挡土墙各部分的重力和距 D 点的距离（习题 8.11 题解图）分别为

$$W_1=\frac{1}{2}\times1.6\mathrm{m}\times4\mathrm{m}\times1\mathrm{m}\times23\mathrm{kN/m^3}=73.6\mathrm{kN}$$

$$a_1=\frac{2}{3}\times1.6\mathrm{m}+0.3\mathrm{m}=1.37\mathrm{m}$$

$$W_2=0.6\mathrm{m}\times4\mathrm{m}\times1\mathrm{m}\times23\mathrm{kN/m^3}=55.2\mathrm{kN}$$

$$a_2=1.6\mathrm{m}+0.3\mathrm{m}+0.3\mathrm{m}=2.2\mathrm{m}$$

$$W_3=0.5\mathrm{m}\times3\mathrm{m}\times1\mathrm{m}\times23\mathrm{kN/m^3}=34.5\mathrm{kN}$$

$$a_2=1.5\mathrm{m}$$

地基承受的压力和弯矩分别为

$$\begin{aligned}F_{\mathrm{N}}&=-W_1-W_2-W_3-F\cos45.7°\\&=-73.6\mathrm{kN}-55.2\mathrm{kN}-34.5\mathrm{kN}-73.6\mathrm{kN}\times0.698\\&=-258.98\mathrm{kN}\end{aligned}$$

$$\begin{aligned}M=&-(1.5-1.37)\mathrm{m}\times73.6\mathrm{kN}+(2.2-1.5)\mathrm{m}\times55.2\mathrm{kN}+137\mathrm{kN}\\&\times\sin45.7°\times1.5\mathrm{m}-137\mathrm{kN}\times\cos45.7°\times(1.5-0.3-1.0\times\cos68.2°)\mathrm{m}\\=&\ 96.86\mathrm{kN\cdot m}\end{aligned}$$

2）计算基础底截面上 C 点和 D 点处的正应力，并进行强度校核。C 点和 D 点处的正应力为

$$\sigma_C=\frac{F_{\mathrm{N}}}{bh}+\frac{M}{W_z}=-\frac{258.98\times10^{3}\mathrm{N}}{1\times3\mathrm{m}^{2}}-\frac{96.86\times10^{3}\mathrm{N\cdot m}}{\frac{1\times3^{2}\mathrm{m}^{3}}{6}}$$

$$=-150.9\times10^{3}\mathrm{Pa}=-0.151\mathrm{MPa}$$

$$\sigma_D=\frac{F_{\mathrm{N}}}{bh}+\frac{M}{W_z}=-\frac{258.98\times10^{3}\mathrm{N}}{1\times3\mathrm{m}^{2}}+\frac{96.86\times10^{3}\mathrm{N\cdot m}}{\frac{1\times3^{2}\mathrm{m}^{3}}{6}}$$

$$=-21.8\times10^{3}\mathrm{Pa}=-0.022\mathrm{MPa}$$

因

$$\sigma_{\mathrm{cmax}}=|\sigma_C|=0.151\mathrm{MPa}<[\sigma_c]=0.25\mathrm{MPa}$$

故满足强度要求。

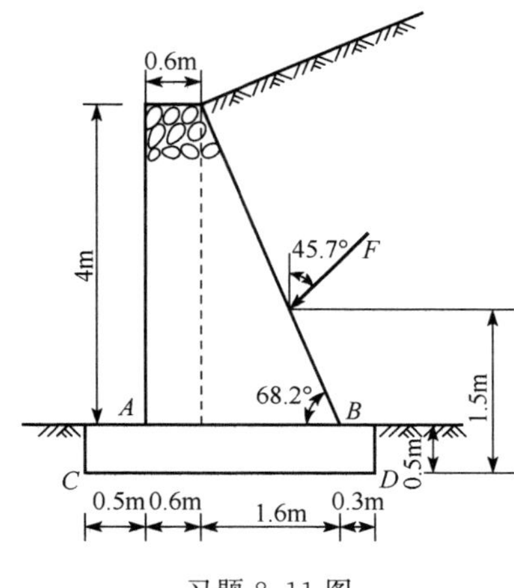

习题 8.11 图

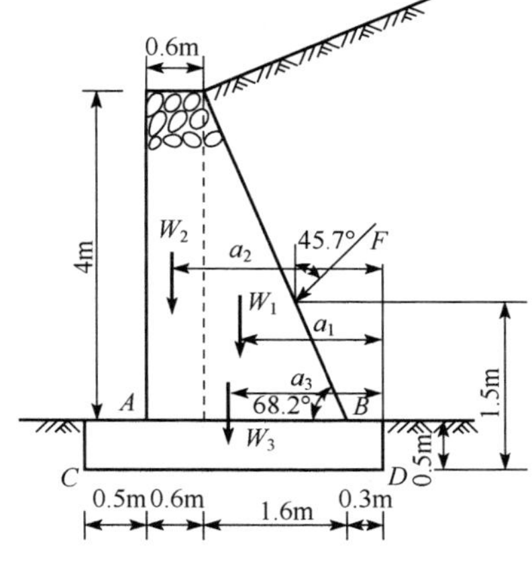

习题 8.11 题解图

习题 8.12　图示混凝土重力坝的高 $H=30\text{m}$，底宽 $B=18\text{m}$。已知混凝土容重 $\gamma=24\text{kN/m}^3$，许用压应力 $[\sigma_c]=10\text{MPa}$，坝底不容许出现拉应力。试：

1）校核坝底正应力强度；

2）如果不满足要求，则重新设计底宽 B（提示：取 1m 长的坝段进行计算；不考虑坝底的浮力）。

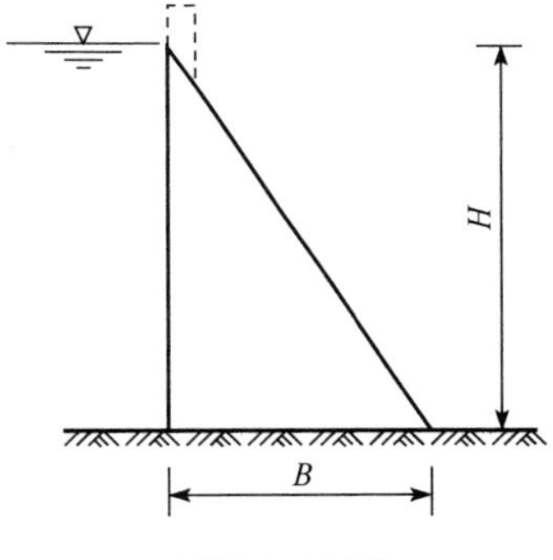

习题 8.12 图

解　1）计算内力。取 1m 长的坝段进行计算，坝体受水压力作用［习题 8.12 题解图（a）］，在坝底处的集度为

$$q_0=1000\text{kg/m}^3\times 9.8\text{m/s}^2\times 30\text{m}\times 1\text{m}$$
$$=294000\text{N/m}=294\text{kN/m}$$

坝体的重力为

$$W=24\text{kN/m}^3\times 30\text{m}\times 18\text{m}\times 1\text{m}\times 0.5=6480\text{kN}$$

重力 W 在坝底的偏心距 $e=3\text{m}$［习题 8.12 题解图（b）］。

将重力向坝底截面的形心平移，得到作用于坝底截面的轴力为

$$F_N=W=6480\text{kN}$$

水压力和重力在坝底截面上产生的弯矩为

$$M_z=\frac{1}{6}qH^2-We=\frac{1}{6}\times 294\text{kN/m}\times 30^2\text{m}^2-6480\text{kN}\times 3\text{m}=24660\text{kN}\cdot\text{m}$$

2）校核坝底正应力强度。坝底截面上的最大压应力为

$$\sigma_{\text{cmax}}=\frac{F_N}{A}+\frac{M_z}{W_z}=\frac{6480\times 10^3\text{N}}{18\text{m}\times 1\text{m}}+\frac{24660\times 10^3\text{N}\cdot\text{m}}{\frac{1}{6}\times 1\text{m}\times 18^2\text{m}^2}$$
$$=0.82\times 10^6\text{Pa}=0.82\text{MPa}$$

坝底截面上的最大拉应力为

$$\sigma_{\text{tmax}}=-\frac{F_N}{A}+\frac{M_z}{W_z}=-\frac{6480\times 10^3\text{N}}{18\text{m}\times 1\text{m}}+\frac{24660\times 10^3\text{N}\cdot\text{m}}{\frac{1}{6}\times 1\text{m}\times 18^2\text{m}^2}$$
$$=0.097\times 10^6\text{Pa}=0.097\text{MPa}$$

虽然最大压应力 $\sigma_{cmax}=0.82\text{MPa}<[\sigma]=10\text{MPa}$，但最大拉应力 $\sigma_{tmax}=0.097\text{MPa}>0$，说明坝底出现了拉应力，故不符合强度要求。

3）重新设计坝底宽度 B。若坝底不出现拉应力，则 $\sigma_{tmax}=0$，即

$$\sigma_{tmax}=-\frac{F_N}{A}+\frac{M_z}{W_z}=\left(-\frac{6480\times10^3}{B\times1}+\frac{(44100-60B^2)\times10^3}{\frac{1}{6}B^2}\right)\text{Pa}=0$$

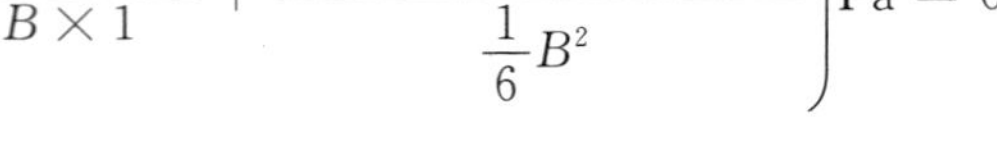

解得

$$B=19.6\text{m}$$

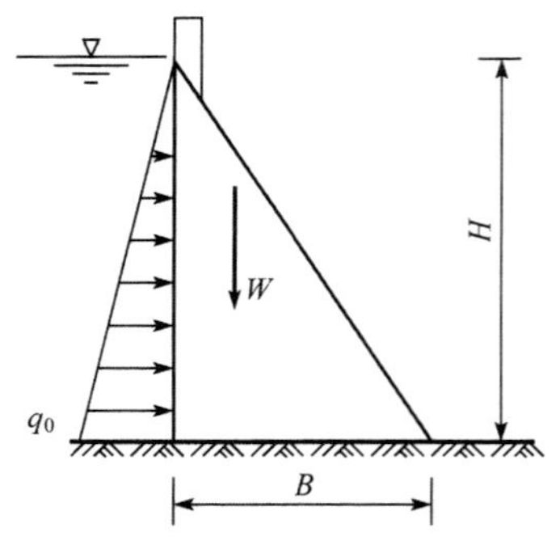

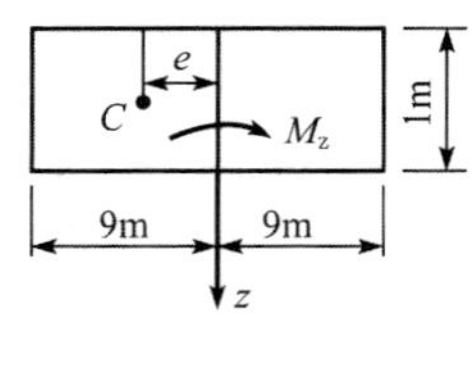

习题 8.12 题解图

习题 8.13～习题 8.15　弯曲与扭转的组合变形

习题 8.13　图示为直角曲拐，一端固定。已知 $l=200\text{mm}$，$a=150\text{mm}$，直径 $d=50\text{mm}$，材料的的许用应力 $[\sigma]=130\text{MPa}$，试按第三强度理论确定曲拐的许用荷载 $[F]$。

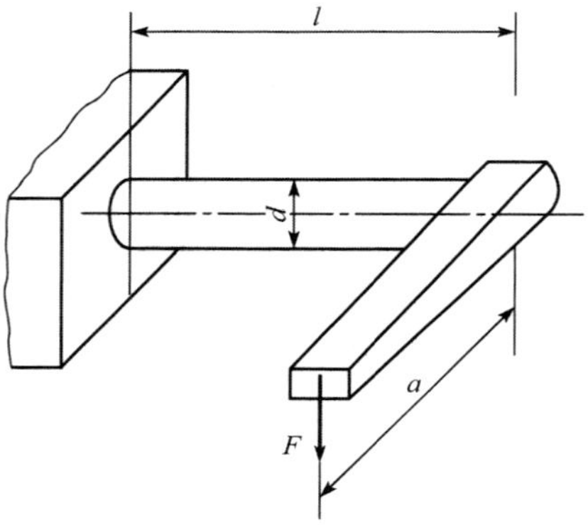

习题 8.13 图

解　曲拐的 AB 杆发生弯扭组合变形，固定端横截面为危险截面，其上的扭矩和弯矩分别为

$$T=Fa,\ M=Fl$$

由第三强度理论的强度条件

$$\sigma_{r3}=\frac{\sqrt{M^2+T^2}}{W_z}=\frac{\sqrt{M^2+T^2}}{\frac{\pi d^3}{32}}$$

$$=\frac{F\cdot\sqrt{a^2+l^2}}{\frac{\pi d^3}{32}}\leqslant[\sigma]$$

得

$$F\leqslant\frac{\pi d^3[\sigma]}{32\sqrt{a^2+l^2}}=\frac{\pi\times0.05\text{m}^3\times130\times10^6\text{Pa}}{32\times\sqrt{0.15^2+0.2^2}\text{m}}$$
$$=6.38\times10^3\text{N}=6.38\text{kN}$$

故曲拐的许用荷载为

$$[F]=6.38\text{kN}$$

习题 8.14　如图所示电动机带动一圆轴 AB，其中点处装有一重 $W=5\text{kN}$，直径为 $D=1.2\text{m}$ 的胶带轮。已知胶带紧边的拉力 $F_1=6\text{kN}$，松边的拉力 $F_2=3\text{kN}$，若轴的许用应力 $[\sigma]=50\text{MPa}$，试按第三强度理论设计轴的直径 d。

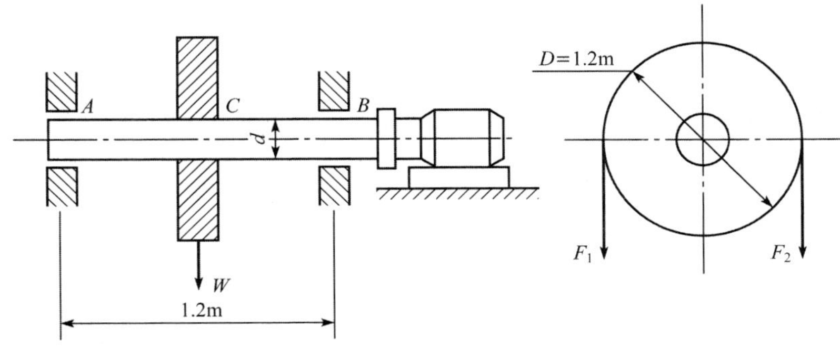

习题 8.14 图

解　轴 AB 发生弯扭组合变形，中间横截面为危险截面，其上的扭矩和弯矩分别为

$$T=\frac{(F_1-F_2)d}{2}=\frac{(6-3)\text{kN}\times1.2\text{m}}{2}=1.8\text{kN}\cdot\text{m}$$

$$M=\frac{(F_1+F_2)d}{4}=\frac{(6+3)\text{kN}\times1.2\text{m}}{4}=2.7\text{kN}\cdot\text{m}$$

由第三强度理论的强度条件

$$\sigma_{r3}=\frac{\sqrt{M^2+T^2}}{W_z}=\frac{\sqrt{M^2+T^2}}{\frac{\pi d^3}{32}}\leqslant[\sigma]$$

得

$$d\geqslant\sqrt[3]{\frac{32\sqrt{M^2+T^2}}{\pi[\sigma]}}=\sqrt[3]{\frac{32\times\sqrt{2.7^2+1.8^2}\times10^3\text{N}\cdot\text{m}}{\pi\times50\times10^6\text{Pa}}}=0.0871\text{m}=87.1\text{mm}$$

取轴的直径 $d=90\text{mm}$。

习题 8.15　如图所示转轴上装有两个轮子，轮子上分别有力 F_1 与 F_2 作用且处于平衡状态。已知 $F_2=2\text{kN}$，轴的直径 $d=80\text{mm}$，轴材料的许用应力 $[\sigma]=80\text{MPa}$，大轮直径 $D_2=1\text{m}$，小轮直径 $D_1=0.5\text{m}$ 试用第四强度理论校核轴的强度。

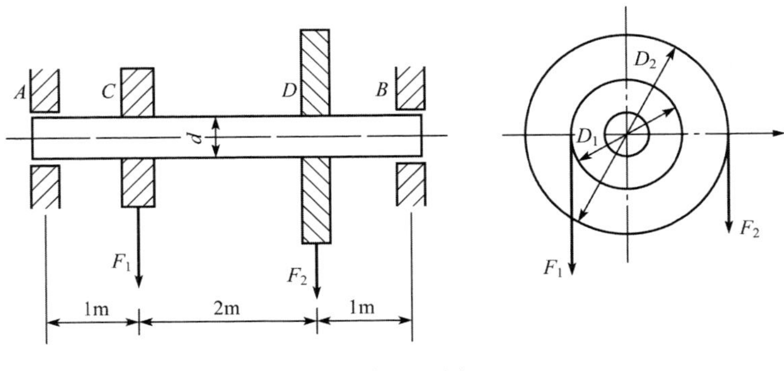

习题 8.15 图

解 1）绘制轴的内力图。由轴的平衡可得

$$F_1 = \frac{F_2 D_2}{D_1} = \frac{2\text{kN} \times 1\text{m}}{0.5\text{m}} = 4\text{kN}$$

绘制轴的内力图如习题 8.15 题解图（b，c）所示。由图可知，C 截面为危险截面，其上的扭矩和弯矩分别为

$$T = 2\text{kN} \cdot \text{m},\ M = 3.5\text{kN} \cdot \text{m}$$

2）校核强度。轴发生弯扭组合变形，由第四强度理论得

$$\sigma_{r4} = \frac{\sqrt{M^2 + 0.75T^2}}{W_z} = \frac{\sqrt{3.5^2 + 0.75 \times 2^2} \times 10^3\text{N} \cdot \text{m}}{\dfrac{\pi \times 80^3 \times 10^{-9}\text{m}^3}{32}}$$

$$= 77.7 \times 10^6\text{Pa} = 77.7\text{MPa} < [\sigma] = 80\text{MPa}$$

满足强度要求。

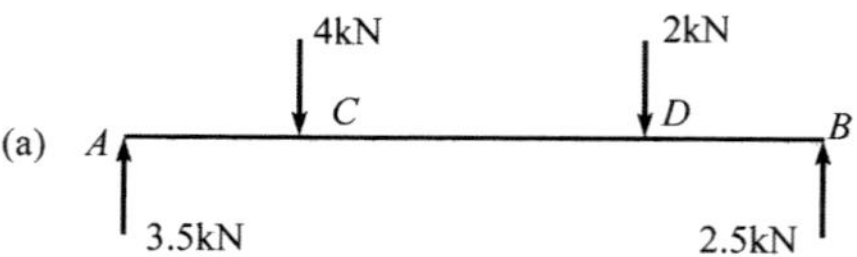

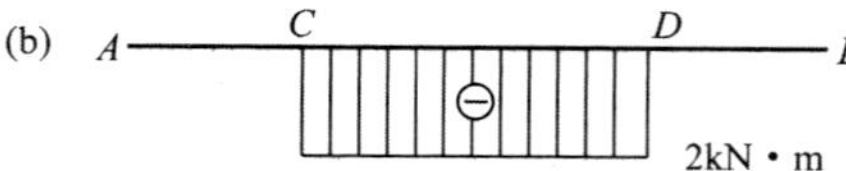

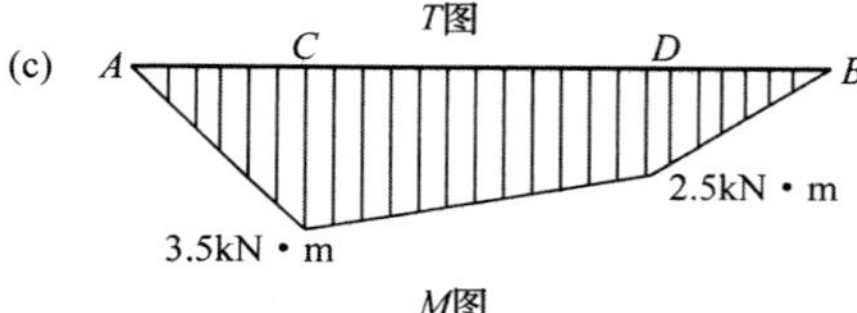

习题 8.15 题解图

第九章　压杆稳定

内容总结

1. 压杆稳定的概念

杆件在轴向压力作用下，若给杆一微小的横向干扰，使杆发生微小的弯曲变形，在干扰撤去后，杆经若干次振动后仍会回到原来的直线平衡状态，我们把杆件原来处于的直线形状的平衡状态称为稳定的平衡状态。

若在干扰撤去后，杆不再恢复到原来直线平衡状态，而是仍处于微弯的平衡状态或者突然屈曲发生破坏，我们把杆件原来的直线形状的平衡状态称为不稳定的平衡状态。

压杆丧失其直线形状平衡的现象，称为失稳。

若压杆由直线形状平衡状态经干扰后变为微弯形状平衡状态，则把受干扰前杆的直线状态称为临界平衡状态。

压杆的临界力就是使压杆处于微弯形状平衡状态所需的最小压力。

2. 压杆的分类和临界力、临界应力计算公式

（1）大柔度压杆或细长压杆

λ_p是对应于材料比例极限的柔度值，定义为

$$\lambda_p = \sqrt{\frac{\pi^2 E}{\sigma_p}}$$

对于 Q235 钢制成的压杆，$\lambda_p = 100$。

柔度$\lambda \geqslant \lambda_p$的压杆称为大柔度压杆或细长压杆，其临界力、临界应力的欧拉公式分别为

$$F_{cr} = \frac{\pi^2 EI}{(\mu l)^2}$$

$$\sigma_{cr} = \frac{\pi^2 E}{\lambda^2}$$

式中：$\lambda = \frac{\mu l}{i}$——压杆的柔度或长细比。

（2）中、小柔度压杆

柔度$\lambda \leqslant \lambda_p$的压杆称为中、小柔度压杆，其临界应力的抛物线经验公式为

$$\sigma_{cr} = \sigma_s - a\lambda^2$$

式中：σ_s——材料的屈服极限，单位为 MPa。Q235 钢：$\sigma_s = 235\text{MPa}$；

a——与材料有关的常数，单位为 MPa。Q235 钢：$a = 0.00668\text{MPa}$。

3. 压杆临界力、临界应力的计算步骤

1）判别压杆的失稳平面。如果压杆在各个纵向平面内的杆端约束情况相同，则弯曲刚度最小的形心主惯性平面为失稳平面；如果压杆在各个纵向平面内的弯曲刚度相同，则杆端约束弱的纵向平面为失稳平面；如果压杆在各个纵向平面内的杆端约束和弯曲刚度各不相同，则在两个形心主惯性平面中柔度较大的为失稳平面。

2）根据柔度值，采用相应公式计算临界力、临界应力。如果是大柔度压杆，则采用欧拉公式计算；如果是中、小柔度压杆，则采用经验公式计算。

4. 压杆的稳定计算

（1）稳定条件

1）安全因数法。

$$F \leqslant \frac{F_{cr}}{n_{st}} = [F]_{st}$$

或

$$\sigma = \frac{F}{A} \leqslant \frac{\sigma_{cr}}{n_{st}} = [\sigma]_{st}$$

式中：n_{st}——稳定安全因数，可在有关的设计手册中查到。

2）折减因数法。

$$\sigma = \frac{F}{A} \leqslant \varphi[\sigma]$$

式中：φ——折减因数。

在我国的钢结构和木结构设计规范中，提供了折减因数 φ 的计算用表或计算公式，可查阅有关的设计手册。

（2）三类稳定计算问题

1）稳定校核。

2）设计截面。

3）确定许用荷载。

5. 提高压杆稳定性的主要措施

1）合理地选择材料。

2）增强杆端约束。

3）减小杆的长度。

4）选择合理的截面。

典型例题

例 9.1　一端固定、一端自由的压杆用 20a 号工字钢制成，已知杆长 $l=1.5\text{m}$，材料的比例极限 $\sigma_p=200\text{MPa}$，弹性模量 $E=200\text{GPa}$，试计算其临界力。

分析　此题应先判断压杆属于哪种类型，再选择合适的临界力计算公式。

解　1）判别压杆类型。压杆将在最小刚度平面内失稳，由型钢规格表查得

$$I_{\min}=0.158\times10^{-5}\text{m}^4,\ i_{\min}=2.12\text{cm}=0.0212\text{m}$$

故压杆的柔度为

$$\lambda=\frac{\mu l}{i_{\min}}=\frac{2\times1.5\text{m}}{0.0212\text{m}}=142$$

而

$$\lambda_p=\pi\sqrt{\frac{E}{\sigma_p}}=\pi\sqrt{\frac{200\times10^9\text{Pa}}{200\times10^6\text{Pa}}}=100$$

因 $\lambda>\lambda_p$，故为大柔度压杆。

2）计算临界力。由于杆件为大柔度压杆，故采用欧拉公式计算临界力，其值为

$$F_{cr}=\frac{\pi^2EI}{(\mu l)^2}=\frac{\pi^2\times200\times10^9\text{Pa}\times0.158\times10^{-5}\text{m}^4}{(2\times1.5)^2\text{m}^2}=347\times10^3\text{N}=347\text{kN}$$

例 9.2　已知压杆的杆长 $l=300\text{mm}$，截面为矩形，其边长为 $h=20\text{mm}$，$b=12\text{mm}$，材料为 Q235 钢，弹性模量 $E=200\text{GPa}$，$\lambda_p=100$，试计算此压杆在三种不同杆端约束时的临界力。

1）一端固定、一端自由。

2）两端铰支。

3）两端固定。

分析　先判断在不同约束时的压杆类型，再选择合适的临界力计算公式。

解　压杆将在最小刚度平面内失稳。截面的最小惯性半径为

$$i_{\min}=\sqrt{\frac{I_{\min}}{A}}=\frac{b}{\sqrt{12}}=\frac{12\text{mm}}{\sqrt{12}}=3.46\text{mm}$$

（1）压杆一端固定、一端自由

压杆的柔度为

$$\lambda=\frac{\mu l}{i_{\min}}=\frac{2\times300\text{mm}}{3.46\text{mm}}=173.2$$

由于 $\lambda>\lambda_p$，故为大柔度压杆，采用欧拉公式计算临界力，其值为

$$F_{cr}=\frac{\pi^2EI}{(\mu l)^2}=\frac{\pi^2\times200\times10^9\text{Pa}\times\frac{1}{12}\times12^3\times20\times10^{-12}\text{m}^4}{(2\times300)^2\times10^{-6}\text{m}^2}=15.79\times10^3\text{N}=15.79\text{kN}$$

（2）压杆两端铰支

压杆的柔度为

$$\lambda=\frac{\mu l}{i_{\min}}=\frac{1\times300\text{mm}}{3.46\text{mm}}=86.6$$

由于$\lambda<\lambda_p$，故为中、小柔度压杆，采用抛物线经验公式计算临界力，其值为

$$F_{cr}=\sigma_{cr}A=(235-0.00668\lambda^2)A$$
$$=(235-0.00668\times 86.6^2)\text{MPa}\times 20\times 12\times 10^{-6}\text{m}^2$$
$$=44.38\times 10^3\text{N}=44.38\text{kN}$$

（3）压杆两端固定

压杆的柔度为

$$\lambda=\frac{\mu l}{i_{\min}}=\frac{0.5\times 300\text{mm}}{3.46\text{mm}}=43.3$$

由于$\lambda<\lambda_p$，故为中、小柔度压杆，采用抛物线经验公式计算临界力，其值为

$$F_{cr}=\sigma_{cr}A=(235-0.00668\lambda^2)A$$
$$=(235-0.00668\times 43.3^2)\text{MPa}\times 20\times 12\times 10^{-6}\text{m}^2$$
$$=53.39\times 10^3\text{N}=53.39\text{kN}$$

例 9.3 有一长$l=4\text{m}$的圆截面钢柱（a类截面），上、下端都是固定支承，承受的轴向压力$F=230\text{kN}$。材料为Q235钢，许用应力$[\sigma]=140\text{MPa}$。试按稳定条件设计此钢柱的截面直径d。

分析 由于折减因数φ与压杆的柔度λ有关，而柔度λ又与截面面积A有关，故当A为未知时，φ也是未知的。因此，压杆的截面设计目前普遍采用试算法。

解 1）第一次试算。假定$\varphi_1=0.5$，由稳定条件

$$\sigma=\frac{F}{A}=\frac{4F}{\pi d^2}\leqslant\varphi[\sigma]$$

得

$$d_1=\sqrt{\frac{4F}{\varphi_1[\sigma]\pi}}=\sqrt{\frac{4\times 230\times 10^3\text{N}}{\pi\times 0.5\times 140\times 10^6\text{Pa}}}=64.7\times 10^{-3}\text{m}=64.7\text{mm}$$

惯性半径为

$$i_1=\frac{d_1}{4}=\frac{64.7\text{mm}}{4}=16.2\text{mm}$$

柔度为

$$\lambda=\frac{\mu l}{i_1}=\frac{0.5\times 4000\text{mm}}{16.2\text{mm}}=123.5$$

查表得$\varphi=0.472$。由于φ值与假定的φ_1相差较大，必须再进行试算。

2）第二次试算。假定$\varphi_2=(0.5+0.472)/2=0.486$，由稳定条件得

$$d_2=\sqrt{\frac{4F}{\varphi_1[\sigma]\pi}}=\sqrt{\frac{4\times 230\times 10^3\text{N}}{\pi\times 0.486\times 140\times 10^6\text{Pa}}}=65.6\times 10^{-3}\text{m}=65.6\text{mm}$$

惯性半径为

$$i_2=\frac{d_2}{4}=\frac{65.6\text{mm}}{4}=16.4\text{mm}$$

柔度为

$$\lambda=\frac{\mu l}{i_2}=\frac{0.5\times 4000\text{mm}}{16.4\text{mm}}=122$$

查表得$\varphi=0.481$，这与假定的$\varphi_2=0.486$相差较大，必须再进行试算。

3）第三次试算。假定 $\varphi_3=(0.481+0.486)/2=0.484$，由稳定条件得

$$d_3=\sqrt{\frac{4F}{\varphi_1[\sigma]\pi}}=\sqrt{\frac{4\times 230\times 10^3\,\text{N}}{\pi\times 0.484\times 140\times 10^6\,\text{Pa}}}=65.7\times 10^{-3}\,\text{m}=65.7\text{mm}$$

惯性半径为

$$i_3=\frac{d_3}{4}=\frac{65.7\text{mm}}{4}=16.43\text{mm}$$

柔度为

$$\lambda=\frac{\mu l}{i_3}=\frac{0.5\times 4000\text{mm}}{16.43\text{mm}}=121.7$$

查表得 $\varphi=0.483$，这与假定的 $\varphi_3=0.484$ 比较接近，因而可以取 $d=66\text{mm}$。

4）稳定校核。钢柱的工作应力为

$$\sigma=\frac{F}{A}=\frac{4F}{\pi d}=\frac{4\times 230\times 10^3\,\text{N}}{\pi\times 66^2\times 10^{-6}\,\text{m}^2}$$

$$=67.2\times 10^6\,\text{Pa}=67.2\text{MPa}<\varphi[\sigma]=0.483\times 140\text{MPa}=67.6\text{MPa}$$

满足稳定条件。故取 $d=66\text{mm}$。

思考题解答

思考题 9.1　以压杆为例，说明什么是稳定平衡和不稳定平衡？什么叫失稳？

解　1）稳定的平衡状态。杆件在轴向压力作用下，若给杆一微小的横向干扰，使杆发生微小的弯曲变形，在干扰撤去后，杆经若干次振动后仍会回到原来的直线平衡状态，则杆件原来处于的直线形状的平衡状态称为稳定的平衡状态。

2）不稳定的平衡状态。杆件在轴向压力作用下，若给杆一微小的横向干扰，使杆发生微小的弯曲变形，则在干扰撤去后，杆不再恢复到原来直线平衡状态，而是仍处于微弯的平衡状态或者突然屈曲发生破坏，则杆件原来的直线形状的平衡状态为不稳定的平衡状态。

3）失稳。压杆丧失其原有直线平衡状态的现象，称为失稳。

思考题 9.2　何谓压杆的临界力和临界应力？

解　压杆处于临界平衡状态时的压力 F_{cr} 称为压杆的临界力。压杆处于临界平衡状态时的应力 σ_{cr} 称为压杆的临界应力。

思考题 9.3　有人说临界力是使压杆丧失稳定所需的最小荷载，又有人说临界力是使压杆维持直线平衡状态所能承受的最大荷载。这两种说法对吗？两种说法一致吗？

解　两种说法是一致的，两种说法都是正确的。

思考题 9.4　图示各细长压杆均为圆杆，它们的直径、材料都相同，试判断哪根压杆的临界力最大，哪根压杆的临界力最小［图（f）所示压杆在中间支承处不能转动］？

解　临界力的计算公式为

$$F_{cr}=\frac{\pi^2 EI}{(\mu l)^2}$$

由于各杆的直径、材料均相同，故相当长度 μl 最小的压杆，其临界压力最大；相当长度 μl 最大的压杆，其临界压力最小。

各压杆的相当长度 μl 见下表。

分图号	(a)	(b)	(c)	(d)	(e)	(f)
μl	2×2	1×5	0.7×7	0.5×9	1×4	0.7×5

由表可见，图（f）所示压杆的临界压力最大，图（b）所示压杆的临界压力最小。

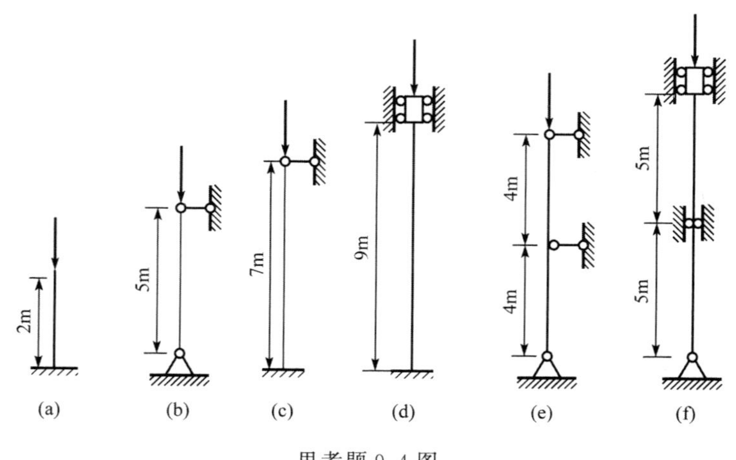

思考题 9.4 图

思考题 9.5 对于两端铰支、由 Q235 钢制成的圆截面压杆，杆长 l 应比直径 d 大多少倍时，才能用欧拉公式计算临界力？

解 Q235 钢的 $\lambda_p=100$，当压杆的柔度 $\lambda \geqslant \lambda_p$ 时，才能用欧拉公式计算临界力。对于两端铰支的压杆，$\mu=1$，$i=d/4$，柔度为

$$\lambda=\frac{\mu l}{i}=\frac{4l}{d}$$

由 $\lambda \geqslant \lambda_p=100$ 可得

$$l=100d$$

因此，杆长 l 应比直径 d 大 99 倍时，才能用欧拉公式计算临界力。

思考题 9.6 若在计算中、小柔度压杆的临界力时，使用了欧拉公式；或在计算大柔度压杆的临界力时，使用了经验公式，则后果将会怎样？试用临界应力总图加以说明。

解 由临界应力总图可以看出，当 $\lambda \leqslant \lambda_p$ 时，用欧拉公式计算所得的临界应力大于用经验公式计算所得的临界应力；同样当 $\lambda \geqslant \lambda_p$ 时，用经验公式计算所得的临界应力大于用欧拉公式计算所得的临界应力。因此，若在计算中、小柔度杆的临界力时，使用了欧拉公式，或在计算大柔度压杆的临界力时，使用了经验公式，都会导致计算所得的临界力大于其实际临界力。

思考题 9.7 如何判断压杆的失稳平面？有根一端固定、一端自由的压杆，如有图示形状的横截面，试指出失稳平面，失稳时横截面绕哪个轴转动？

解 压杆将在柔度 λ 较大的平面内失稳。图（a，c）所示截面压杆将在 xy 平面内失稳，失稳时横截面将绕 z 轴转动［思考题 9.7 题解图（a，c）］；图（b，d）所示截面压杆

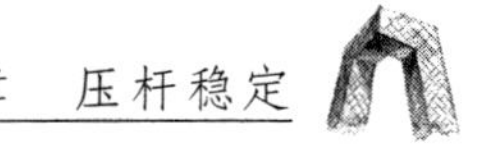

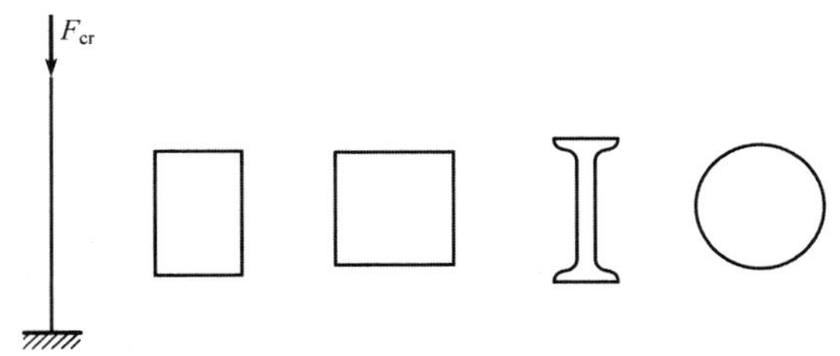

思考题 9.7 图

在各平面内的柔度相同，因此可能在任一平面内失稳，失稳时横截面将绕与失稳平面垂直的轴转动。

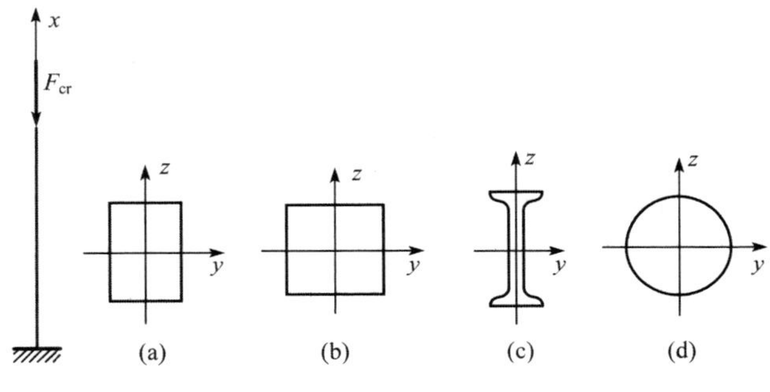

思考题 9.7 题解图

思考题 9.8 用折减因数法怎样进行压杆的截面设计？

解 用折减因数法进行压杆的截面设计时，由于折减因数 φ 与压杆的柔度 λ 有关，而柔度 λ 又与截面面积 A 有关，故当 A 为未知时，φ 也是未知的。因此，压杆的截面设计目前普遍采用试算法，其计算步骤如下：

1）先假定 φ 的一个近似值 φ_1（一般可取 $\varphi_1=0.5$），算出截面面积的第一次近似值 A_1，并由 A_1 初选一个截面（这一步也可以根据经验初选截面尺寸）。

2）计算初选截面的惯性矩 I_1、惯性半径 i_1 和柔度 λ_1，由折减因数表查得（或由公式算得）相应的 φ 值。

3）若查得的 φ 值与原先假定的 φ_1 值相差较大，则可在这两个值之间再假定一个近似值 φ_2，并重复上述 1）、2）两步。如此进行下去，直到从表中查得的 φ 值与假定的 φ 值非常接近为止。

4）对所选得的截面进行压杆稳定校核。若满足稳定条件，则所选得的截面就是所求之截面。否则，应在所选截面的基础上适当放大尺寸后再进行校核，直到满足稳定条件为止。

思考题 9.9 用安全因数法计算的结果与用折减因数法计算的结果是否完全一致？为什么？

解 用安全因数法计算的结果与用折减因数法计算的结果是不完全一致的，这是因为安全因数法中的稳定许用应力 $[\sigma]_{st}$ 与折减因数法中的 $\varphi[\sigma]$（$[\sigma]$ 为强度许用应力）不完全一致。

习题解答

习题 9.1～习题 9.3　压杆的临界力与临界应力

习题 9.1　图示两端铰支的细长压杆，材料的弹性模量 $E=200\text{GPa}$，试用欧拉公式计算其临界力 F_{cr}。

1）圆形截面 $d=25\text{mm}$，$l=1.0\text{m}$；

2）矩形截面 $h=2b=40\text{mm}$，$l=1.0\text{m}$；

3）22a 号工字钢，$l=5.0\text{m}$。

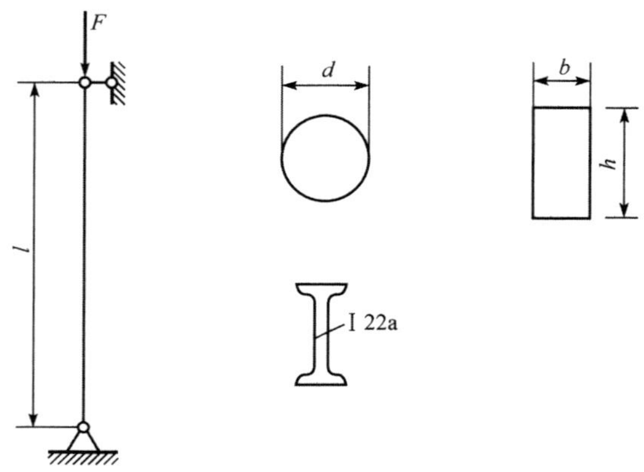

习题 9.1 图

解　1）圆形截面。$d=25\text{mm}$，$l=1.0\text{m}$，$\mu=1$，则临界力为

$$F_{cr}=\frac{\pi^2 EI}{(\mu l)^2}=\frac{\pi^2\times 200\times 10^9\,\text{Pa}\times\frac{\pi}{64}\times 25^4\times 10^{-12}\,\text{m}^4}{(1\times 1.0)^2\,\text{m}^2}$$

$$=37.8\times 10^3\,\text{N}=37.8\text{kN}$$

2）矩形截面。$h=40\text{mm}$，$b=20\text{mm}$，$l=1.0\text{m}$，$\mu=1$，则临界力为

$$F_{cr}=\frac{\pi^2 EI}{(\mu l)^2}=\frac{\pi^2\times 200\times 10^9\,\text{Pa}\times\frac{1}{12}\times 20^3\times 40\times 10^{-12}\,\text{m}^4}{(1\times 1.0)^2\,\text{m}^2}$$

$$=52.6\times 10^3\,\text{N}=52.6\text{kN}$$

3）22a 号工字钢。由型钢规格表查得 $I_{min}=225\times 10^{-8}\,\text{m}^4$，$l=5.0\text{m}$，$\mu=1$，则临界力为

$$F_{cr}=\frac{\pi^2 EI}{(\mu l)^2}=\frac{\pi^2\times 200\times 10^9\,\text{Pa}\times 225\times 10^{-8}\,\text{m}^4}{(1\times 5.0)^2\,\text{m}^2}$$

$$=177.5\times 10^3\,\text{N}=177.5\text{kN}$$

习题 9.2　直径 $d=25\text{mm}$、长为 l 的细长钢压杆，材料的弹性模量 $E=200\text{GPa}$，试用欧拉公式计算其临界力 F_{cr}。

1）两端铰支，l=600mm；

2）两端固定，l=1500mm；

3）一端固定、一端铰支，l=1000mm。

解　1）两端铰支。μ=1，l=600mm，则临界力为

$$F_{cr}=\frac{\pi^2 EI}{(\mu l)^2}=\frac{\pi^2\times 200\times 10^9\,\text{Pa}\times\dfrac{\pi}{64}\times 25^4\times 10^{-12}\,\text{m}^4}{(1\times 0.6)^2\,\text{m}^2}$$
$$=105\times 10^3\,\text{N}=105\text{kN}$$

2）两端固定。μ=0.5，l=1500mm，则临界力为

$$F_{cr}=\frac{\pi^2 EI}{(\mu l)^2}=\frac{\pi^2\times 200\times 10^9\,\text{Pa}\times\dfrac{\pi}{64}\times 25^4\times 10^{-12}\,\text{m}^4}{(0.5\times 1.5)^2\,\text{m}^2}$$
$$=67.3\times 10^3\,\text{N}=67.3\text{kN}$$

3）一端固定、一端铰支。μ=0.7，l=1000mm，则临界力为

$$F_{cr}=\frac{\pi^2 EI}{(\mu l)^2}=\frac{\pi^2\times 200\times 10^9\,\text{Pa}\times\dfrac{\pi}{64}\times 25^4\times 10^{-12}\,\text{m}^4}{(0.7\times 1.0)^2\,\text{m}^2}$$
$$=77.2\times 10^3\,\text{N}=77.2\text{kN}$$

习题 9.3　三根两端铰支的圆截面压杆，直径均为 d=160mm，长度分别为 l_1、l_2 和 l_3，且 $l_1=2l_2=4l_3$=5m，材料为 Q235 钢，弹性模量 E=200GPa，试求三杆的临界力 F_{cr}。

解　1）第一根压杆。惯性半径为

$$i=\sqrt{\frac{I}{A}}=\frac{d}{4}=\frac{160\text{mm}}{4}=40\text{mm}$$

压杆两端铰支，μ=1。当杆长 l_1=5m 时，柔度为

$$\lambda=\frac{\mu l}{i}=\frac{1\times 5000\text{mm}}{40\text{mm}}=125$$

由于 $\lambda>\lambda_p=100$，为大柔度压杆，可采用欧拉公式计算临界力，其值为

$$F_{cr}=\frac{\pi^2 EI}{(\mu l)^2}=\frac{\pi^2\times 200\times 10^9\,\text{Pa}\times\dfrac{\pi}{64}\times 160^4\times 10^{-12}\,\text{m}^4}{(1\times 5)^2\,\text{m}^2}$$
$$=2540.0\times 10^3\,\text{N}=2540.0\text{kN}$$

2）第二根压杆。μ=1，i=40mm。当杆长 l_2=2.5m 时，柔度为

$$\lambda=\frac{\mu l}{i}=\frac{1\times 2500\text{mm}}{40\text{mm}}=62.5$$

由于 $\lambda<\lambda_p=100$，可采用经验公式计算临界力，其值为

$$F_{cr}=\sigma_{cr}A=(235-0.00668\lambda^2)A$$
$$=(235-0.00668\times 62.5^2)\times 10^6\,\text{Pa}\times\frac{\pi}{4}\times 160^2\times 10^{-6}\,\text{m}^2$$
$$=4200.3\times 10^3\,\text{N}=4200.3\text{kN}$$

3）第三根压杆。μ=1，i=40mm。当杆长 l_3=1.25m 时，柔度为

$$\lambda=\frac{\mu l}{i}=\frac{1\times 1250\text{mm}}{40\text{mm}}=31.25$$

由于$\lambda<\lambda_p=100$，可采用经验公式计算临界力，其值为

$$F_{cr}=\sigma_{cr}A=(235-0.00668\lambda^2)A$$

$$=(235-0.00668\times31.25^2)\times10^6\text{Pa}\times\frac{\pi}{4}\times160^2\times10^{-6}\text{m}^2$$

$$=4593.8\times10^3\text{N}=4593.8\text{kN}$$

习题 9.4～习题 9.10　压杆的稳定性

习题 9.4　图示一闸门的螺杆式启闭机。已知螺杆的长度为 3m，外径为 60mm，内径为 51mm，材料为 Q235 钢，设计压力 $F=50\text{kN}$，许用应力 $[\sigma]=120\text{MPa}$，杆端支承情况可认为一端固定、另一端铰接。试试按内径尺寸对此杆进行稳定校核（提示：按 a 类截面计算）。

解　1）计算螺杆的稳定因数 φ。惯性半径为

$$i=\sqrt{\frac{I}{A}}=\frac{d}{4}=\frac{51\text{mm}}{4}=12.75\text{mm}$$

柔度为

$$\lambda=\frac{\mu l}{i}=\frac{1\times3000\text{mm}}{12.75\text{mm}}=164.7$$

查表得稳定因数 $\varphi=0.286$。

2）验算螺杆的稳定性。螺杆的工作应力为

$$\sigma=\frac{F}{A}=\frac{4F}{\pi d^2}=\frac{4\times50\times10^3\text{N}}{\pi\times51^2\times10^{-6}\text{m}^2}=24.5\times10^6\text{Pa}$$

$$=24.5\text{MPa}<\varphi[\sigma]=0.286\times120\text{MPa}=34.3\text{MPa}$$

满足稳定条件。

习题 9.5　试对图示木柱进行强度和稳定校核。已知木材的强度等级为 TC13，许用应力 $[\sigma]=10\text{MPa}$。

解　1）计算稳定因数 φ。压杆将在最小刚度平面内失稳，惯性矩为

$$I_{\min}=\frac{1}{12}\times136^3\times272\times10^{-12}\text{m}^4=57.02\times10^{-6}\text{m}^4$$

惯性半径为

$$i_{\min}=\sqrt{\frac{I_{\min}}{A}}=\sqrt{\frac{57.02\times10^{-6}\text{m}^4}{272\times136\times10^{-6}\text{m}^2}}=0.0393\text{m}=39.3\text{mm}$$

柔度为

$$\lambda=\frac{\mu l}{i_{\min}}=\frac{2\times3000\text{mm}}{39.3\text{mm}}=152.7$$

木材的强度等级为 TC13，稳定因数 φ 为

$$\varphi=\frac{2800}{\lambda^2}=\frac{2800}{152.7^2}=0.12$$

2）稳定校核。木柱的工作应力为

$$\sigma=\frac{F}{A}=\frac{50\times10^3\text{N}}{136\times272\times10^{-6}\text{m}^2}=1.35\times10^6\text{Pa}$$

$$= 1.35\text{MPa} > \varphi[\sigma] = 0.12 \times 10\text{MPa} = 1.2\text{MPa}$$

不满足稳定条件。

3）强度校核。在被削弱的截面上，木柱的工作应力为

$$\sigma_{\max} = \frac{F}{A} = \frac{50 \times 10^3\text{N}}{(136-20) \times 272 \times 10^{-6}\text{m}^2} = 1.58 \times 10^6\text{Pa}$$
$$= 1.58\text{MPa} < [\sigma] = 10\text{MPa}$$

满足强度要求。

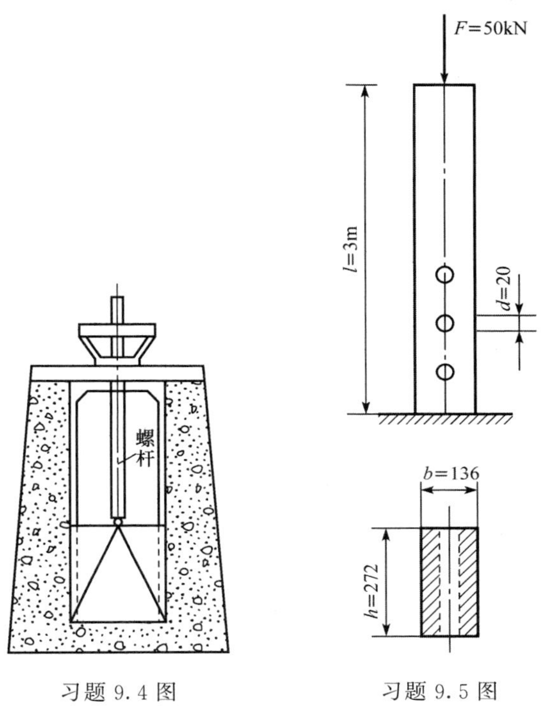

习题 9.4 图　　　　习题 9.5 图

习题 9.6　一两端铰支的钢管柱，长 $l=3\text{m}$，截面外径 $D=100\text{mm}$，内径 $d=70\text{mm}$。已知材料为 Q235 钢，许用应力 $[\sigma]=160\text{MPa}$，试求此柱的许用荷载（提示：按 a 类截面计算）。

解　1）计算稳定因数 φ。惯性半径为

$$i = \sqrt{\frac{I}{A}} = \sqrt{\frac{\frac{\pi}{64} \times (D^4 - d^4)}{\frac{\pi}{4} \times (D^2 - d^2)}} = \frac{1}{4} \times \sqrt{\frac{D^4 - d^4}{D^2 - d^2}}$$
$$= \frac{1}{4} \times \sqrt{\frac{100^4\text{mm}^4 - 70^4\text{mm}^4}{100^2\text{mm}^2 - 70^2\text{mm}^2}} = 30.52\text{mm}$$

柔度为

$$\lambda = \frac{\mu l}{i} = \frac{1.0 \times 3500\text{mm}}{30.52\text{mm}} = 114.7$$

查表得稳定因数 $\varphi=0.328$。

2）计算许用荷载。由稳定条件

$$\sigma = \frac{F}{A} = \frac{4F}{\pi(D^2 - d^2)} \leqslant \varphi[\sigma]$$

得许用荷载为

$$[F]_{st} = \frac{\pi(D^2 - d^2)\varphi[\sigma]}{4} = \frac{\pi \times (100^2 - 70^2) \times 10^{-6}\text{m}^2 \times 0.328 \times 160 \times 10^6\text{Pa}}{4}$$

$$= 210.2 \times 10^3\text{N} = 210.2\text{kN}$$

习题 9.7 起重机的起重臂由两个不等边角钢 100×80×8 组成，二角钢用缀板连成整体。杆在 xz 平面内，两端可看作铰支；在 xy 平面内，可看作弹性约束，取 $\mu=0.75$。已知材料为 Q235 钢，许用应力 $[\sigma]=160\text{MPa}$，试求起重臂的最大轴向压力（提示：按 b 类截面计算）。

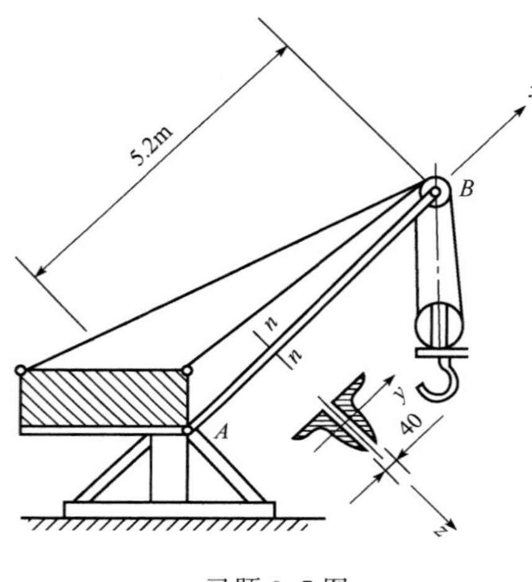

习题 9.7 图

解 1）计算稳定因数。查型钢规格表，起重机臂截面的几何参数为

$$I_y = 2 \times 137.92 \times 10^{-8}\text{m}^4 = 275.84 \times 10^{-8}\text{m}^4$$

$$I_z = 2 \times [(78.58 + 13.944 \times (2 + 2.05)^2] \times 10^{-8}\text{m}^4$$

$$= 614.59 \times 10^{-8}\text{m}^4$$

$$A = 2 \times 13.944 \times 10^{-4}\text{m}^2 = 27.888 \times 10^{-4}\text{m}^2$$

在 xz 平面内，两端可看作铰支，$\mu=1.0$。惯性半径为

$$i_y = \sqrt{\frac{I_y}{A}} = \sqrt{\frac{275.84 \times 10^{-8}\text{m}^4}{27.888 \times 10^{-4}\text{m}^2}}$$

$$= 3.14 \times 10^{-2}\text{m} = 31.4\text{mm}$$

柔度为

$$\lambda_z = \frac{\mu l}{i_y} = \frac{1.0 \times 5200\text{mm}}{31.4\text{mm}} = 165.6$$

在 xy 平面内，可看作弹性约束，取 $\mu=0.75$。惯性半径为

$$i_z = \sqrt{\frac{I_y}{A}} = \sqrt{\frac{614.59 \times 10^{-8}\text{m}^4}{27.888 \times 10^{-4}\text{m}^2}} = 4.69 \times 10^{-2}\text{m} = 46.9\text{mm}$$

柔度为

$$\lambda_y = \frac{\mu l}{i_y} = \frac{0.75 \times 5200\text{mm}}{46.9\text{mm}} = 83.2$$

因 $\lambda_z > \lambda_y$，故起重机臂将首先在 xz 平面内失稳，查表得稳定因数 $\varphi=0.260$。

2）计算许用荷载。由稳定条件得许用荷载为

$$[F]_{st} = A\varphi[\sigma] = 27.888 \times 10^{-4}\text{m}^2 \times 0.260 \times 160 \times 10^6\text{Pa}$$

$$= 116 \times 10^3\text{N} = 116\text{kN}$$

习题 9.8 图示桁架，$F=100\text{kN}$，二杆均为用 Q235 钢制成的圆形截面杆，许用应力 $[\sigma]=180\text{MPa}$，试设计它们的直径（提示：BC 杆按 a 类截面计算）。

解 （1）计算两杆的轴力

取结点 C 为研究对象，受力如习题 9.8 题解图所示。由平衡方程

$$\sum Y = 0, F_{NBC} \times \frac{600}{\sqrt{500^2 + 600^2}} - 100 = 0$$

得

$$F_{NBC} = 130.2\text{kN}$$

$$\sum X = 0, F_{NBC} \times \frac{500}{\sqrt{500^2 + 600^2}} - F_{NAC} = 0$$

得

$$F_{NAC} = 83.3\text{kN}$$

（2）由稳定条件设计 BC 杆的直径

1）第一次试算。假定 $\varphi_1 = 0.5$，由稳定条件得

$$d_{BC1} = \sqrt{\frac{4F}{\varphi_1[\sigma]\pi}} = \sqrt{\frac{4 \times 130.2 \times 10^3\,\text{N}}{\pi \times 0.5 \times 180 \times 10^6\,\text{Pa}}} = 42.92 \times 10^{-3}\,\text{m} = 42.92\text{mm}$$

惯性半径为

$$i_1 = \frac{d_{BC1}}{4} = \frac{42.92\text{mm}}{4} = 10.73\text{mm}$$

柔度为

$$\lambda = \frac{\mu l}{i_1} = \frac{1.0 \times \sqrt{500^2 + 600^2}\,\text{mm}}{10.73\text{mm}} = 72.8$$

查表得稳定因数 $\varphi = 0.825$。由于 φ 值与假定的 φ_1 相差较大，必须再进行试算。

2）第二次试算。假定 $\varphi_2 = (0.5 + 0.825)/2 = 0.663$，由稳定条件得

$$d_{BC2} = \sqrt{\frac{4F}{\varphi_2[\sigma]\pi}} = \sqrt{\frac{4 \times 130.2 \times 10^3\,\text{N}}{\pi \times 0.663 \times 180 \times 10^6\,\text{Pa}}} = 37.27 \times 10^{-3}\,\text{m} = 37.27\text{mm}$$

惯性半径为

$$i_2 = \frac{d_{BC2}}{4} = \frac{37.27\text{mm}}{4} = 9.32\text{mm}$$

柔度为

$$\lambda = \frac{\mu l}{i_2} = \frac{1.0 \times \sqrt{500^2 + 600^2}\,\text{mm}}{9.32\text{mm}} = 83.8$$

查表得稳定因数 $\varphi = 0.757$。由于 φ 值与假定的 φ_2 相差较大，必须再进行试算。

3）第三次试算。假定 $\varphi_3 = (0.663 + 0.757)/2 = 0.710$，由稳定条件得

$$d_{BC3} = \sqrt{\frac{4F}{\varphi_3[\sigma]\pi}} = \sqrt{\frac{4 \times 130.2 \times 10^3\,\text{N}}{\pi \times 0.71 \times 180 \times 10^6\,\text{Pa}}} = 36.02 \times 10^{-3}\,\text{m} = 36.02\text{mm}$$

惯性半径为

$$i_3 = \frac{d_{BC3}}{4} = \frac{36.02\text{mm}}{4} = 9.00\text{mm}$$

柔度为

$$\lambda = \frac{\mu l}{i_3} = \frac{1.0 \times \sqrt{500^2 + 600^2}\,\text{mm}}{9.00\text{mm}} = 86.8$$

查表得稳定因数 $\varphi = 0.737$。由于 φ 值与假定的 φ_3 相差较大，必须再进行试算。

4）第四次试算。假定 $\varphi_4 = (0.757 + 0.737)/2 = 0.747$，由稳定条件得

$$d_{BC4}=\sqrt{\frac{4F}{\varphi_4[\sigma]\pi}}=\sqrt{\frac{4\times 130.2\times 10^3\,\text{N}}{\pi\times 0.747\times 180\times 10^6\,\text{Pa}}}=35.11\times 10^{-3}\,\text{m}=35.11\text{mm}$$

惯性半径为

$$i_4=\frac{d_{BC4}}{4}=\frac{35.11\text{mm}}{4}=8.78\text{mm}$$

柔度为

$$\lambda=\frac{\mu l}{i_4}=\frac{1.0\times\sqrt{500^2+600^2}\,\text{mm}}{8.78\text{mm}}=89.0$$

查表得稳定因数 $\varphi=0.721$。由于 φ 值与假定的 φ_4 相差较大，必须再进行试算。

5）第五次试算。假定 $\varphi_5=(0.737+0.721)/2=0.729$，由稳定条件得

$$d_{BC5}=\sqrt{\frac{4F}{\varphi_5[\sigma]\pi}}=\sqrt{\frac{4\times 130.2\times 10^3\,\text{N}}{\pi\times 0.729\times 180\times 10^6\,\text{Pa}}}=35.54\times 10^{-3}\,\text{m}=35.54\text{mm}$$

惯性半径为

$$i_4=\frac{d_{BC4}}{4}=\frac{35.54\text{mm}}{4}=8.89\text{mm}$$

柔度为

$$\lambda=\frac{\mu l}{i_4}=\frac{1.0\times\sqrt{500^2+600^2}\,\text{mm}}{8.89\text{mm}}=87.8$$

查表得稳定因数 $\varphi=0.730$。这与假定的 $\varphi_3=0.729$ 比较接近，因而可取 $d_{BC}=35.54\text{mm}$。

6）稳定校核。钢杆的工作应力为

$$\sigma=\frac{F}{A}=\frac{4F}{\pi d_2}=\frac{4\times 130.2\times 10^3\,\text{N}}{\pi\times 35.54^2\times 10^{-6}\,\text{m}^2}=131.2\times 10^6\,\text{Pa}$$

$$=131.2\text{MPa}<\varphi[\sigma]=0.730\times 180\text{MPa}=131.4\text{MPa}$$

满足稳定条件，故取 BC 杆的直径 $d_{BC}=35.54\text{mm}$。

（3）由强度条件设计 AC 杆的直径

由强度条件得 AC 杆的直径为

$$d_{AC}=\sqrt{\frac{4F}{[\sigma]\pi}}=\sqrt{\frac{4\times 83.3\times 10^3\,\text{N}}{\pi\times 180\times 10^6\,\text{Pa}}}=24.27\times 10^{-3}\,\text{m}=24.27\text{mm}$$

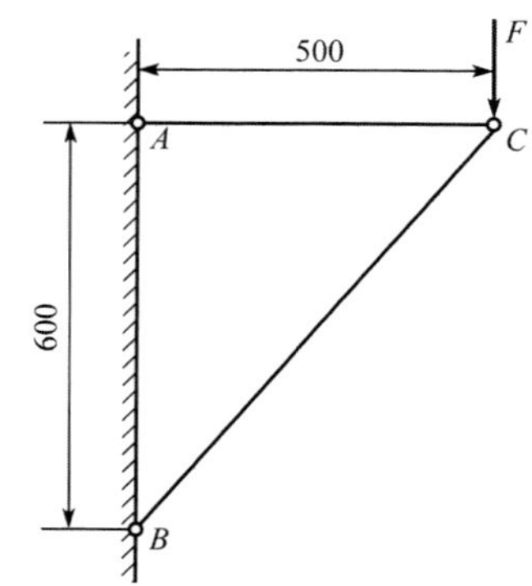

习题 9.8 图

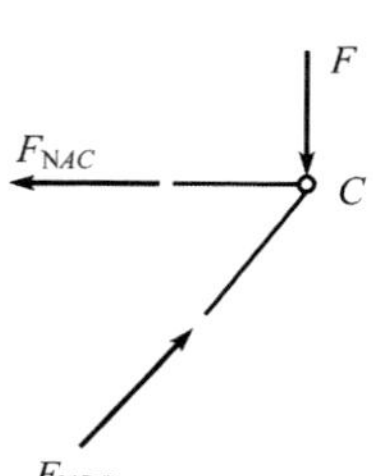

习题 9.8 题解图

习题 9.9　压杆长 4m，两端都为铰支，承受轴向压力 $F=800\text{kN}$，材料为 Q235 钢，许用应力 $[\sigma]=170\text{MPa}$。图中两槽钢间的距离 a 是为了使截面的 $I_y=I_z$，试设计合适的槽钢截面（提示：按 b 类截面计算）。

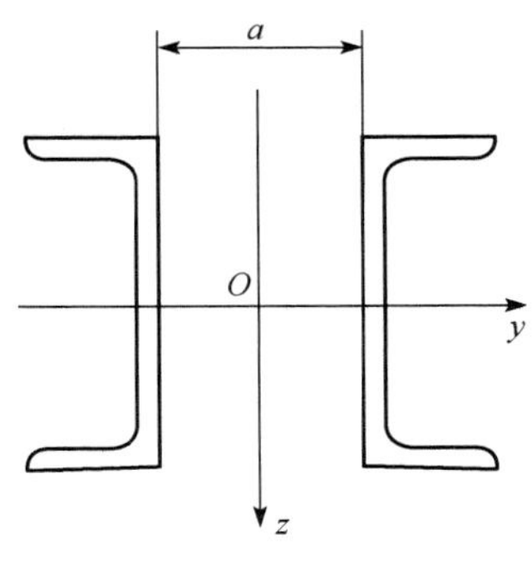

习题 9.9 图

解　1）第一次试算。假定 $\varphi_1=0.5$，由稳定条件

$$\sigma=\frac{F}{2A}\leqslant\varphi[\sigma]$$

得

$$A_1=\frac{F}{2\varphi_1[\sigma]}=\frac{800\times10^3\,\text{N}}{2\times0.5\times170\times10^6\,\text{Pa}}$$
$$=47.06\times10^{-4}\,\text{m}^2=47.06\text{cm}^2$$

查型钢规格表，选 28c 号槽钢，其 $A=51.22\text{cm}^2$，$I_y=5496.32\text{cm}^4$。惯性半径为

$$i_1=\sqrt{\frac{2I_y}{2A}}=\sqrt{\frac{2\times5496.32}{2\times51.22}}\text{cm}=10.36\text{cm}=103.6\text{mm}$$

柔度为

$$\lambda=\frac{\mu l}{i_1}=\frac{1.0\times4000\text{mm}}{103.6\text{mm}}=38.6$$

查表得稳定因数 $\varphi=0.904$。由于 φ 值与假定的 φ_1 相差较大，必须再进行试算。

2）第二次试算。假定 $\varphi_2=(0.5+0.904)/2=0.702$，由稳定条件得

$$A_2=\frac{F}{2\varphi_2[\sigma]}=\frac{800\times10^3\,\text{N}}{2\times0.702\times170\times10^6\,\text{Pa}}=33.52\times10^{-4}\,\text{m}^2=33.52\text{cm}^2$$

查型钢规格表，选 22 号槽钢，其 $A=36.24\text{cm}^2$，$I_y=2571.4\text{cm}^4$。惯性半径为

$$i_2=\sqrt{\frac{2I_y}{2A}}=\sqrt{\frac{2\times2571.4}{2\times36.24}}\text{cm}=8.42\text{cm}=84.2\text{mm}$$

柔度为

$$\lambda=\frac{\mu l}{i_2}=\frac{1.0\times4000\text{mm}}{84.2\text{mm}}=47.5$$

查表得稳定因数 $\varphi=0.868$。由于 φ 值与假定的 φ_2 相差较大，必须再进行试算。

3）第三次试算。假定 $\varphi_3=(0.702+0.868)/2=0.785$，由稳定条件得

$$A_3=\frac{F}{2\varphi_3[\sigma]}=\frac{800\times10^3\,\text{N}}{2\times0.785\times170\times10^6\,\text{Pa}}=29.97\times10^{-4}\,\text{m}^2=29.97\text{cm}^2$$

查型钢规格表，选 20 号槽钢，其 $A=32.83\text{cm}^2$，$I_y=1913.7\text{cm}^4$。惯性半径为

$$i_3=\sqrt{\frac{2I_y}{2A}}=\sqrt{\frac{2\times1913.7}{2\times32.83}}\text{cm}=7.63\text{cm}=76.3\text{mm}$$

柔度为

$$\lambda=\frac{\mu l}{i_3}=\frac{1.0\times4000\text{mm}}{76.3\text{mm}}=52.4$$

查表得稳定因数 $\varphi=0.845$。由于 φ 值与假定的 φ_3 相差较大，必须再进行试算。

4）第四次试算。假定 $\varphi_4=(0.785+0.845)/2=0.815$，由稳定条件得

$$A_4=\frac{F}{2\varphi_4[\sigma]}=\frac{800\times10^3\,\text{N}}{2\times0.815\times170\times10^6\,\text{Pa}}=28.87\times10^{-4}\,\text{m}^2=28.87\text{cm}^2$$

查型钢规格表，选 20a 号槽钢，其 $A=28.83\text{cm}^2$，$I_y=1780.4\text{cm}^4$。惯性半径为

$$i_4=\sqrt{\frac{2I_y}{2A}}=\sqrt{\frac{2\times1780.4}{2\times28.83}}\text{cm}=7.86\text{cm}=78.6\text{mm}$$

柔度为

$$\lambda=\frac{\mu l}{i_4}=\frac{1.0\times4000\text{mm}}{78.6\text{mm}}=50.9$$

查表得稳定因数 $\varphi=0.852$。由于 φ 值与假定的 φ_4 相差较大，必须再进行试算。

5）第五次试算。假定 $\varphi_5=(0.815+0.852)/2=0.834$，由稳定条件得

$$A_5=\frac{F}{2\varphi_5[\sigma]}=\frac{800\times10^3\text{N}}{2\times0.834\times170\times10^6\text{Pa}}=28.21\times10^{-4}\text{m}^2=28.21\text{cm}^2$$

查型钢规格表，仍选 20a 槽钢。由上一步，稳定因数 $\varphi=0.852$，这与假定的 φ_5 比较接近，故可选 20a 号槽钢。

6）稳定校核。压杆的工作应力为

$$\sigma=\frac{F}{2A}=\frac{800\times10^3\text{N}}{2\times28.83\times10^{-4}\text{m}^2}=138.7\times10^6\text{Pa}$$

$$=138.7\text{MPa}<\varphi[\sigma]=0.852\times170\text{MPa}=144.8\text{MPa}$$

满足稳定条件，故选 20a 号槽钢。

7）计算两槽钢间的距离 a。查型钢规格表，20a 号槽钢的有关几何参数为

$$A=28.83\text{cm}^2,\ I_y=1780.4\text{cm}^4,\ I_z=128\text{cm}^4$$

题中由两个 20a 号槽钢组成的截面对 y、z 轴的惯性矩分别为

$$I_y=2\times1780.4\text{cm}^4=3560.8\text{cm}^4$$

$$I_z=2\times[128+28.83\times(0.5a+2.01)^2]\text{cm}^4$$

由 $I_y=I_z$ 得

$$a=11.12\text{cm}=111.2\text{mm}$$

习题 9.10 结构如图所示。已知 $F=25\text{kN}$，$\alpha=30°$，$a=1.25\text{m}$，$l=0.55\text{m}$，$d=20\text{mm}$，材料为 Q235 钢，许用应力 $[\sigma]=160\text{MPa}$。试问此结构是否安全（提示：柱按 a 类截面计算）？

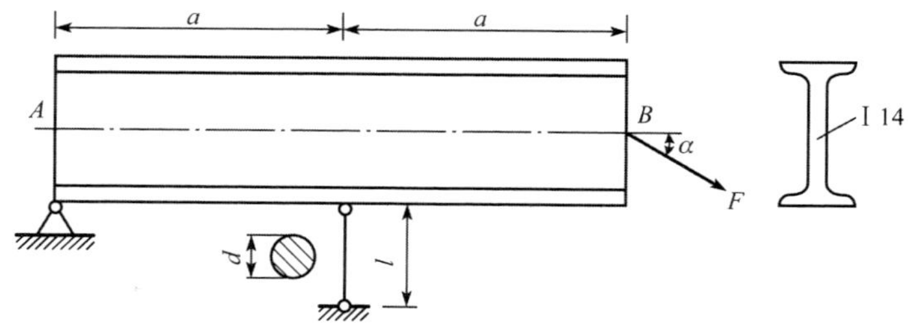

习题 9.10 图

解 1）内力计算。由梁的平衡可得压杆的轴力为

$$F_{N1}=25\text{kN}$$

梁的轴向拉力和最大弯矩分别为

$$F_N=21.65\text{kN},\ M_{max}=15.625\text{kN}\cdot\text{m}$$

2）校核压杆的稳定性。惯性半径为

$$i=\frac{d}{4}=\frac{20\text{mm}}{4}=5\text{mm}$$

柔度为

$$\lambda=\frac{\mu l}{i}=\frac{1.0\times 550\text{mm}}{5\text{mm}}=110$$

查表得稳定因数 $\varphi=0.563$。

压杆的工作应力为

$$\sigma=\frac{F_{N1}}{A}=\frac{4F_{N1}}{\pi d_2}=\frac{4\times 25\times 10^3\text{N}}{\pi\times 20^2\times 10^{-6}\text{m}^2}=79.6\times 10^6\text{Pa}$$

$$=79.6\text{MPa}<\varphi[\sigma]=0.563\times 160\text{MPa}=90.1\text{MPa}$$

满足稳定条件。

3）校核梁的强度。查型钢规格表，14 号工字钢的有关几何参数为

$$A=21.5\text{cm}^2,\ I_y=102\text{cm}^3$$

梁内最大正应力为

$$\sigma_{\max}=\frac{M_{\max}}{W_z}+\frac{F_N}{A}=\frac{15.625\times 10^3\text{N}\cdot\text{m}}{102\times 10^{-6}\text{m}^3}+\frac{21.65\times 10^3\text{N}}{21.5\times 10^{-4}\text{m}^2}$$

$$=(153.19+10.07)\times 10^6\text{Pa}=163.6\text{MPa}>[\sigma]=160\text{MPa}$$

由于

$$\frac{163.6-160}{160}=2.25\%<5\%$$

故该梁满足强度要求。所以结构是安全的。

第十章　动荷载

内容总结

1. 动荷载的概念

动荷载是指随时间变化且这种变化在构件内引起的加速度不能忽略的荷载。

通常遇到的动荷载有如下几类：

1） 作加速运动或匀速转动的系统中构件的惯性力。

2） 冲击荷载或突加荷载。

3） 周期性荷载。

2. 构件作匀加速直线运动时的动应力计算

1） 动荷因数。

$$K_d = 1 + \frac{a}{g}$$

利用动荷因数 K_d 可以将动力计算问题转化为静力计算问题，即只要把静力计算结果乘以动荷因数就可得到所求动力计算结果。但须注意，对于不同类型的动力问题，动荷因数是不相同的。

2） 动荷载作用下构件的强度条件。在动荷载作用下，构件的强度条件为

$$\sigma_{dmax} = K_d \sigma_{stmax} \leqslant [\sigma]$$

或

$$\sigma_{stmax} \leqslant \frac{[\sigma]}{K_d}$$

式中：σ_{stmax}——静荷载引起的应力最大值；

σ_{dmax}——动荷载引起的应力最大值。

3. 构件作匀速转动时的动应力计算

匀速转动圆环的强度条件为

$$\sigma_d = \frac{\gamma}{g} v^2 \leqslant [\sigma]$$

式中：γ——材料的容重；

$v=\dfrac{D}{2}\omega$——圆环中心线上各点的速度。

4. 构件受冲击时的动应力计算

（1）构件受冲击时的应力和变形

1）冲击时的动荷因数。

$$K_d = 1+\sqrt{1+\frac{2h}{\delta_{st}}}$$

式中：h——冲击物的高度；

δ_{st}——构件受静荷载作用时的静变形。

构件受冲击时的应力或变形等于静荷载作用时的静应力或静变形乘以冲击时的动荷因数 K_d。

2）被冲击构件的强度条件。

$$\sigma_{dmax} \leqslant [\sigma]$$

（2）冲击韧度

材料抵抗冲击能力的指标是冲击韧度 α_K，它是材料的一种力学性能，可以通过冲击试验测定。

在有关设计规范中，规定了不同情况下材料应有的冲击韧度，使用时可查阅。

典型例题

例 10.1　以匀加速度 $a=4.9\text{m/s}^2$ 向上提升重 $W=20\text{kN}$ 的重物，吊索的许用应力 $[\sigma]=80\text{MPa}$，试求吊索所需的最小横截面面积（不计吊索的重量）。

分析　这是动荷载的截面设计问题，可由动荷载的强度条件直接计算出吊索所需的最小横截面面积。

解　由强度条件

$$\sigma_{dmax} = K_d\sigma_{stmax} = \left(1+\frac{a}{g}\right)\times\frac{W}{A} \leqslant [\sigma]$$

得

$$A \geqslant \left(1+\frac{a}{g}\right)\times\frac{W}{[\sigma]} = \left(1+\frac{4.9}{9.8}\right)\times\frac{20\times10^3}{80\times10^6} = 375(\text{mm}^2)$$

故吊索所需的最小横截面面积为 375mm^2。

例 10.2　某高速飞轮的平均直径 $D=0.5\text{m}$，材料单位体积重 $\gamma=73\text{kN/m}^3$，许用拉应力 $[\sigma_t]=40\text{MPa}$，飞轮以 $n=500\text{r/min}$ 的转速旋转，试校核其强度。计算时忽略轮辐的影响。

分析　这是构件匀速转动时的强度较核问题，可直接由强度条件进行强度校核。

解　飞轮的角速度为

$$\omega = \frac{2n\pi}{60} = 52.35\text{rad/s}$$

飞轮的动应力为

$$\sigma_{d}=\frac{\gamma D^{2}}{4g}\omega^{2}=\frac{73\times10^{3}\times0.5^{2}}{4\times9.8}\times52.35^{2}=1.28(\text{MPa})<[\sigma_{t}]=40\text{MPa}$$

故飞轮安全。

例 10.3 质量为 m 的重物自高度 h 下落冲击于简支梁上的 C 点（图 10.1）。设梁的弯曲刚度 EI 及弯曲截面系数 W 皆为已知，试求梁内的最大正应力。

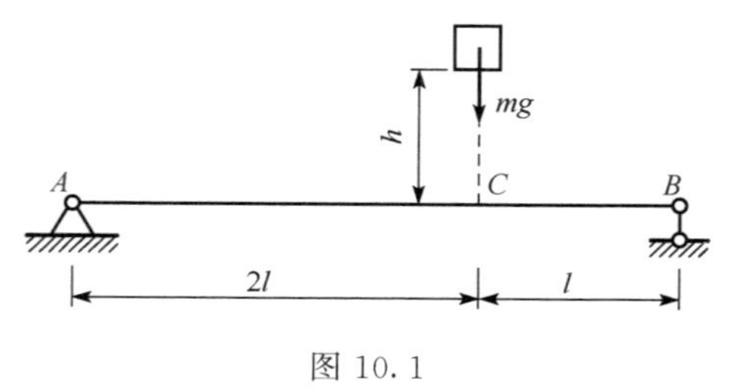

图 10.1

分析 这是构件受冲击时的动应力计算问题，先计算出动荷因数，将静荷载作用下的应力乘以构件受冲击时的动荷因数即为冲击应力。

解 在静荷载作用下，简支梁 C 处的挠度即静变形为

$$\delta_{st}=\frac{4mgl^{3}}{9EI}$$

在静荷载作用下 C 横截面上的弯矩最大，其值为

$$M_{st}=\frac{2mgl}{3}$$

C 横截面上的最大正应力为

$$\sigma_{st}=\frac{M_{st}}{W}$$

动荷因数为

$$K_{d}=1+\sqrt{1+\frac{2h}{\delta_{st}}}$$

梁内的最大冲击应力为

$$\sigma_{d}=K_{d}\sigma_{st}=\frac{K_{d}M_{st}}{W}=\left(1+\sqrt{1+\frac{2h}{\frac{4mgl^{3}}{9EI}}}\right)\frac{2mgl}{3W}=\frac{2mgl}{3W}\left(1+\sqrt{1+\frac{9EIh}{2mgl^{3}}}\right)$$

思考题解答

思考题 10.1 何谓静荷载？何谓动荷载？二者有什么区别？

解 所谓静荷载是指从零缓慢地增加到某一固定值，不再随时间变化（或变化很小）的荷载。所谓动荷载是指随时间变化且这种变化在构件内引起的加速度不能忽略的荷载。二者的区别是静荷载不随时间变化或变化很小以至于这种变化在构件内引起的加速度也很小可以忽略，动荷载随时间变化且这种变化在构件内引起的加速度不能忽略。

思考题 10.2 何谓动荷因数？

解 动荷因数为静力计算结果与动力计算结果之比。对于不同类型的动力问题，动荷因数是不相同的。

思考题 10.3 转动飞轮为什么都要有一定的转速限制？若转速过高，将会产生什么后果？

解　飞轮在转动时会在飞轮内产生动应力，其值为$\sigma_d=\frac{\gamma D^2\omega^2}{4g}$，若转速过高，将会因较大的动应力而引起飞轮的破坏。因此，为保证飞轮安全工作，一定要限制飞轮的转速。

思考题 10.4　冲击动荷因数与哪些因素有关？为什么刚度愈大的杆愈容易被破坏？为什么缓冲弹簧可以承受很大的冲击荷载而不致破坏？

解　冲击动荷因数与动荷载的冲击高度和静变形有关。杆件的刚度愈大，在静荷载作用下的静变形越小，动荷因数就愈大，在杆件内引起的动应力就愈大，所以杆件就愈容易破坏。缓冲弹簧可以增大结构在静荷载作用下的变形，使动荷因数变的较小，因而可以承受很大的冲击荷载而不致破坏。

思考题 10.5　何谓材料的冲击韧度？

解　冲击韧度是材料抵抗冲击能力的指标，可以通过冲击试验测定。

思考题 10.6　冲击应力与哪些因素有关？冲击应力与静荷应力有什么区别？

解　冲击应力与动荷载的冲击高度、静变形、静荷应力有关。冲击应力是构件受冲击时的应力，静荷应力是将冲击物的重力作为静荷载加到构件上时产生的应力。

习题解答

习题 10.1～习题 10.3　构件作匀加速直线运动时的动应力

习题 10.1　桥式起重机以等加速度 $a=4\text{m/s}^2$ 提升一重物。物体重 $W=10\text{kN}$，起重机横梁为 28a 号工字钢，跨长 $l=6\text{m}$。不计横梁和钢丝绳的重量，试求此时钢丝绳所受的拉力及梁的最大正应力。

解　1）求钢丝绳所受的拉力。钢丝绳所受的拉力为

$$F_d=K_dW=\left(1+\frac{a}{g}\right)W$$

$$=\left(1+\frac{4}{9.8}\right)\times 10\text{kN}=14.08\text{kN}$$

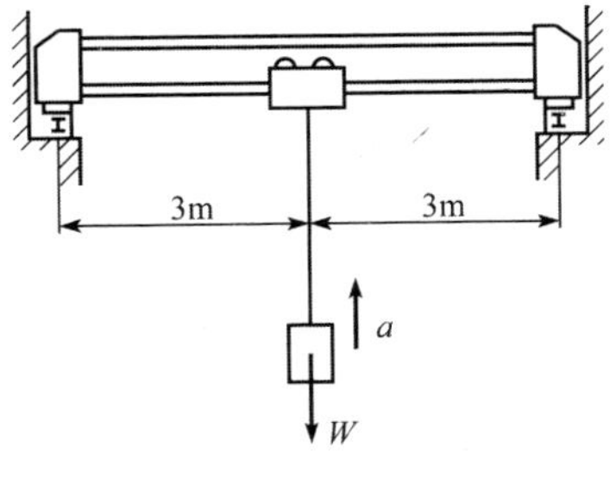

习题 10.1 图

2）求梁的最大正应力。查型钢规格表，28a 号工字钢的弯曲截面系数 $W=508.15\text{cm}^3$。

当吊车位于梁的中点时，在梁内产生最大弯矩 $M_{\text{dmax}}=\frac{F_dl}{4}$，此时梁内产生最大正应力，其值为

$$\sigma_{\text{dmax}}=\frac{M_{\text{dmax}}}{W}=\frac{14.08\times 10^3\text{N}\times 6\text{m}}{4\times 508.15\times 10^{-6}\text{m}^3}=41.56\times 10^6\text{Pa}=41.56\text{MPa}$$

习题 10.2　试求起重机吊索所需的横截面面积 A。已知提升物体重 $W=40\text{kN}$，上升时的最大加速度 $a=5\text{m/s}^2$，绳索的许用拉应力 $[\sigma_t]=80\text{MPa}$。设绳索的质量相对于物体的质量来说很小，可以忽略不计。

解　由强度条件

$$\sigma_{\text{dmax}}=K_d\sigma_{\text{stmax}}=\left(1+\frac{a}{g}\right)\times\frac{W}{A}\leqslant[\sigma_t]$$

得

$$A \geqslant \left(1+\frac{a}{g}\right) \times \frac{W}{[\sigma_t]} = \left(1+\frac{5}{9.8}\right) \times \frac{40 \times 10^3 \mathrm{N}}{80 \times 10^6 \mathrm{Pa}} = 0.755\mathrm{m}^2 = 755\mathrm{mm}^2$$

故吊索所需的最小横截面面积为 $755\mathrm{mm}^2$。

习题 10.3 以匀速度 $v=1\mathrm{m/s}$ 水平运动的重物，在吊索上某一点处受一杆阻碍，使重物像单摆一样运动。已知吊索横截面面积 $A=500\mathrm{mm}^2$，重物重 $W=50\mathrm{kN}$，不计吊索重量，试求此瞬间吊索内的最大动应力。

解 吊索受阻碍后，重物的法向加速度为

$$a = \frac{v^2}{\rho} = \frac{(1\mathrm{m/s})^2}{4\mathrm{m}} = 0.25\mathrm{m/s}^2$$

吊索内的最大动应力为

$$\sigma_{\mathrm{dmax}} = K_{\mathrm{d}}\sigma_{\mathrm{stmax}} = \left(1+\frac{a}{g}\right) \times \frac{W}{A} = \left(1+\frac{0.25}{9.8}\right) \times \frac{50 \times 10^3 \mathrm{N}}{500 \times 10^{-6} \mathrm{m}^2}$$
$$= 102.55 \times 10^5 \mathrm{Pa} = 102.55\mathrm{MPa}$$

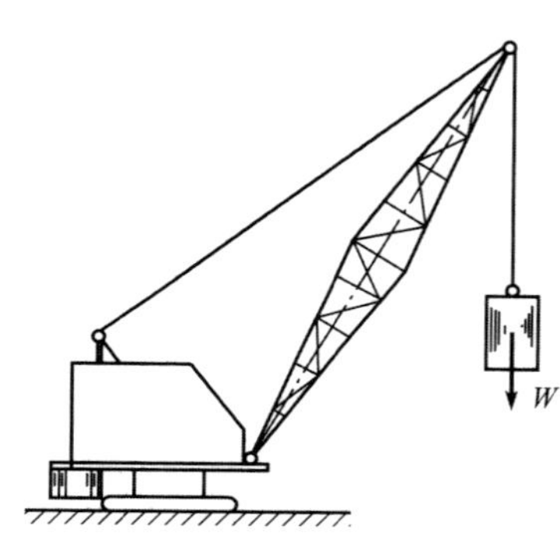

习题 10.2 图

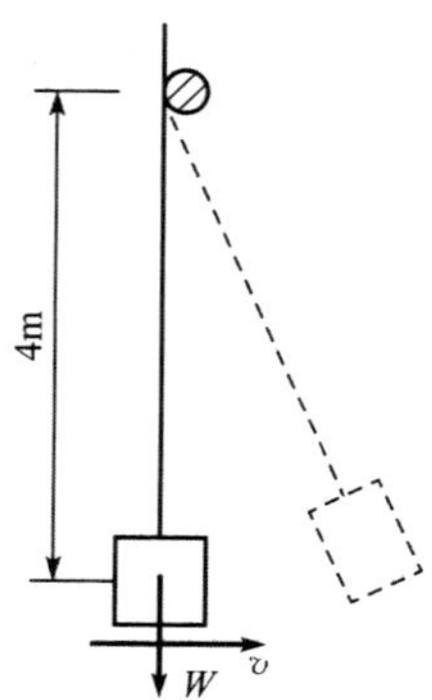

习题 10.3 图

习题 10.4 构件作匀速转动时的动应力

习题 10.4 飞轮轮缘上点的速度 $v=25\mathrm{m/s}$，材料的容重 $\gamma=72.6\mathrm{kN/m}^3$。若不计轮辐的影响，试求轮缘内的最大正应力。

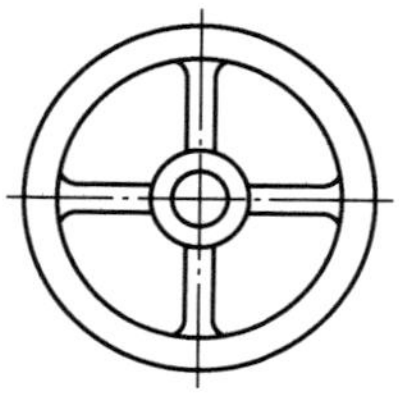

习题 10.4 图

解 轮缘内的最大正应力为

$$\sigma_{\mathrm{d}} = \frac{\gamma}{g}v^2$$
$$= \frac{72.6 \times 10^3 \mathrm{N/m}^3}{9.8\mathrm{m/s}^2} \times (25\mathrm{m/s})^2$$
$$= 4.63 \times 10^6 \mathrm{Pa} = 4.63\mathrm{MPa}$$

习题 10.5～习题 10.7　构件受冲击时的动应力

习题 10.5　外伸梁 AC 由 18 号工字钢制成，一重 $W=2.5\text{kN}$ 的重物从高 $h=40\text{mm}$ 处落于梁 AC 的 C 端。已知梁横截面的惯性矩 $I=1660\times10^{-8}\text{m}^4$，钢的弹性模量 $E=210\text{GPa}$，试求梁在最大变形时的最大正应力（不计梁的质量）。

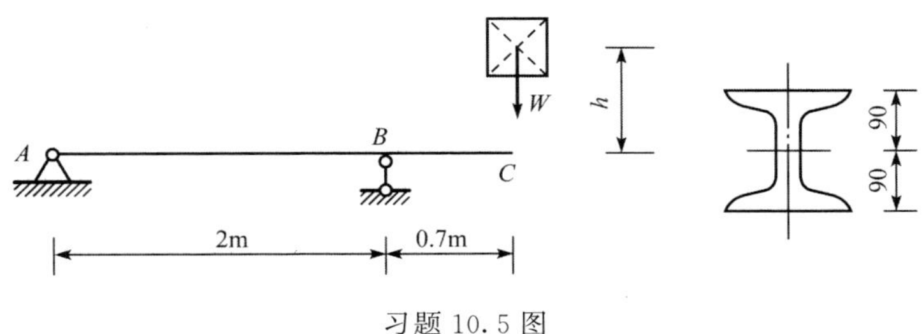

习题 10.5 图

解　由型钢规格表查得，18 号工字钢的 $W_z=185\times10^{-6}\text{m}^3$。在静荷载作用下，$C$ 处的挠度即静变形为

$$\delta_{\text{st}}=\frac{2.5\times10^3\text{N}\times0.7\text{m}}{6\times210\times10^9\text{Pa}\times1660\times10^{-8}\text{m}^4}\times[0.7\text{m}\times(3\times2.7\text{m}-2\text{m})-(0.7\text{m})^2]$$
$$=0.316\times10^{-3}\text{m}$$

在静荷载作用下 B 横截面上的弯矩最大，其值为

$$M_{\text{st}}=2.5\times10^3\text{N}\times0.7\text{m}=1.75\times10^3\text{N}\cdot\text{m}$$

静荷载作用下 B 横截面上的最大正应力为

$$\sigma_{\text{st}}=\frac{M_{\text{st}}}{W_z}$$

动荷因数为

$$K_{\text{d}}=1+\sqrt{1+\frac{2h}{\delta_{\text{st}}}}=1+\sqrt{1+\frac{2\times0.04}{0.316\times10^{-3}}}=16.94$$

梁在最大变形时的最大正应力即梁内的最大冲击应力为

$$\sigma_{\text{d}}=K_{\text{d}}\sigma_{\text{st}}=\frac{K_{\text{d}}M_{\text{st}}}{W_z}=\frac{16.94\times1.75\times10^3\text{N}\cdot\text{m}}{185\times10^{-6}\text{m}^3}$$
$$=160.2\times10^6\text{Pa}=160.2\text{MPa}$$

习题 10.6　一重 $W=1\text{kN}$ 的重物突然作用于长 $l=2\text{m}$ 的悬臂木梁的自由端上。梁的横截面为矩形，其尺寸为 $b=100\text{mm}$，$h=200\text{mm}$。已知材料的弹性模量 $E=11\text{GPa}$，试求梁的最大挠度及最大正应力（不计梁的质量）。

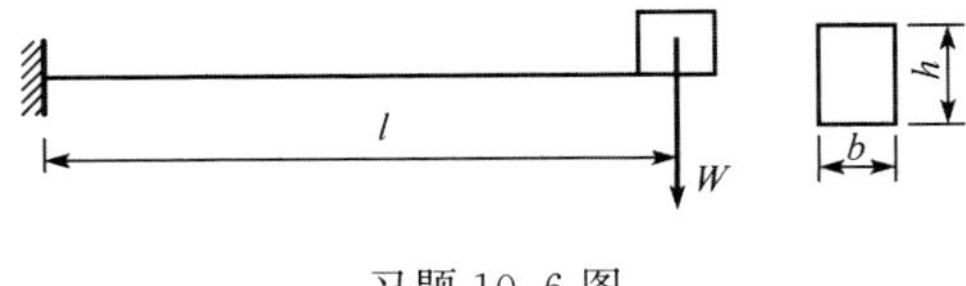

习题 10.6 图

解　在静荷载作用下，自由端的挠度即静变形为

$$\delta_{st} = \frac{Wl^3}{3EI} = \frac{1 \times 10^3 \text{N} \times (2\text{m})^3}{3 \times 11 \times 10^9 \text{Pa} \times \frac{0.1\text{m} \times (0.2\text{m})^3}{12}} = 3.636 \times 10^{-3} \text{m}$$

在静荷载作用下固定端截面上的弯矩最大，其值为

$$M_{st} = 1 \times 10^3 \text{N} \times 2\text{m} = 2 \times 10^3 \text{N} \cdot \text{m}$$

静荷载作用下固定端截面上的最大正应力为

$$\sigma_{st} = \frac{M_{st}}{W_z} = \frac{6M_{st}}{bh^2}$$

动荷因数为

$$K_d = 1 + \sqrt{1 + \frac{2h}{\delta_{st}}} = 1 + \sqrt{1 + \frac{2 \times 0}{3.64 \times 10^{-6}}} = 2$$

梁的最大正应力为

$$\sigma_d = K_d \sigma_{st} = \frac{6K_d M_{st}}{bh^2} = \frac{6 \times 2 \times 2 \times 10^3 \text{N} \cdot \text{m}}{0.1\text{m} \times (0.2\text{m})^2} = 6 \times 10^6 \text{Pa} = 6\text{MPa}$$

梁的最大挠度为

$$\delta_d = K_d \delta_{st} = 2 \times 3.636 \times 10^{-3} \text{m} = 7.27\text{mm}$$

习题 10.7 四根直径 d＝300mm 的木桩刚性地连接在一起而构成桩束，底部打入河底。若桩束在距河底高为 2m 处受到一重 W＝18kN 的冰块的冲击，冰块的流速 v＝0.5m/s，桩束横截面面积的惯性矩 I＝$79.5\times10^8\text{mm}^4$，木材的弹性模量 E＝12GPa，许用应力 $[\sigma]$＝10MPa。设桩束可以简化为下端固定的悬臂梁，试校核该桩束的强度（不计木桩的自重）。

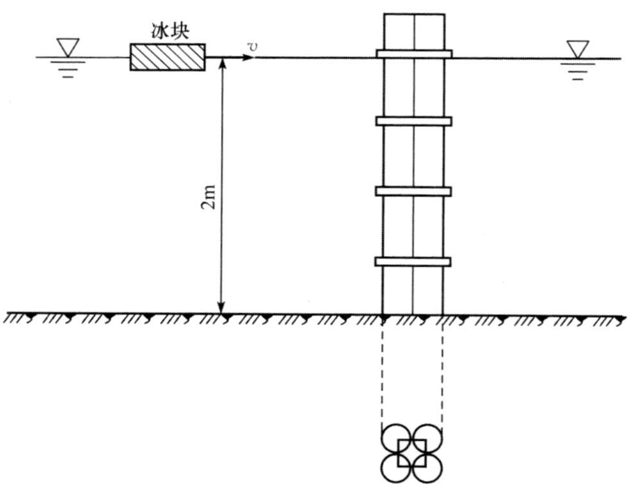

习题 10.7 图

解 在静荷载作用下，自由端的挠度即静变形为

$$\delta_{st} = \frac{Wl^3}{3EI} = \frac{18 \times 10^3 \text{N} \times (2\text{m})^3}{3 \times 12 \times 10^9 \text{Pa} \times 79.5 \times 10^{-4} \text{m}^4} = 0.503 \times 10^{-3} \text{m}$$

在静荷载作用下固定端截面上的弯矩最大，其值为

$$M_{st} = 18 \times 10^3 \text{N} \times 2\text{m} = 36 \times 10^3 \text{N} \cdot \text{m}$$

静荷载作用下固定端截面上的最大正应力为

$$\sigma_{st} = \frac{M_{st} y_{max}}{I} = \frac{M_{st} d}{I}$$

动荷因数为

$$K_d = \sqrt{\frac{v^2}{g\delta_{st}}} = \sqrt{\frac{(0.5\text{m/s})^2}{9.8\text{m/s}^2 \times 0.503 \times 10^{-3}\text{m}}} = 7.12$$

梁的最大正应力为

$$\sigma_d = K_d \sigma_{st} = \frac{7.12 \times 36 \times 10^3 \text{N} \cdot \text{m} \times 0.3\text{m}}{79.5 \times 10^{-4} \text{m}^4}$$

$$= 9.67 \times 10^6 \text{Pa} = 9.67\text{MPa} < [\sigma] = 10\text{MPa}$$

故该桩束满足强度要求。

附录Ⅰ　截面的几何性质

内容总结

1. 静矩和形心

（1）静矩和形心的概念

设有一代表任意截面的平面图形（图Ⅰ.1），其面积为 A，则该平面图形对 x、y 轴的静矩分别为

$$\left.\begin{aligned} S_x &= \int_A y\,\mathrm{d}A \\ S_y &= \int_A x\,\mathrm{d}A \end{aligned}\right\}$$

截面形心 C 坐标的计算公式为

$$\left.\begin{aligned} x_C &= \frac{\int_A x\,\mathrm{d}A}{A} = \frac{S_y}{A} \\ y_C &= \frac{\int_A y\,\mathrm{d}A}{A} = \frac{S_x}{A} \end{aligned}\right\}$$

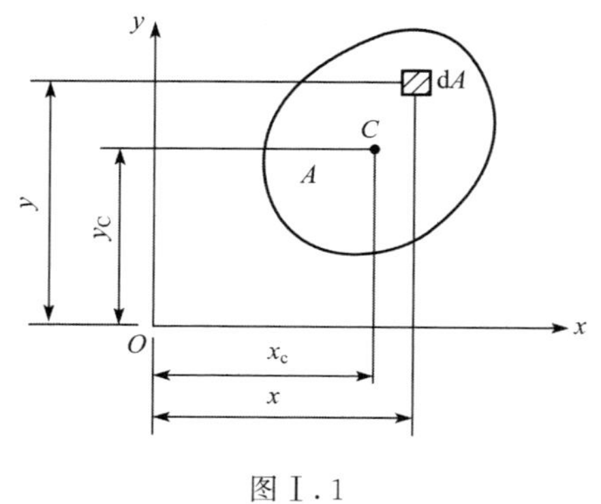

图Ⅰ.1

若截面关于某轴对称，则形心必在该对称轴上；若截面有两个对称轴，则形心必为该两对称轴的交点。在确定形心位置时，利用这个性质，可减少工作量。

若截面对某轴（例如 x 轴）的静矩为零（$S_x=0$），则该轴一定通过此截面的形心（$y_C=0$）。通过截面形心的轴称为截面的形心轴。反之，截面对其形心轴的静矩一定为零。

（2）组合截面的静矩和形心

由若干个简单截面（例如矩形、三角形、半圆形）组成的截面称为组合截面。组合截面对 x、y 轴的静矩分别为

$$\left.\begin{aligned} S_x &= \sum S_{xi} = \sum A_i y_{Ci} \\ S_y &= \sum S_{yi} = \sum A_i x_{Ci} \end{aligned}\right\}$$

组合截面形心坐标的计算公式为

$$\left.\begin{aligned} x_C &= \frac{S_y}{A} = \frac{\sum A_i x_{Ci}}{\sum A_i} \\ y_C &= \frac{S_x}{A} = \frac{\sum A_i y_{Ci}}{\sum A_i} \end{aligned}\right\}$$

2. 惯性矩、惯性半径、极惯性矩和惯性积

（1）惯性矩

设有一代表任意截面的平面图形（图Ⅰ.2），其面积为 A，则该平面图形对 x、y 轴的惯性矩分别为

$$\left.\begin{aligned} I_x &= \int_A y^2 \mathrm{d}A \\ I_y &= \int_A x^2 \mathrm{d}A \end{aligned}\right\}$$

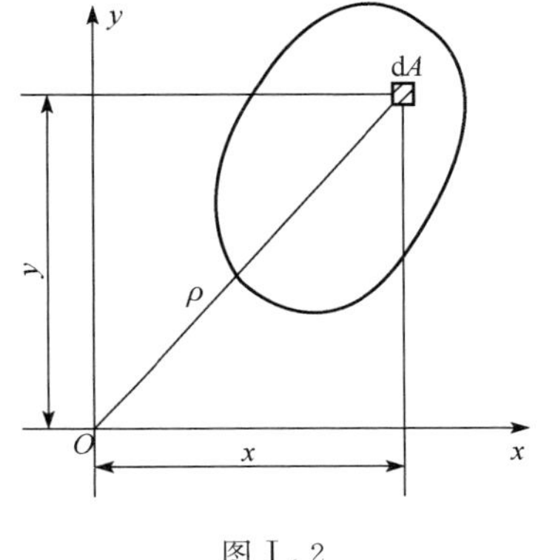

图Ⅰ.2

（2）惯性半径

截面对 x、y 轴的惯性半径分别为

$$\left.\begin{aligned} i_x &= \sqrt{\frac{I_x}{A}} \\ i_y &= \sqrt{\frac{I_y}{A}} \end{aligned}\right\}$$

（3）极惯性矩

截面对坐标原点 O（图Ⅰ.2）的极惯性矩为

$$I_{\mathrm{p}} = \int_A \rho^2 \mathrm{d}A$$

惯性矩与极惯性矩之间有如下关系：

$$I_{\mathrm{p}} = I_x + I_y$$

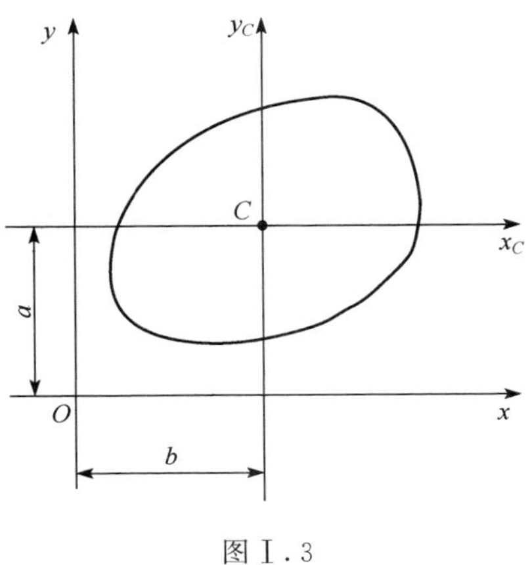

图Ⅰ.3

（4）惯性积

截面对 x、y 两轴（图Ⅰ.2）的惯性积为

$$I_{xy} = \int_A xy \mathrm{d}A$$

若截面具有一个对称轴，则截面对包括该对称轴在内的一对正交轴的惯性积恒等于零。

3. 惯性矩和惯性积的平行移轴公式

图Ⅰ.3 所示截面的面积为 A，x_C、y_C 轴为形心轴，x、y 轴为一对与形心轴平行的正交坐标轴，截面形心 C 在 Oxy 坐标系中的坐标为（b，a），则截面对 x、y 轴的惯性矩、惯性积分别为

$$\left.\begin{aligned} I_x &= I_{x_C} + a^2 A \\ I_y &= I_{y_C} + b^2 A \\ I_{xy} &= I_{x_C y_C} + abA \end{aligned}\right\}$$

式中：I_{x_C}、I_{y_C}、$I_{x_C y_C}$——截面对形心轴的惯性矩和惯性积。

应用平行移轴公式可以计算截面对与形心轴平行的轴之惯性矩和惯性积。

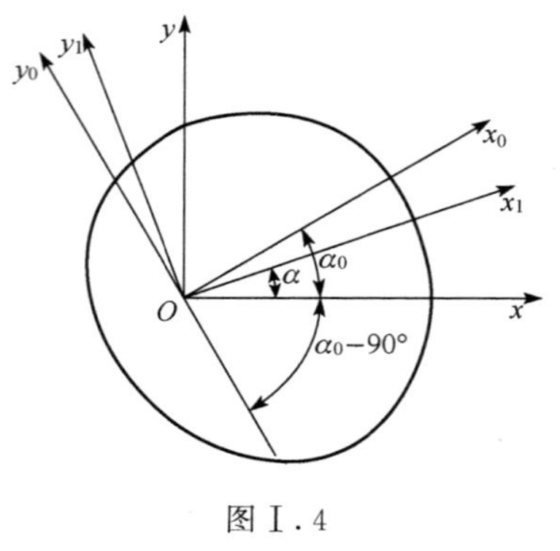

图Ⅰ.4

4. 惯性矩和惯性积的转轴公式

在图Ⅰ.4中，截面面积为A，截面对x_1、y_1轴的惯性矩、惯性积与截面对x、y轴的惯性矩、惯性积之间有如下关系：

$$\left.\begin{aligned} I_{x_1} &= \frac{I_x + I_y}{2} + \frac{I_x - I_y}{2}\cos 2\alpha - I_{xy}\sin 2\alpha \\ I_{y_1} &= \frac{I_x + I_y}{2} - \frac{I_x - I_y}{2}\cos 2\alpha + I_{xy}\sin 2\alpha \\ I_{x_1 y_1} &= \frac{I_x - I_y}{2}\sin 2\alpha + I_{xy}\cos 2\alpha \end{aligned}\right\}$$

且有

$$I_{x_1} + I_{y_1} = I_x + I_y = I_{\mathrm{p}}$$

5. 主惯性轴和主惯性矩

截面对于一对坐标轴的惯性积为零，这一对坐标轴称为主惯性轴，简称主轴。截面对主轴的惯性矩称为主惯性矩，简称主矩。

主惯性轴的位置由下式确定：

$$\tan 2\alpha_0 = -\frac{2I_{xy}}{I_x - I_y}$$

主惯性矩的计算公式为

$$\left.\begin{matrix} I_{x_0} \\ I_{y_0} \end{matrix}\right\} = \frac{I_x + I_y}{2} \pm \frac{1}{2}\sqrt{(I_x - I_y)^2 + 4I_{xy}^2}$$

截面对通过任一点的主惯性轴的惯性矩（即主惯性矩），是截面对通过该点的所有轴的惯性矩中的最大值和最小值。

若限定两个主惯性轴的位置角α_0和$\alpha_0' = \alpha_0 - 90°$为正的或负的锐角（图Ⅰ.4），则当主惯性轴的位置角的符号与截面的惯性积I_{xy}的符号相反时，截面对该主惯性轴的惯性矩为最大（$I_{\max}$）；反之，则为最小（$I_{\min}$）。

6. 形心主惯性轴和形心主惯性矩

（1）形心主惯性轴和形心主惯性矩的概念

通过截面形心的主惯性轴称为形心主惯性轴，简称形心主轴。截面对形心主惯性轴的惯性矩称为形心主惯性矩，简称形心主矩。

若截面具有一个对称轴，则通过形心包括该对称轴在内的一对正交轴为其形心主轴。正多边形和圆形截面的任一形心轴均为其形心主轴。

(2) 组合截面的形心主轴的确定和形心主矩的计算步骤

1) 将组合截面分成若干个简单截面，利用公式确定组合截面的形心位置。

2) 选取与各个简单截面的形心主轴平行的坐标轴 x、y。计算各简单截面对 x、y 轴的惯性矩和惯性积，相加后便得组合截面对 x、y 轴的惯性矩和惯性积。

3) 由形心主轴和形心主矩的公式，确定形心主轴位置和计算形心主矩。

典型例题

例Ⅰ.1 圆弧的半径为 R，其所对的圆心角为 2α（图Ⅰ.5），试求圆弧的形心位置。

分析 以圆心为原点，对称轴为 x 轴建立坐标系 Oxy。因为 x 轴为对称轴，故形心的坐标 $y_C=0$，因此只需用积分形式的形心计算公式计算出形心的坐标 x_C 即可。

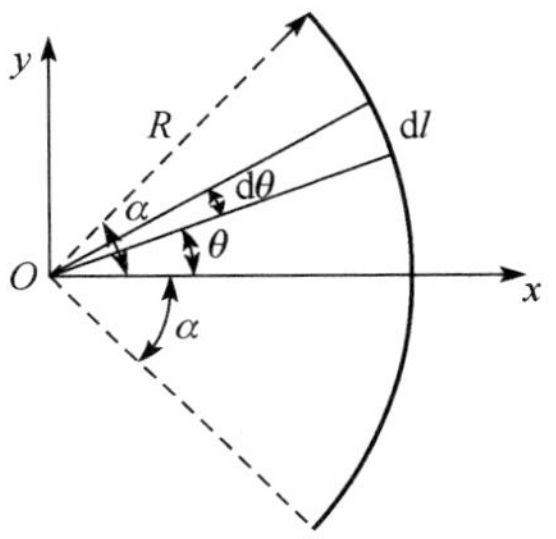

解 在圆弧上取一长 dl 的微元弧，以 $d\theta$ 表示微元弧 dl 所对之圆心角，则有 $x=R\cos\theta$，$dl=Rd\theta$，由形心坐标公式得

$$x_C=\frac{\int_l x\,dl}{l}=\frac{2\int_0^{\alpha}R\cos\theta\cdot Rd\theta}{2\int_0^{\alpha}Rd\theta}=\frac{R\sin\alpha}{\alpha}$$

图Ⅰ.5

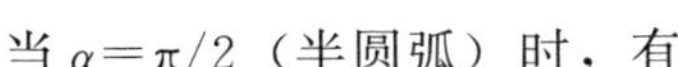

当 $\alpha=\pi/2$（半圆弧）时，有

$$x_C=2R/\pi=0.637R$$

例Ⅰ.2 试求偏心块（图Ⅰ.6）的形心位置。已知 $R=100\text{mm}$、$r=13\text{mm}$、$b=17\text{mm}$。

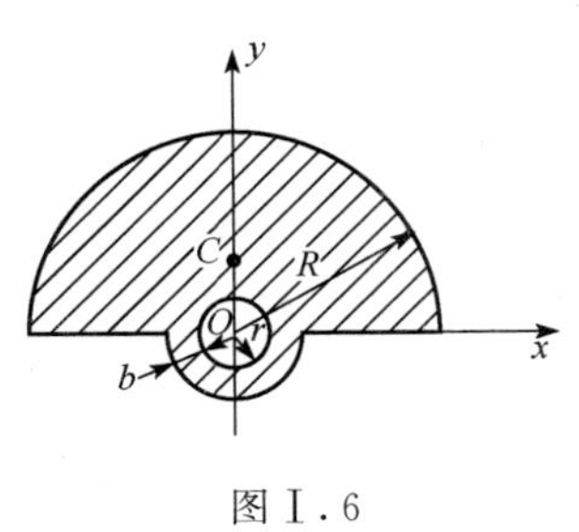

图Ⅰ.6

分析 建立坐标系 Oxy，因为 y 轴为对称轴，形心 C 的坐标 $x_C=0$，只需求 y_C。将偏心块分割成三部分：半径为 R 的半圆，半径为 $(r+b)$ 的半圆以及半径为 r 的小圆。其中小圆是被挖去的部分，它的面积取负值，这种方法叫负面积法。

解 各部分的面积和形心的坐标分别为

$$A_1=\frac{\pi R^2}{2}=5000\pi,\ y_1=\frac{4R}{3\pi}=\frac{400}{3\pi}$$

$$A_2=\frac{\pi(r+b)^2}{2}=450\pi,\ y_2=-\frac{4(r+b)}{3\pi}=-\frac{40}{\pi}$$

$$A_3=-\pi r^2=-169\pi,\ y_3=0$$

故

$$y_C=\frac{\sum y_iA_i}{A}=\frac{y_1A_1+y_2A_2+y_3A_3}{A_1+A_2+A_3}=39\text{mm}$$

例Ⅰ.3 图Ⅰ.7 (a) 所示为一等腰三角形，试求：

1) 该三角形对 x 轴的静矩；

2) 该三角形对 x 轴、x_C 轴（过形心的水平轴）、y 轴的惯性矩 I_x、I_{xC}、I_y，极惯性矩 I_p 和惯性积 I_{xy}。

分析　用积分法求出三角形对 x 轴的静矩 S_x 和惯性矩 I_x 后，利用求得的 I_x 公式来计算 I_y，利用平行移轴公式计算 I_{x_C}；再根据求得的 I_x、I_y，利用公式 $I_p = I_x + I_y$ 计算 I_p；最后由于 y 轴为对称轴，可知 $I_{xy}=0$。

解　1）求静矩 S_x。取与 x 轴平行的狭长条［图Ⅰ.7（a）中阴影部分］为微面积，则 $\mathrm{d}A = b(y)\mathrm{d}y$。由相似三角形关系知，$b(y) = \dfrac{b}{h}(h-y)$，故有 $\mathrm{d}A = \dfrac{b}{h}(h-y)\mathrm{d}y$。因此，三角形对 x 轴的静矩为

$$S_x = \int_A y\mathrm{d}A = \int_0^h y\frac{b}{h}(h-y)\mathrm{d}y = b\int_0^h y\mathrm{d}y - \frac{b}{h}\int_0^h y^2\mathrm{d}y = \frac{bh^2}{6}$$

2）求惯性矩 I_x。取与 x 轴平行的狭长条［图Ⅰ.7（a）中阴影部分］为微面积，则有

$$I_x = \int_A y^2\mathrm{d}A = \int_0^h y^2\frac{b}{h}(h-y)\mathrm{d}y = b\int_0^h y^2\mathrm{d}y - \frac{b}{h}\int_0^h y^3\mathrm{d}y$$

$$= \frac{bh^3}{3} - \frac{bh^3}{4} = \frac{bh^3}{12}$$

3）求惯性矩 I_{x_C}。根据惯性矩的平行移轴公式得

$$I_{x_C} = I_x - \frac{bh}{2}\times\left(\frac{h}{3}\right)^2 = \frac{bh^3}{12} - \frac{bh^3}{18} = \frac{bh^3}{36}$$

4）求惯性矩 I_y。利用上面求得的 I_x 公式来计算 I_y。如图Ⅰ.7（b）所示，整个等腰三角形对 y 轴的惯性矩 I_y 等于两个相同的直角三角形Ⅰ和Ⅱ分别对 y 轴的惯性矩之和，故

$$I_y = 2\times\frac{h\left(\dfrac{b}{2}\right)^3}{12} = \frac{hb^3}{48}$$

5）求极惯性矩 I_p。由极惯性矩和轴惯性矩的关系得

$$I_p = I_x + I_y = \frac{bh^3}{12} + \frac{hb^3}{48} = \frac{hb(4h^2+b^2)}{48}$$

6）求惯性积 I_{xy}。由于 y 轴为对称轴，故 $I_{xy}=0$。

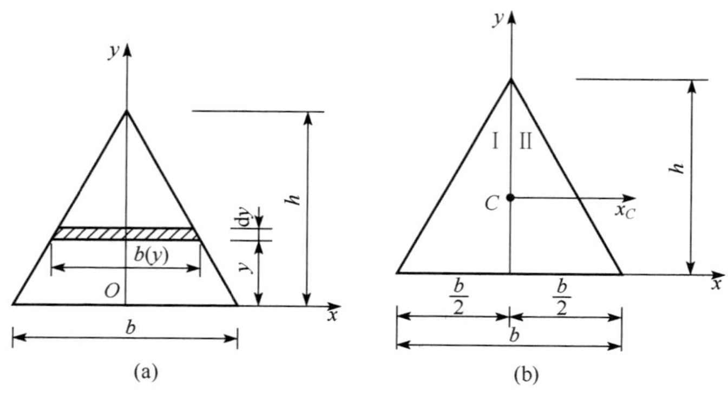

图Ⅰ.7

例Ⅰ.4　试求图Ⅰ.8所示组合截面对其形心轴 x 的惯性矩 I_x。

分析　利用组合截面的形心坐标计算公式计算出形心 C 的位置后，再利用圆截面对其形心轴的惯性矩计算公式和平行移轴公式计算组合截面对其形心轴 x 的惯性矩 I_x。

解 1）求形心 C 的位置。取对称轴为 y 轴，截面的形心应在此轴上。为了确定形心的位置，取垂直于 y 轴的 x_0 轴为参考轴，将截面分为Ⅰ、Ⅱ、Ⅲ三个圆形，则三个圆形的面积和形心坐标分别为

$$A_1 = A_2 = A_3 = A = \frac{\pi d^2}{4}$$

$$y_1 = \frac{\sqrt{3}}{2}d,\ y_2 = y_3 = 0$$

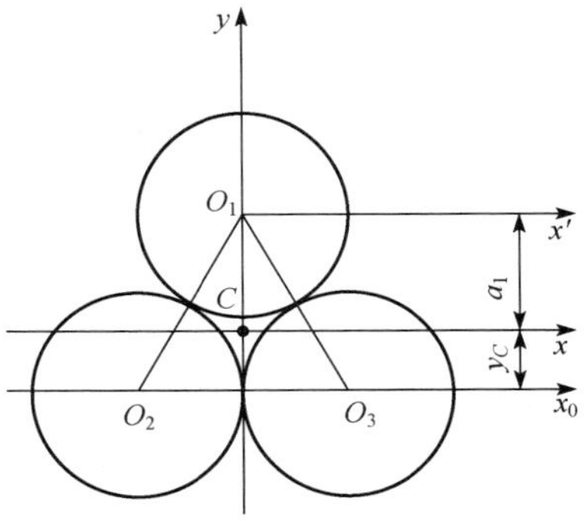

组合截面形心 C 的坐标为

$$y_C = \frac{A_1 y_1 + 2A_2 y_2}{A_1 + 2A_2} = \frac{A \times \frac{\sqrt{3}}{2}d}{3A} = \frac{\sqrt{3}}{6}d$$

图Ⅰ.8

2）求惯性矩 I_x。在图Ⅰ.8中，两轴间的距离 a_1 为

$$a_1 = y_1 - y_C = \frac{\sqrt{3}}{2}d - \frac{\sqrt{3}}{6}d = \frac{\sqrt{3}}{3}d$$

由平行移轴公式得

$$I_x = \frac{\pi d^4}{64} + \frac{\pi d^4}{4}\left(\frac{\sqrt{3}}{3}d\right)^2 + 2 \times \left[\frac{\pi d^4}{64} + \left(\frac{\sqrt{3}}{6}d\right)^2 \times \frac{\pi d^2}{4}\right] = \frac{11\pi d^4}{64}$$

例Ⅰ.5 试求图Ⅰ.9所示矩形截面对 x_0 轴的惯性矩 I_{x_0}。

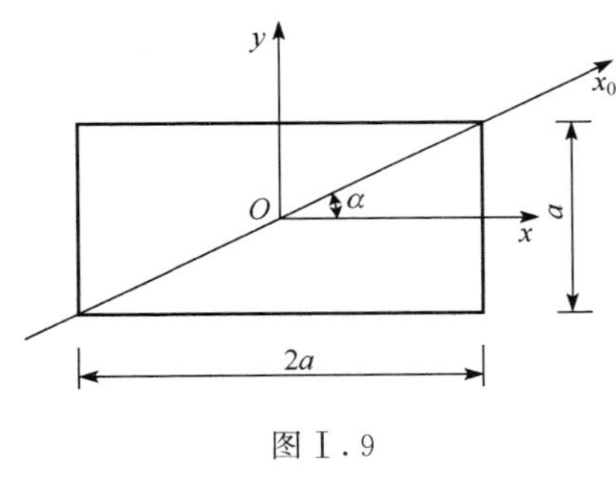

图Ⅰ.9

分析 先计算矩形截面对 x 轴、y 轴的惯性积和惯性矩，然后利用惯性矩和惯性积的转轴公式计算截面对 x_0 轴的惯性矩 I_{x_0}。

解 建立坐标系 Oxy。因 $\cos\alpha = \frac{2}{\sqrt{5}}$，故 $\cos 2\alpha = 2\cos^2\alpha - 1 = \frac{3}{5}$。矩形截面对 x 轴、y 轴的惯性积和惯性矩分别为

$$I_{xy} = 0,\ I_x = \frac{2a \times a^3}{12} = \frac{a^4}{6},\ I_y = \frac{a \times (2a)^3}{12} = \frac{2a^4}{3}$$

由转轴公式，矩形截面对 x_0 轴的惯性矩为

$$I_{x_0} = \frac{I_x + I_y}{2} + \frac{I_x - I_y}{2}\cos 2\alpha + 0 = \frac{1}{2} \times \left(\frac{1}{6} + \frac{2}{3}\right)a^4 + \frac{1}{2} \times \left(\frac{1}{6} - \frac{2}{3}\right)a^4 \times \frac{3}{5} = \frac{4}{15}a^4$$

例Ⅰ.6 试求图Ⅰ.10所示截面的形心主轴的位置和形心主惯性矩的数值。

分析 确定截面的形心位置后，先计算截面对形心轴 x、y 的惯性矩和惯性积，然后利用公式确定主惯性轴的位置和计算主惯性矩。

解 1）求截面形心 C 的位置。将截面看作由Ⅰ、Ⅱ、Ⅲ三个矩形组成的组合截面（图Ⅰ.10），由图知，组合截面关于矩形Ⅱ的形心 C 对称，故 C 点即为整个组合截面的形心。

2）求截面对形心轴 x、y 的惯性矩和惯性积。在图Ⅰ.10中，$a_1 = 90\text{mm}$，$a_3 = -90\text{mm}$，$b_1 = -50\text{mm}$，$b_3 = 50\text{mm}$。由平行移轴公式，得

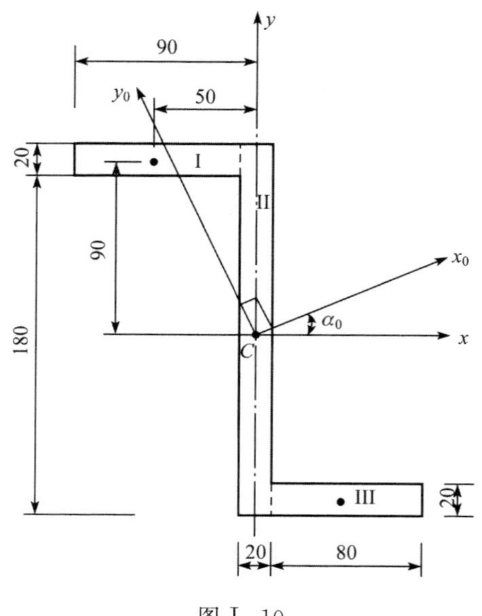

图 I.10

$$I_x = \left[\frac{1}{12}\times 20\times 200^3 + 2\left(\frac{80\times 20^3}{12} + 90^2\times 80\times 20\right)\right]\mathrm{mm}^4 = 3936\times 10^4\,\mathrm{mm}^4$$

$$I_y = \left[\frac{1}{12}\times 200\times 20^3 + 2\left(\frac{1}{12}\times 20\times 80^3 + 50^2\times 80\times 20\right)\right]\mathrm{mm}^4 = 984\times 10^4\,\mathrm{mm}^4$$

$$I_{xy} = [90\times(-50)\times 20\times 80 + (-90)\times 50\times 20\times 80]\mathrm{mm}^4 = -1440\times 10^4\,\mathrm{mm}^4$$

3）求形心主惯性轴的位置和形心主惯性矩。由公式可求得形心主轴 x_0 的位置为

$$\tan 2\alpha_0 = -\frac{2I_{xy}}{I_x - I_y} = -\frac{2\times(-1440)\times 10^4\,\mathrm{mm}^4}{(3936-984)\times 10^4\,\mathrm{mm}^4} = 0.976$$

故

$$2\alpha_0 = 44.2^\circ \quad \text{或} \quad \alpha_0 = 22.1^\circ$$

另一形心主轴 y_0 与 x_0 轴垂直，如图 I.10 所示。

因 α_0 与 I_{xy} 的符号相反，故截面对形心主轴 x_0 的形心主矩最大，对形心主轴 y_0 的形心主矩最小。由公式可求得

$$I_{\max} = I_{x_0} = \frac{I_x + I_y}{2} + \frac{1}{2}\sqrt{(I_x - I_y)^2 + 4I_{xy}^2} = 4522\times 10^4\,\mathrm{mm}^4$$

$$I_{\min} = I_{y_0} = \frac{I_x + I_y}{2} - \frac{1}{2}\sqrt{(I_x - I_y)^2 + 4I_{xy}^2} = 398\times 10^4\,\mathrm{mm}^4$$

思考题解答

思考题 I.1 静矩、惯性矩、惯性积、极惯性矩是如何定义的？

解 面积为 A 的平面图形对 x、y 轴的静矩分别为

$$S_x = \int_A y\,\mathrm{d}A,\ S_y = \int_A x\,\mathrm{d}A$$

对 x、y 轴的惯性矩分别为

$$I_x=\int_A y^2\mathrm{d}A,\ I_y=\int_A x^2\mathrm{d}A$$

对 x、y 两轴的惯性积为

$$I_{xy}=\int_A xy\mathrm{d}A$$

对坐标原点的极惯性矩为

$$I_{\mathrm{p}}=\int_A \rho^2\mathrm{d}A$$

思考题Ⅰ.2　图示矩形截面中，x_1、y_1 与 x_2、y_2 为两对互相平行的坐标轴。试问截面对 x_1、y_1 轴的静矩与截面对 x_2、y_2 轴的静矩之间有何关系？截面对 x_1、y_1 轴的惯性矩与截面对 x_2、y_2 轴的惯性矩之间有何关系？截面对 x_1、y_1 轴的惯性积与截面对 x_2、y_2 轴的惯性积之间有何关系？

解　截面对 x_1、y_1 轴的静矩 S_{x1}、S_{y1} 与截面对 x_2、y_2 轴的静矩 S_{x2}、S_{y2} 的关系为

$$S_{x1}=-S_{x2},\ S_{y1}=-S_{y2}$$

截面对 x_1、y_1 轴的惯性矩与截面对 x_2、y_2 轴的惯性矩相等。

截面对 x_1、y_1 轴的惯性积与截面对 x_2、y_2 轴的惯性积相等。

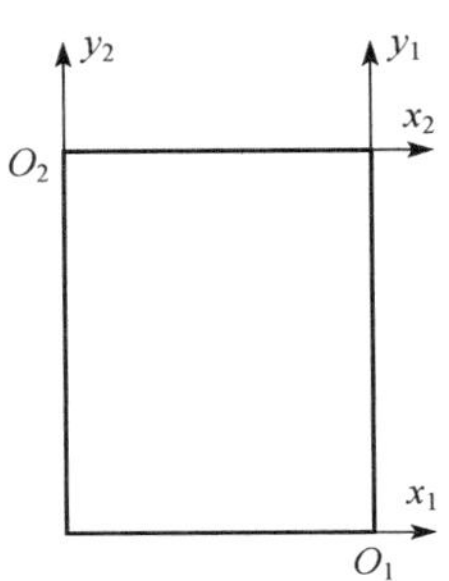

思考题Ⅰ.2 图

思考题Ⅰ.3　静矩与形心坐标之间有什么关系？静矩为零的条件是什么？

解　截面的形心坐标与静矩间的关系为

$$S_x=Ay_C,\ S_y=Ax_C$$

静矩为零的条件是该轴通过此截面的形心。

思考题Ⅰ.4　如何求组合截面的形心？

解　首先将组合截面分成若干个简单的截面，分别计算各个简单截面的面积和在选定坐标系中形心的坐标，然后由公式

$$x_C=\frac{S_y}{A}=\frac{\sum A_i x_{Ci}}{\sum A_i},\ y_C=\frac{S_x}{A}=\frac{\sum A_i y_{Ci}}{\sum A_i}$$

计算组合截面的形心坐标。

思考题Ⅰ.5　为什么当截面具有一个对称轴时，截面对包括该对称轴在内的一对正交轴的惯性积等于零？

解　因为若正交的 x、y 轴中有一个为对称轴，那么积分 $\int_A xy\mathrm{d}A$ 就等于零，即截面对 x、y 轴的惯性积等于零。

思考题Ⅰ.6　平行移轴公式中的两组坐标轴是任意两组互相平行的坐标轴吗？

解　平行移轴公式中的两组坐标轴不能是任意两组互相平行的坐标轴，其中一组必为形心坐标轴。

思考题Ⅰ.7　已知图示三角形截面对 x_C 轴的惯性矩 $I_{x_C}=\dfrac{bh^3}{36}$，如果 x、x_1 分别与 x_C 轴

平行，那末截面对 x 轴的惯性矩 $I_x=I_{x_C}+\left(\frac{h}{3}\right)^2\times\frac{bh}{2}=\frac{bh^3}{12}$，对吗？截面对 x_1 轴的惯性矩 $I_{x_1}=I_x+h^2\times\frac{bh}{2}=\frac{7bh^3}{12}$，对吗？为什么？

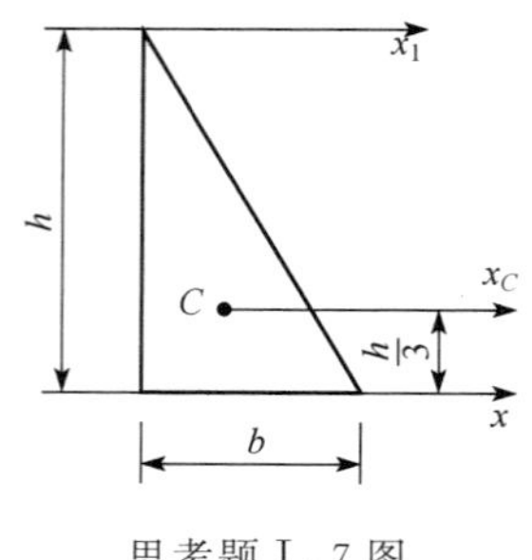

思考题Ⅰ.7图

解　$I_x=I_{x_C}+\left(\frac{h}{3}\right)^2\times\frac{bh}{2}=\frac{bh^3}{12}$是正确的。

$I_{x_1}=I_x+h^2\times\frac{bh}{2}=\frac{7bh^3}{12}$是错误的，因为 x 轴不是形心轴，应为

$I_{x_1}=I_{x_C}+\left(\frac{2h}{3}\right)^2\times\frac{bh}{2}=\frac{bh^3}{4}$。

思考题Ⅰ.8　如何求组合截面的惯性矩和惯性积？

解　求组合截面的惯性矩和惯性积的步骤如下：

1）将组合截面分成若干个简单截面，确定各个简单截面的形心位置，并计算出各个简单截面的形心距坐标轴的距离；

2）应用平行移轴公式计算各个简单截面对坐标轴的惯性矩和惯性积；

3）将各个简单截面对坐标轴的惯性矩和惯性积相加即得到组合截面的惯性矩和惯性积。

思考题Ⅰ.9　如何求组合截面的形心主惯性轴和形心主惯性矩？

解　求组合截面的形心主惯性轴和形心主惯性矩的步骤如下：

1）将组合截面分成若干个简单截面，利用公式确定组合截面的形心位置；

2）选取与各个简单截面的形心主轴平行的坐标轴 x、y。计算各简单截面对 x、y 轴的惯性矩和惯性积，相加后便得组合截面对 x、y 轴的惯性矩和惯性积；

3）由公式确定形心主惯性轴位置和计算形心主惯性矩。

思考题Ⅰ.10　试大致绘出图示各截面的形心主惯性轴。

思考题Ⅰ.10图

解　各截面的形心主惯性轴如思考题Ⅰ.10题解图所示。

思考题Ⅰ.11　在型钢规格表中，对于不等边角钢给出了最小形心主惯性矩 I_u，能根据表中提供的数据求出最大形心主惯性矩吗？另外，表中给出了截面对形心轴 x、y 的惯性矩 I_x 和 I_y，能根据表中提供的数据求出惯性积 I_{xy} 吗？

解 由表中提供的截面对形心轴 x、y 的惯性矩 I_x、I_y 和最小形心主惯性矩 I_u，由公式 $I_x+I_y=I_{\max}+I_u$，可求得最大形心主惯性矩 $I_{\max}=I_x+I_y-I_u$；再根据表中提供的形心轴 x、y 与 u 轴的夹角，由转轴公式可以求得惯性积 I_{xy}。

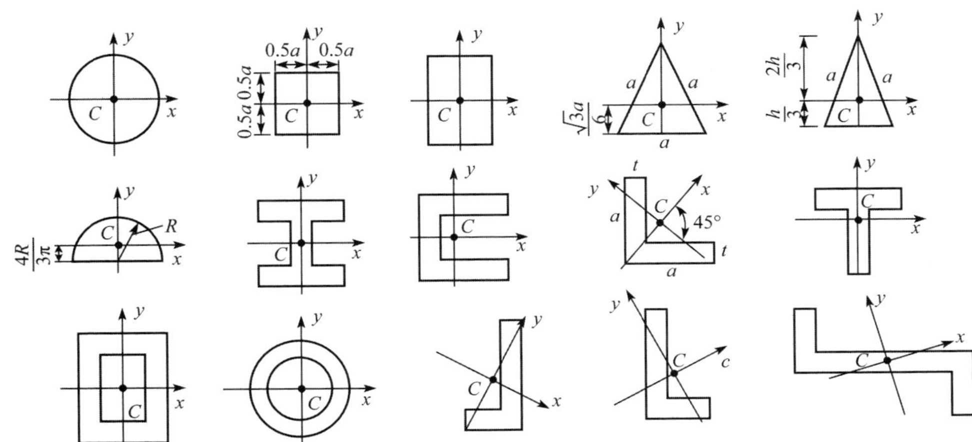

思考题Ⅰ.10题解图

习题解答

习题Ⅰ.1～习题Ⅰ.4 形心和静矩

习题Ⅰ.1 试求图示各截面的阴影线面积对 x 轴的静矩 S_x。

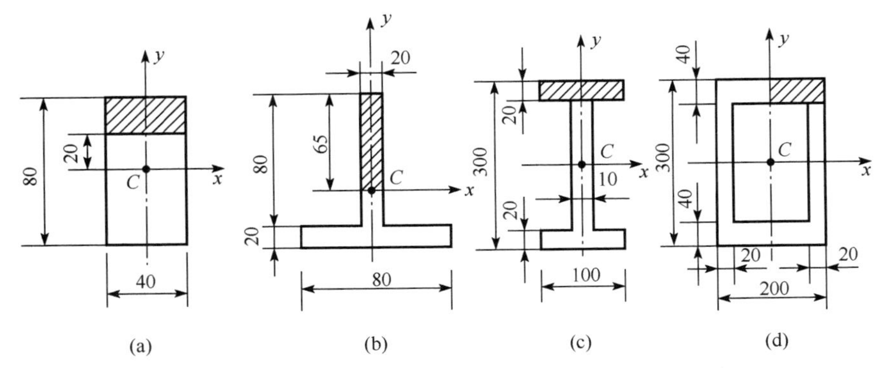

习题Ⅰ.1图

解 静矩分别为

题（a）：$$S_x=20\text{mm}\times40\text{mm}\times30\text{mm}=24000\text{mm}^3$$

题（b）：$$S_x=20\text{mm}\times65\text{mm}\times32.5\text{mm}=42250\text{mm}^3$$

题（c）：$$S_x=20\text{mm}\times100\text{mm}\times140\text{mm}=280000\text{mm}^3$$

题（d）：$$S_x=40\text{mm}\times100\text{mm}\times130\text{mm}=520000\text{mm}^3$$

习题Ⅰ.2 图示曲线 OB 为一抛物线，其方程为 $y=\frac{b}{a^2}x^2$，试求平面图形 OAB 的形心坐标 x_C 和 y_C。

解 取与 y 轴平行的狭条［习题Ⅰ.2 题解图中阴影部分］为微面积 $\mathrm{d}A$，则 $\mathrm{d}A=y\mathrm{d}x$，微面积 $\mathrm{d}A$ 的形心坐标为 x 和 $\frac{y}{2}$。于是，平面图形 OAB 的形心坐标为

$$x_C=\frac{\int_A x\mathrm{d}A}{\int_A \mathrm{d}A}=\frac{\int_0^a xy\mathrm{d}x}{\int_0^a y\mathrm{d}x}=\frac{\int_0^a x\frac{b}{a^2}x^2\mathrm{d}x}{\int_0^a \frac{b}{a^2}x^2\mathrm{d}x}=\frac{\frac{a^2b}{4}}{\frac{ab}{3}}=\frac{3}{4}a$$

$$y_C=\frac{\int_A \frac{y}{2}\mathrm{d}A}{\int_A \mathrm{d}A}=\frac{\int_0^a \frac{y^2}{2}\mathrm{d}x}{\int_0^a y\mathrm{d}x}=\frac{\frac{1}{2}\int_0^a \frac{b^2}{a^4}x^4\mathrm{d}x}{\int_0^a \frac{b}{a^2}x^2\mathrm{d}x}=\frac{\frac{ab^2}{10}}{\frac{ab}{3}}=\frac{3}{10}b$$

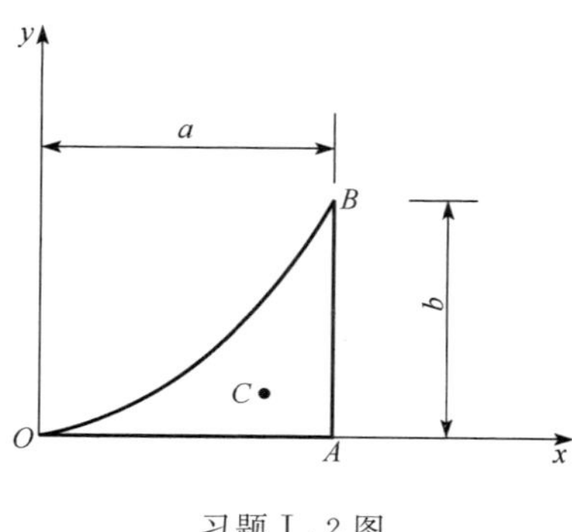

习题Ⅰ.2 图

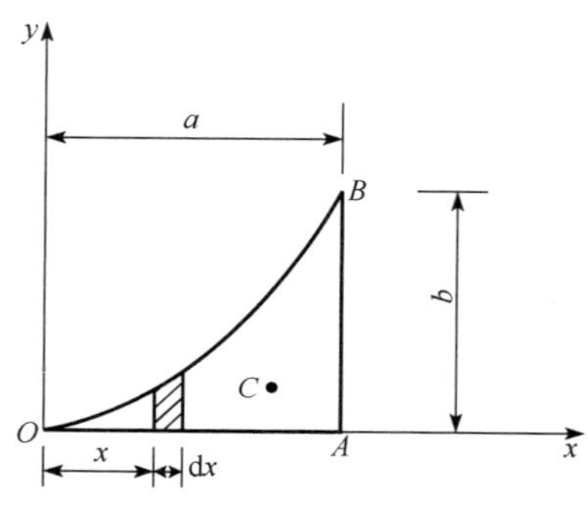

习题Ⅰ.2 题解图

习题Ⅰ.3 试求图示半径为 R 的半圆形的形心坐标 y_C。

解 取距 x 轴为 y 处与 x 轴平行的狭长条［习题Ⅰ.3 题解图中阴影部分］作为微面积 $\mathrm{d}A$，则 $\mathrm{d}A=2\sqrt{R^2-y^2}\mathrm{d}y$。半圆形对其直径 x 轴的静矩为

$$S_x=\int_A y\mathrm{d}A=\int_0^R y\left(2\sqrt{R^2-y^2}\right)\mathrm{d}y=2\int_0^R y\sqrt{R^2-y^2}\mathrm{d}y=-\frac{2}{3}(R^2-y_2)^{\frac{3}{2}}\Big|_0^R=\frac{2}{3}R^3$$

半圆形的形心坐标 y_C 为

$$y_C=\frac{S_x}{A}=\frac{\frac{2}{3}R^3}{\frac{1}{2}\pi R^2}=\frac{4R}{3\pi}$$

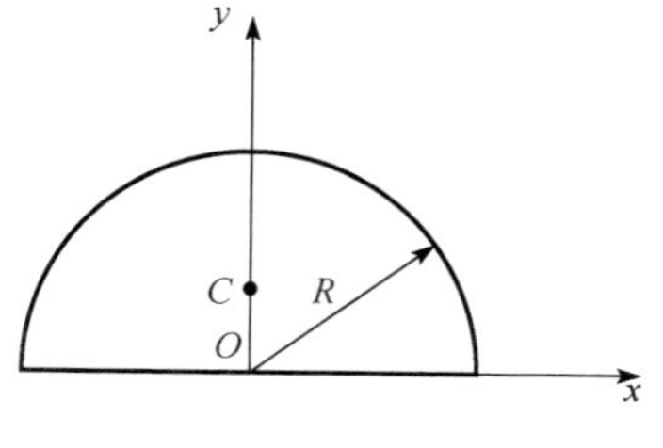

习题Ⅰ.3 图

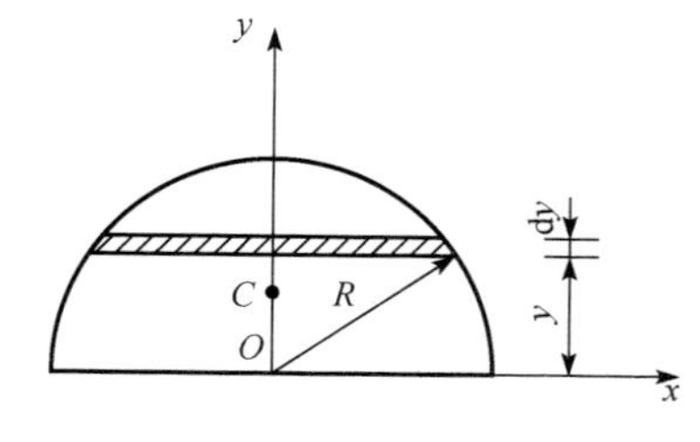

习题Ⅰ.3 题解图

习题Ⅰ.4 试求图示各截面的形心位置。

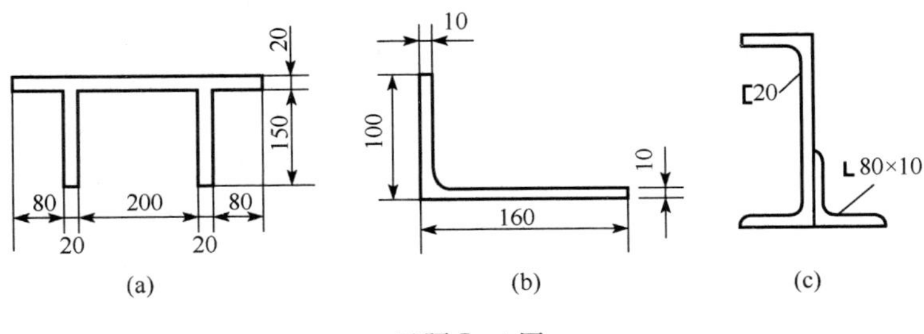

习题Ⅰ.4 图

解 （1）题（a）解

将截面看作由Ⅰ、Ⅱ、Ⅲ三个矩形组成的组合截面。建立图示坐标系 Oxy，截面关于 y 轴对称，故 $x_C=0$，只需求 y_C。各矩形的面积和形心坐标分别为

矩形Ⅰ： $A_1=8000\text{mm}^2$， $y_1=160\text{mm}$

矩形Ⅱ： $A_2=3000\text{mm}^2$， $y_2=75\text{mm}$

矩形Ⅲ： $A_3=3000\text{mm}^2$， $y_3=75\text{mm}$

形心 C 的坐标为

$$y_C=\frac{A_1y_1+A_2y_2+A_3y_3}{A_1+A_2+A_3}=\frac{8000\text{mm}^2\times160\text{mm}+2\times3000\text{mm}^2\times75\text{mm}}{8000\text{mm}^2+2\times3000\text{mm}^2}=123.6\text{mm}$$

（2）题（b）解

将截面看作由Ⅰ、Ⅱ两个矩形组成的组合截面。建立图示坐标系 Oxy，各矩形的面积和形心坐标分别为

矩形Ⅰ： $A_1=1000\text{mm}^2$， $x_1=5\text{mm}$， $y_1=50\text{mm}$

矩形Ⅱ： $A_2=1500\text{mm}^2$， $x_2=85\text{mm}$， $y_2=5\text{mm}$

形心 C 的坐标为

$$x_C=\frac{A_1x_1+A_2x_2}{A_1+A_2}=\frac{1000\text{mm}^2\times5\text{mm}+1500\text{mm}^2\times85\text{mm}}{1000\text{mm}^2+1500\text{mm}^2}=53\text{mm}$$

$$y_C=\frac{A_1y_1+A_2y_2}{A_1+A_2}=\frac{1000\text{mm}^2\times50\text{mm}+1500\text{mm}^2\times5\text{mm}}{1000\text{mm}^2+1500\text{mm}^2}=23\text{mm}$$

（3）题（c）解

将截面看作由槽钢和等边角钢组成的组合截面。建立图示坐标系 Oxy，槽钢和等边角钢的面积和形心坐标分别为

槽钢： $A_1=3283\text{mm}^2$， $x_1=-19.5\text{mm}$， $y_1=100\text{mm}$

角钢： $A_2=1512.6\text{mm}^2$， $x_2=23.5\text{mm}$， $y_2=23.5\text{mm}$

形心 C 的坐标为

$$x_C=\frac{A_1x_1+A_2x_2}{A_1+A_2}=\frac{3283\text{mm}^2\times(-19.5)\text{mm}+1512.6\text{mm}^2\times23.5\text{mm}}{3283\text{mm}^2+1512.6\text{mm}^2}=-5.9\text{mm}$$

$$y_C=\frac{A_1y_1+A_2y_2}{A_1+A_2}=\frac{3283\text{mm}^2\times100\text{mm}+1512.6\text{mm}^2\times23.5\text{mm}}{3283\text{mm}^2+1512.6\text{mm}^2}=75.9\text{mm}$$

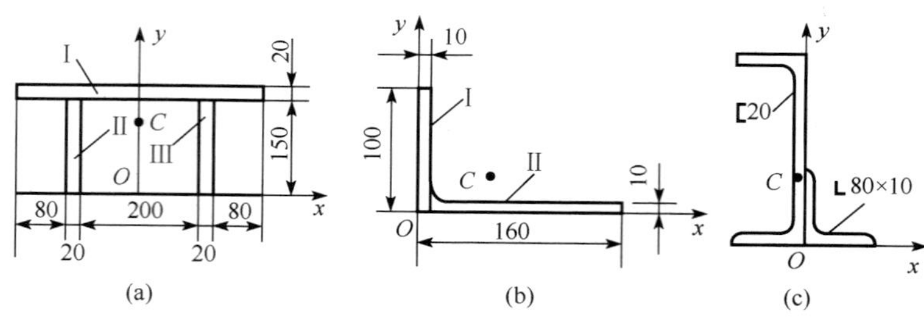

习题Ⅰ.4题解图

习题Ⅰ.5～习题Ⅰ.11　惯性矩和惯性积

习题Ⅰ.5　图示直径 $D=200\text{mm}$ 的圆形截面，在其上、下对称地切去两个高 $\delta=20\text{mm}$ 的弓形，试求余下阴影线部分对其对称轴 x 的惯性矩 I_x。

解　取与 x 轴平行的狭长条［习题Ⅰ.5题解图中阴影部分］为微面积 $\mathrm{d}A$，则 $\mathrm{d}A=2\sqrt{R^2-y^2}\,\mathrm{d}y$。截面对 x 轴的惯性矩为

$$I_x=\int_A y^2\mathrm{d}A=2\int_0^{R-\delta}y^2\left(2\sqrt{R^2-y^2}\right)\mathrm{d}y=4\int_0^{R-\delta}y^2\sqrt{R^2-y^2}\,\mathrm{d}y$$

$$=4\left\{-\frac{y}{4}\sqrt{(R^2-y^2)^3}+\frac{R^2}{8}\left[y\sqrt{R^2-y^2}+R^2\sin^{-1}\frac{y}{R}\right]\right\}\Bigg|_0^{R-\delta}$$

将 $R=100\text{mm}$，$\delta=20\text{mm}$，$R-\delta=80\text{mm}$ 代入上式得

$$I_x=5.31\times10^7\text{mm}^4$$

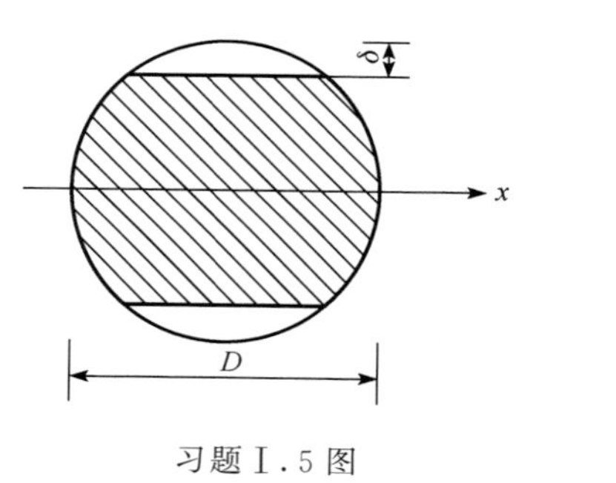

习题Ⅰ.5图　　习题Ⅰ.5题解图

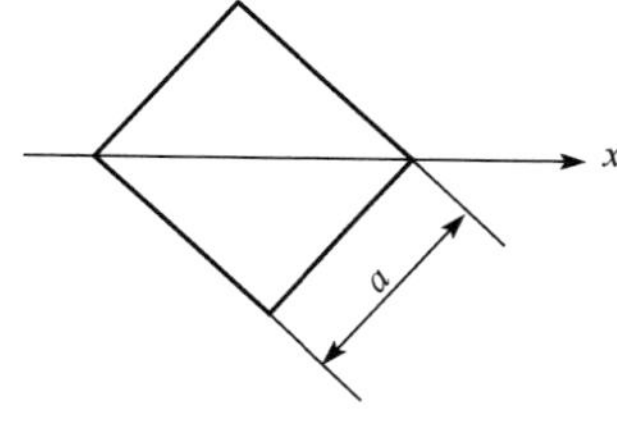

习题Ⅰ.6图

习题Ⅰ.6　试求图示正方形截面对其对角线的惯性矩 I_x。

解　将正方形看作是两个三角形的组合，正方形截面对其对角线的惯性矩为

$$I_x=2\times\left[\frac{\sqrt{2}a\times\left(\frac{\sqrt{2}}{2}a\right)^3}{36}+\frac{1}{2}\times\sqrt{2}a\times\frac{\sqrt{2}}{2}a\times\left(\frac{1}{3}\times\frac{\sqrt{2}}{2}a\right)^2\right]$$

$$=\frac{a^4}{12}$$

习题Ⅰ.7　对图（a）所示矩形截面，试：

1）求截面对水平形心轴 x 的惯性矩 I_x；

2）若去掉图（a）中的虚线部分面积，求去掉后的截面与原截面对 x 轴的惯性矩之比；

3）若将去掉部分面积移到上下边缘，组成图（b）所示的工字形截面，求工字形截面与原截面对 x 轴的惯性矩之比。

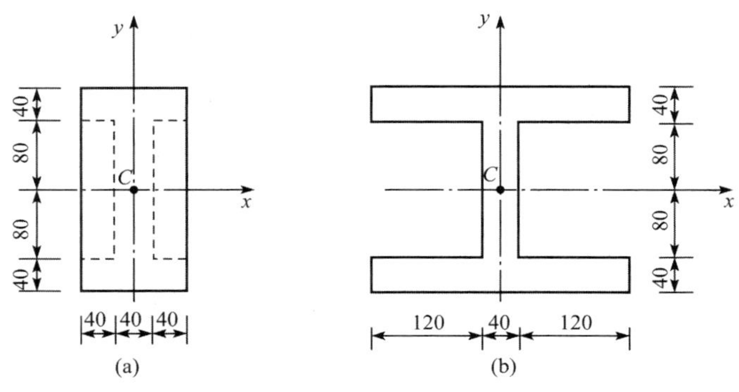

习题Ⅰ.7 图

解　1）求截面对水平形心轴 x 的惯性矩 I_x。惯性矩 I_x 为

$$I_x = \frac{120\text{mm} \times (240\text{mm})^3}{12} = 1.38 \times 10^8 \text{mm}^4$$

2）求去掉后的截面与原截面对 x 轴的惯性矩之比。设去掉后的截面与原截面对 x 轴的惯性矩之比为 α，则

$$\alpha = \frac{1.38 \times 10^8 - \dfrac{80 \times 160^3}{12}}{1.38 \times 10^8} = 0.8$$

3）求工字形截面与原截面对 x 轴的惯性矩之比。设工字形截面与原截面对 x 轴的惯性矩之比为 β，则

$$\beta = \frac{\dfrac{280 \times 240^3}{12} - \dfrac{240 \times 160^3}{12}}{1.3824 \times 10^8} = 1.74$$

习题Ⅰ.8　试求图示各组合截面对其形心轴 x 的惯性矩 I_x。

解　（1）题（a）解

x 轴距截面上边缘的距离 a 为

$$a = \frac{20\text{mm} \times 100\text{mm} \times 10\text{mm} + 20\text{mm} \times 140\text{mm} \times 90\text{mm}}{20\text{mm} \times 100\text{mm} + 20\text{mm} \times 140\text{mm}} = 56.67\text{mm}$$

截面对其形心轴 x 的惯性矩 I_x 为

$$\begin{aligned} I_x = & \frac{100\text{mm} \times (20\text{mm})^3}{12} + 100\text{mm} \times 20\text{mm} \times (56.67\text{mm} - 10\text{mm})^2 \\ & + \frac{20\text{mm} \times (140\text{mm})^3}{12} + 140\text{mm} \times 20\text{mm} \times (90\text{mm} - 56.67\text{mm})^2 \\ = & 1.21 \times 10^7 \text{mm}^4 \end{aligned}$$

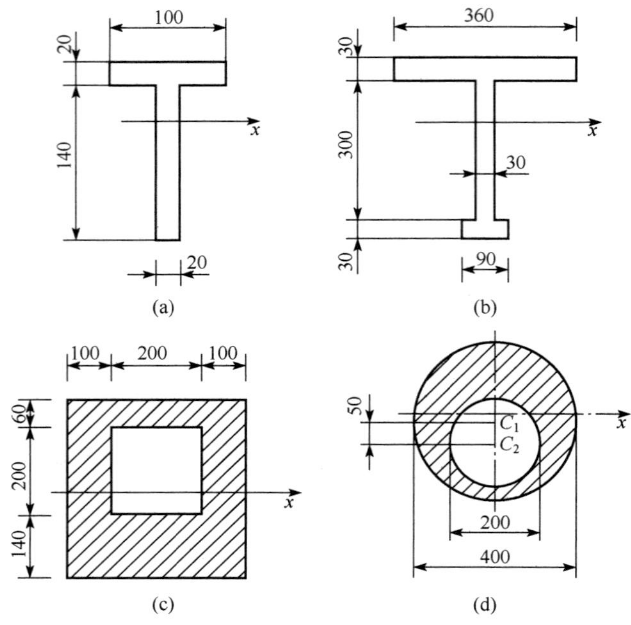

习题Ⅰ.8图

(2) 题(b)解

x 轴距截面上边缘的距离 a 为

$$a=\frac{30\text{mm}\times 360\text{mm}\times 15\text{mm}+30\text{mm}\times 300\text{mm}\times 180\text{mm}+30\text{mm}\times 90\text{mm}\times 345\text{mm}}{30\text{mm}\times 360\text{mm}+30\text{mm}\times 300\text{mm}+30\text{mm}\times 90\text{mm}}$$

$$=120.6\text{mm}$$

截面对其形心轴 x 的惯性矩 I_x 为

$$\begin{aligned}I_x=&\frac{360\text{mm}\times(30\text{mm})^3}{12}+360\text{mm}\times 30\text{mm}\times(120.6\text{mm}-15\text{mm})^2\\&+\frac{30\text{mm}\times(300\text{mm})^3}{12}+30\text{mm}\times 300\text{mm}\times(180\text{mm}-120.6\text{mm})^2\\&+\frac{90\text{mm}\times(30\text{mm})^3}{12}+90\text{mm}\times 30\text{mm}\times(345\text{mm}-120.6\text{mm})^2\\=&3.57\times 10^8\text{mm}^4\end{aligned}$$

(3) 题(c)解

x 轴距截面上边缘的距离 a 为

$$a=\frac{400\text{mm}\times 400\text{mm}\times 200\text{mm}-200\text{mm}\times 200\text{mm}\times 160\text{mm}}{400\text{mm}\times 400\text{mm}-200\text{mm}\times 200\text{mm}}=213.33\text{mm}$$

截面对其形心轴 x 的惯性矩 I_x 为

$$\begin{aligned}I_x=&\frac{(400\text{mm})^4}{12}+(400\text{mm})^2\times(213.33\text{mm}-200\text{mm})^2\\&-\left[\frac{(200\text{mm})^4}{12}+(200\text{mm})^2\times(213.33\text{mm}-160\text{mm})^2\right]\\=&1.92\times 10^9\text{mm}^4\end{aligned}$$

(4) 题 (c) 解

x 轴距大圆圆心的距离 a 为

$$a=\frac{\pi\times(100\text{mm})^2\times50\text{mm}}{\pi[(200\text{mm})^2-(100\text{mm})^2]}=16.67\text{mm}$$

截面对其形心轴 x 的惯性矩 I_x 为

$$\begin{aligned}I_x&=\frac{\pi\times(400\text{mm})^4}{64}+\frac{\pi}{4}\times(400\text{mm})^2\times(16.67\text{mm})^2\\&\quad-\left[\frac{\pi\times(200\text{mm})^4}{64}+\frac{\pi}{4}\times(200\text{mm})^2\times(16.67\text{mm}+50\text{mm})^2\right]\\&=1.07\times10^9\text{mm}^4\end{aligned}$$

习题Ⅰ.9　试求图示各组合截面对其形心轴 x 的惯性矩 I_x。

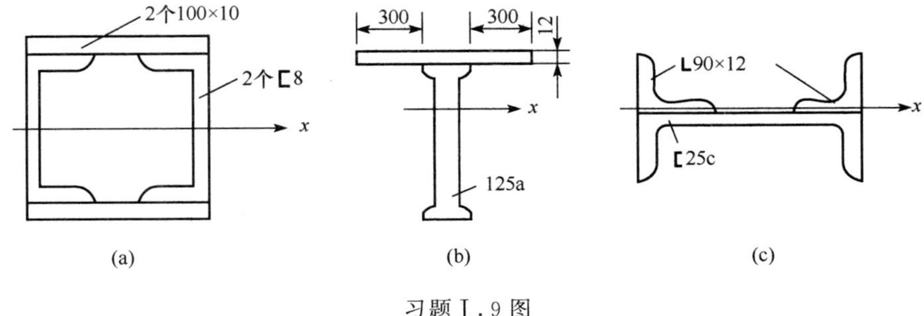

习题Ⅰ.9 图

解　(1) 题 (a) 解

查型钢规格表，8 号槽钢的 $I_x=101.3\text{cm}^4$，$h=80\text{mm}$。x 轴距截面上边缘的距离 a 为

$$a=50\text{mm}$$

截面对其形心轴 x 的惯性矩 I_x 为

$$\begin{aligned}I_x&=2\times\left[\frac{100\text{mm}\times(10\text{mm})^3}{12}+100\text{mm}\times10\text{mm}\times(45\text{mm})^2\right]+2\times101.3\times10^4\text{mm}^4\\&=6.09\times10^6\text{mm}^4\end{aligned}$$

(2) 题 (b) 解

查型钢规格表，25a 号工字钢的 $I_x=5023.54\text{cm}^4$，$h=250\text{mm}$，$b=116\text{mm}$，$A=48.5\text{cm}^2$。

x 轴距截面上边缘的距离 a 为

$$a=\frac{4850\text{mm}^2\times137\text{mm}+12\text{mm}\times716\text{mm}\times6\text{mm}}{4850\text{mm}^2+12\text{mm}\times716\text{mm}}=53.27\text{mm}$$

截面对其形心轴 x 的惯性矩 I_x 为

$$\begin{aligned}I_x&=\frac{716\text{mm}\times(12\text{mm})^3}{12}+12\text{mm}\times716\text{mm}\times(53.27\text{mm}-6\text{mm})^2\\&\quad+5023.54\times10^4\text{mm}^4+4850\text{mm}^2\times(137\text{mm}-53.27\text{mm})^2\\&=1.04\times10^8\text{mm}^4\end{aligned}$$

(3) 题 (c) 解

查型钢规格表，90×12 等边角钢的 $I_x=149.22\text{cm}^4$，$z_0=2.67\text{cm}$，$b=90\text{mm}$，$A=$

20.306cm²；25C 号槽钢的 $I_y=218.415\text{cm}^4$，$z_0=1.921\text{cm}$，$b=82\text{mm}$，$A=44.91\text{cm}^2$。

x 轴距槽钢边缘的距离 a 为

$$a=\frac{2\times2030.6\text{mm}^2\times26.7\text{mm}+4491\text{mm}^2\times(-19.21\text{mm})}{2\times2030.6\text{mm}^2+4491\text{mm}^2}=2.59\text{mm}$$

截面对其形心轴 x 的惯性矩 I_x 为

$$\begin{aligned}I_x&=2\times[149.22\times10^4\text{mm}^4+2030.6\text{mm}^2\times(26.7\text{mm}-2.59\text{mm})^2]\\&\quad+218.415\times10^4\text{mm}^4+4491\text{mm}^2\times(19.21\text{mm}+2.59\text{mm})^2\\&=9.67\times10^6\text{mm}^4\end{aligned}$$

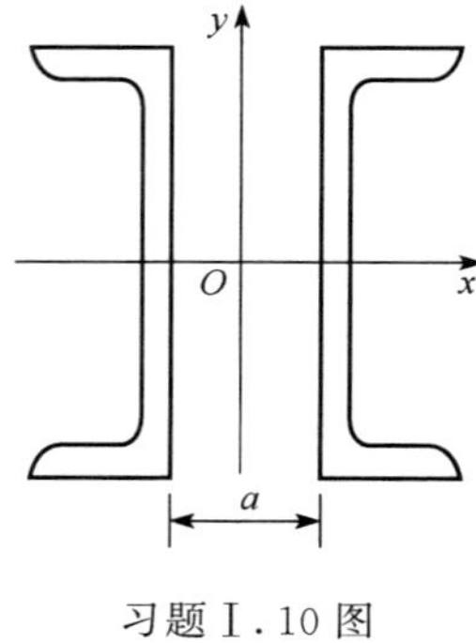

习题Ⅰ.10 图

习题Ⅰ.10 图示由两个 20a 号槽钢组成的组合截面，如欲使此两截面对两对称轴的惯性矩 I_x 和 I_y 相等，则两槽钢的间距 a 应为多少？

解 查型钢规格表，20a 号槽钢的几何参数为

$$I_x=1780.4\times10^4\text{mm}^4,\ I_{y0}=128\times10^4\text{mm}^4$$

$$z_0=20.1\text{mm},\ A=28.83\times10^2\text{mm}^2$$

组合截面对 y 轴的惯性矩为

$$I_y=2\times[128\times10^4\text{mm}^4+(20.1\text{mm}+0.5a)^2\times28.83\times10^2\text{mm}^2]$$

由题意知 $2I_x=I_y$，即

$$1780.4\times10^4\text{mm}^4\times2=2\times[128\times10^4\text{mm}^4+(20.1\text{mm}+0.5a)^2\times28.83\times10^2\text{mm}^2]$$

解得

$$a=111\text{mm}$$

习题Ⅰ.11 试求图示截面对 x、y 轴和形心轴 x_C、y_C 的惯性积 I_{xy} 及 $I_{x_Cy_C}$。

解 1）求截面对 x、y 轴的惯性积 I_{xy}。取与 x 轴平行的狭长条［习题Ⅰ.11 题解图中阴影部分］为微面积，则 $\text{d}A=x\text{d}y$。由相似三角形关系知，$x=\frac{b}{h}(h-y)$，故有 $\text{d}A=\frac{b}{h}(h-y)\text{d}y$。因此截面对 x、y 轴的惯性积 I_{xy} 为

$$I_{xy}=\int_A xy\,\text{d}A=\int_0^h y\frac{b^2}{h^2}(h-y)^2\text{d}y=\frac{b^2}{h^2}\int_0^h y\,(h-y)^2\text{d}y=\frac{b^2h^2}{12}$$

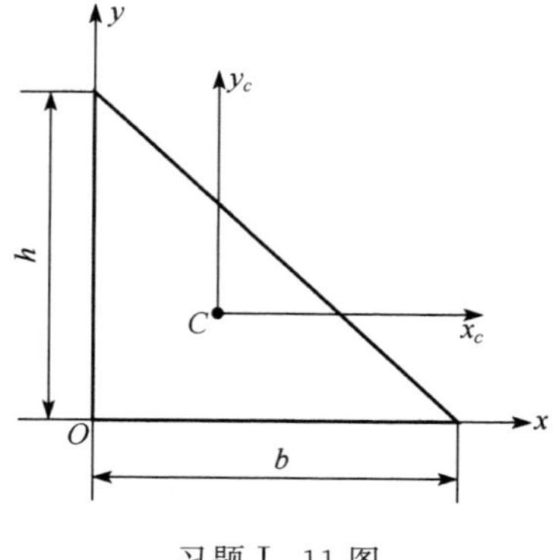

习题Ⅰ.11 图

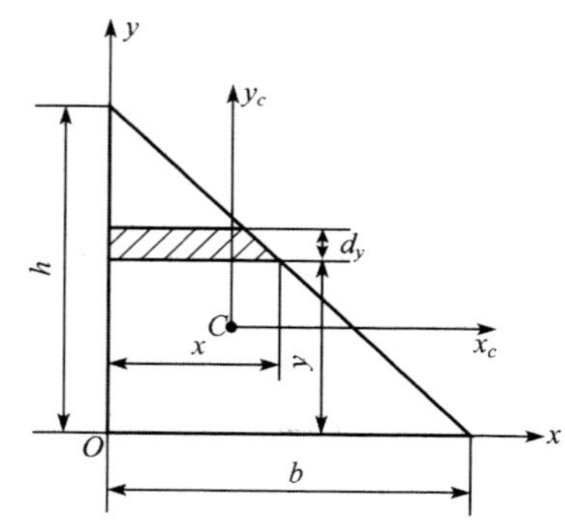

习题Ⅰ.11 题解图

2）求截面对 x_C、y_C 轴的惯性积 $I_{x_Cy_C}$。由平行移轴公式得

$$I_{x_Cy_C} = \frac{h^2b^2}{12} - \frac{bh}{2} \times \frac{b}{3} \times \frac{h}{3} = \frac{b^2h^2}{36}$$

习题Ⅰ.12～习题Ⅰ.14　主惯性轴和主惯性矩

习题Ⅰ.12　试求图示截面上 O 点处的主惯性轴的位置（用 α_0 表示）和主惯性矩 I_{x_0}、I_{y_0}。

解　1）求截面对 x、y 轴的惯性矩和惯性积。惯性矩和惯性积分别为

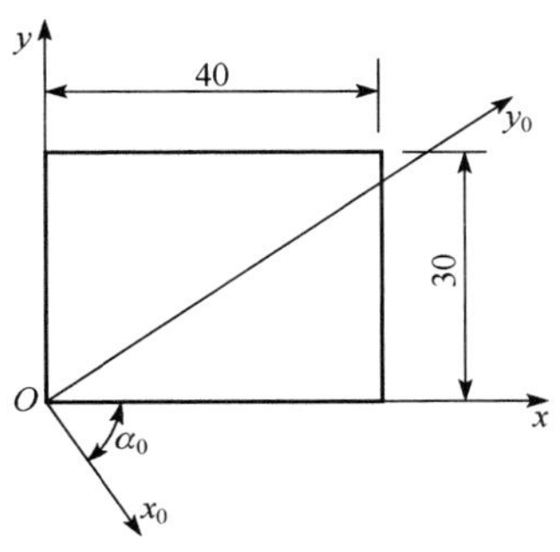

习题Ⅰ.12 图

$$I_x = \frac{1}{12} \times 40\text{mm} \times (30\text{mm})^3 + 40\text{mm} \times 30\text{mm} \times (15\text{mm})^2$$
$$= 36 \times 10^4\,\text{mm}^4$$

$$I_y = \frac{1}{12} \times 30\text{mm} \times (40\text{mm})^3 + 40\text{mm} \times 30\text{mm} \times (20\text{mm})^2$$
$$= 64 \times 10^4\,\text{mm}^4$$

$$I_{xy} = 30\text{mm} \times 40\text{mm} \times 20\text{mm} \times 15\text{mm} = 36 \times 10^4\,\text{mm}^4$$

2）求形心主惯性轴的位置和形心主惯性矩。形心主轴 x_0 的位置为

$$\tan 2\alpha_0 = -\frac{2I_{xy}}{I_x - I_y} = -\frac{2 \times 36 \times 10^4}{(36-64) \times 10^4} = 2.571$$

故

$$\alpha_0 = 34.4^\circ \quad 或 \quad -55.6^\circ$$

因 $I_{xy}=36\times10^4\,\text{mm}^4>0$，故截面对与 x 轴夹角为 $\alpha_0=-55.6^\circ<0$ 的形心主惯性轴 x_0 的形心主惯性矩为最大；对与另一形心主惯性轴 y_0 的形心主惯性矩为最小。形心主惯性矩为

$$I_{x_0} = I_{\max} = \frac{I_x + I_y}{2} + \frac{1}{2}\sqrt{(I_x - I_y)^2 + 4I_{xy}^2}$$
$$= \frac{(36+64)\times10^4\,\text{mm}^4}{2} + \frac{1}{2}\sqrt{(36-64)^2 \times 10^8\,\text{mm}^8 + 4 \times (36 \times 10^4\,\text{mm}^4)^2}$$
$$= 88.6 \times 10^4\,\text{mm}^4$$

$$I_{y_0} = I_{\min} = \frac{I_x + I_y}{2} - \frac{1}{2}\sqrt{(I_x - I_y)^2 + 4I_{xy}^2}$$
$$= \frac{(36+64)\times10^4\,\text{mm}^4}{2} - \frac{1}{2}\sqrt{(36-64)^2 \times 10^8\,\text{mm}^8 + 4 \times (36 \times 10^4\,\text{mm}^4)^2}$$
$$= 11.4 \times 10^4\,\text{mm}^4$$

习题Ⅰ.13　试求图示各截面的形心主惯性轴的位置（用 α_0 表示），并求形心主惯性矩 I_{x_0}、I_{y_0}。

解　（1）题（a）解

1）求截面对形心轴 x、y 的惯性矩和惯性积。将截面分成Ⅰ、Ⅱ、Ⅲ三个矩形［习题Ⅰ.13 题解图（a）］，由平行移轴公式得

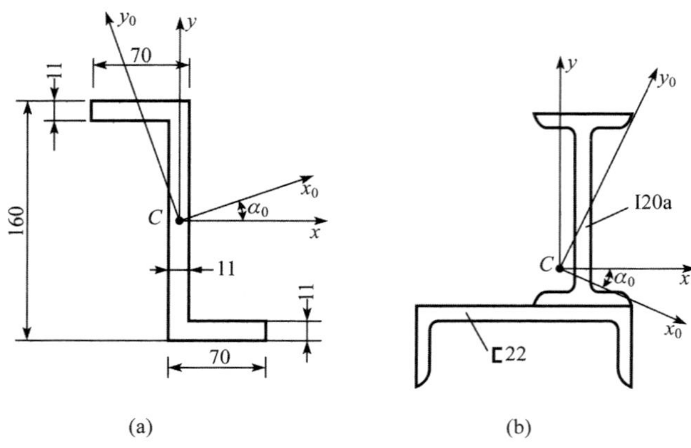

习题Ⅰ.13 图

$$I_x = 2\times\left[\frac{1}{12}\times 59\text{mm}\times(11\text{mm})^3 + 59\text{mm}\times 11\text{mm}\times(74.5\text{mm})^2\right]$$

$$+\frac{1}{12}\times 11\text{mm}\times(160\text{mm})^3$$

$$= 10.972\times 10^6\text{mm}^4$$

$$I_y = 2\times\left[\frac{1}{12}\times 11\text{mm}\times(59\text{mm})^3 + 11\text{mm}\times 59\text{mm}\times(35\text{mm})^2\right]$$

$$+\frac{1}{12}\times 160\text{mm}\times(11\text{mm})^3$$

$$= 1.984\times 10^6\text{mm}^4$$

$$I_{xy} = 59\text{mm}\times 11\text{mm}\times[35\text{mm}\times(-74.5\text{mm}) + (-35\text{mm})\times 74.5\text{mm}]$$

$$= -3.385\times 10^6\text{mm}^4$$

2）求形心主惯性轴的位置和形心主惯性矩。形心主轴 x_0 的位置为

$$\tan 2\alpha_0 = -\frac{2I_{xy}}{I_x - I_y} = -\frac{2\times(-3.385)\times 10^6}{(10.972-1.984)\times 10^6} = 0.7532$$

故

$$\alpha_0 = 18.5°$$

因 $I_{xy}=-3.385\times 10^6\text{mm}^4<0$，故截面对与 x 轴夹角为 $\alpha_0=18.5°>0$ 的形心主轴 x_0 的形心主矩最大，对形心主轴 y_0 的形心主矩最小，其值分别为

$$I_{x_0} = I_{\max} = \frac{I_x + I_y}{2} + \frac{1}{2}\sqrt{(I_x - I_y)^2 + 4I_{x_1y_1}^2}$$

$$= \frac{(10.972+1.984)\times 10^6\text{mm}^4}{2}$$

$$+\frac{1}{2}\times\sqrt{(10.972-1.984)^2\times 10^{12}\text{mm}^8 + 4\times(-3.385\times 10^6\text{mm}^4)^2}$$

$$= 12.1\times 10^6\text{mm}^4$$

$$I_{y_0}=I_{\min}=\frac{I_x+I_y}{2}-\frac{1}{2}\sqrt{(I_x-I_y)^2+4I_{x_1y_1}^2}$$
$$=\frac{(10.972+1.984)\times10^6\text{mm}^4}{2}$$
$$-\frac{1}{2}\times\sqrt{(10.972-1.984)^2\times10^{12}\text{mm}^8+4\times(-3.385\times10^6\text{mm}^4)^2}$$
$$=0.85\times10^6\text{mm}^4$$

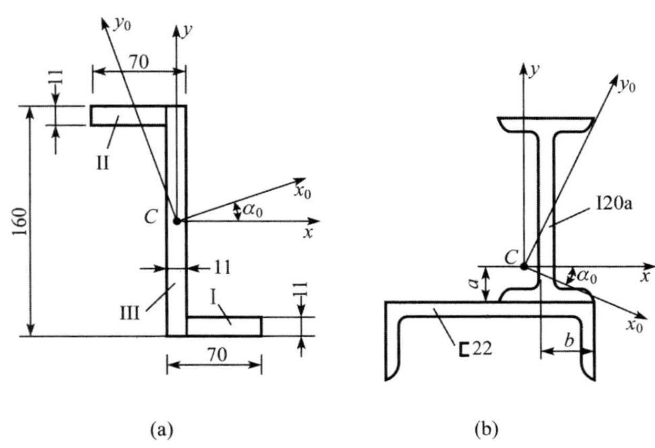

习题Ⅰ.13 题解图

(2) 题 (b) 解

1) 求截面形心 C 的位置。查型钢规格表，20a 号工字钢的 $I_x=2370\text{cm}^4$，$I_y=158\text{cm}^4$，$h=200\text{mm}$，$b=100\text{mm}$，$A=35.5\text{cm}^2$；22 槽钢的 $I_x=2571.4\text{cm}^4$，$I_y=176.4\text{cm}^4$，$z_0=2.03\text{cm}$，$h=220\text{mm}$，$b=79\text{mm}$，$A=36.24\text{cm}^2$。

形心 C 距工字钢下边缘的距离为 [习题Ⅰ.13 题解图 (b)]

$$a=\frac{A_1x_1+A_2x_2}{A_1+A_2}=\frac{3550\text{mm}^2\times100\text{mm}+3624\text{mm}^2\times(-20.3\text{mm})}{3550\text{mm}^2+3624\text{mm}^2}=39.23\text{mm}$$

形心 C 距槽钢右边缘的距离为

$$b=\frac{A_1y_1+A_2y_2}{A_1+A_2}=\frac{3550\text{mm}^2\times50\text{mm}+3624\text{mm}^2\times110\text{mm}}{3550\text{mm}^2+3624\text{mm}^2}=80.31\text{mm}$$

2) 求截面对形心轴 x_1、y_1 的惯性矩和惯性积。由平行移轴公式得

$$I_x=2370\times10^4\text{mm}^4+3550\text{mm}^2\times(100-39.23)^2\text{mm}^2$$
$$+176.4\times10^4\text{mm}^4+3624\text{mm}^2\times(20.3+39.23)^2\text{mm}^2$$
$$=51.42\times10^6\text{mm}^4$$
$$I_y=158\times10^4\text{mm}^4+3550\text{mm}^2\times(80.31-50)^2\text{mm}^2$$
$$+2571.4\times10^4\text{mm}^4+3624\text{mm}^2\times(110-80.31)^2\text{mm}^2$$
$$=33.75\times10^6\text{mm}^4$$
$$I_{xy}=3550\text{mm}^2\times(80.31-50)\text{mm}\times(100-39.23\text{mm})$$
$$+3624\text{mm}^2\times[-(110-80.31)]\text{mm}\times[-(20.3+39.23\text{mm})]$$
$$=12.94\times10^6\text{mm}^4$$

3）求形心主惯性轴的位置和形心主惯性矩。形心主轴 x_0 的位置为

$$\tan 2\alpha_0 = -\frac{2I_{xy}}{I_x - I_y} = -\frac{2\times(12.94)\times10^6}{(51.42-33.75)\times10^6} = -0.33114$$

故

$$\alpha_0 = -27.8^\circ$$

因 $I_{xy}=12.94\times10^6\,\text{mm}^4>0$，故截面对与 x 轴夹角为 $\alpha_0=-27.8^\circ<0$ 的形心主轴 x_0 的形心主矩最大，对形心主轴 y_0 的形心主矩最小，其值分别为

$$\begin{aligned}I_{x_0} = I_{\max} &= \frac{I_x+I_y}{2}+\frac{1}{2}\sqrt{(I_x-I_y)^2+4I_{x_1y_1}^2}\\&=\frac{(51.42+33.75)\times10^6\,\text{mm}^4}{2}\\&\quad+\frac{1}{2}\times\sqrt{(51.42-33.75)^2\times10^{12}\,\text{mm}^8+4\times(12.94\times10^6\,\text{mm}^4)^2}\\&=58.2\times10^6\,\text{mm}^4\end{aligned}$$

$$\begin{aligned}I_{y_0} = I_{\min} &= \frac{I_x+I_y}{2}-\frac{1}{2}\sqrt{(I_x-I_y)^2+4I_{x_1y_1}^2}\\&=\frac{(51.42+33.75)\times10^6\,\text{mm}^4}{2}\\&\quad-\frac{1}{2}\times\sqrt{(51.42-33.75)^2\times10^{12}\,\text{mm}^8+4\times(12.94\times10^6\,\text{mm}^4)^2}\\&=26.9\times10^6\,\text{mm}^4\end{aligned}$$

习题Ⅰ.14 试证明圆形截面的任一形心轴均为形心主惯性轴，并且形心主惯性矩均相等。

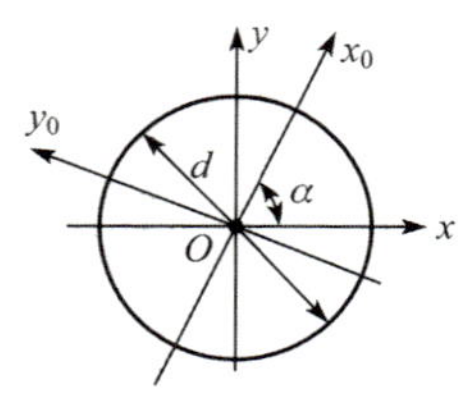

习题Ⅰ.14 题解图

解 直径为 d 的圆截面（习题Ⅰ.14 题解图）对形心轴 x、y 的惯性矩和惯性积分别为

$$I_x = I_y = \frac{\pi d^4}{64},\ I_{xy}=0$$

任选一对正交的形心轴 x_0、y_0，轴 x_0 与轴 x 的夹角为 α，由转轴公式得

$$I_{x_0} = \frac{I_x+I_y}{2}+\frac{I_x-I_y}{2}\cos 2\alpha - I_{xy}\sin 2\alpha = \frac{\pi d^4}{64}$$

$$I_{y_0} = \frac{I_x+I_y}{2}-\frac{I_x-I_y}{2}\cos 2\alpha + I_{xy}\sin 2\alpha = \frac{\pi d^4}{64}$$

$$I_{x_0y_0} = \frac{I_x-I_y}{2}\sin 2\alpha + I_{xy}\cos 2\alpha = 0$$

由此可知，形心轴 x_0、y_0 也是形心主惯性轴，并且形心主惯性矩相等。由于形心轴 x_0、y_0 是任意选取的，所以圆形截面的任一形心轴均为形心主惯性轴，并且形心主惯性矩均相等。